U0302868

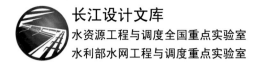

长江设计文库
水资源工程与调度全国重点实验室
水利部水网工程与调度重点实验室

南水北调中线一期工程技术丛书

# 工程规划与总体设计

钮新强　毛文耀　王　磊　等　著

科学出版社
北京

# 内 容 简 介

本书为"南水北调中线一期工程技术丛书"之一。本书由长期从事南水北调中线工程规划设计的工程技术人员编写，系统介绍工程规划过程、线路布置、输水形式论证、水力设计、工程布置、总体设计、施工设计等关键技术，共两篇。第一篇工程规划，主要内容包括南水北调与中线工程、中线工程规划、汉江中下游工程规划、中线工程运行调度、中线工程效益。第二篇中线一期工程总体设计，主要内容包括水源工程、总干渠工程、汉江中下游治理工程、总体设计关键技术问题。

本书可供水利工程技术人员参考，也可作为大专院校相关专业师生的参考用书。

## 图书在版编目（CIP）数据

工程规划与总体设计/钮新强等著.—北京：科学出版社，2024.8
（南水北调中线一期工程技术丛书）
ISBN 978-7-03-077907-6

Ⅰ.① 工… Ⅱ.① 钮… Ⅲ.①南水北调-水利工程-水利规划 ②南水北调-水利工程-总体设计 Ⅳ.①TV68

中国国家版本馆 CIP 数据核字（2023）第 250626 号

责任编辑：何 念/责任校对：高 嵘
责任印制：彭 超/封面设计：无极书装

科学出版社 出版
北京东黄城根北街 16 号
邮政编码：100717
http://www.sciencep.com
武汉精一佳印刷有限公司印刷
科学出版社发行 各地新华书店经销
*
开本：787×1092 1/16
2024 年 8 月第 一 版 印张：15 1/4
2024 年 8 月第一次印刷 字数：360 000
定价：188.00 元
（如有印装质量问题，我社负责调换）

**钮新强**

钮新强，中国工程院院士，全国工程勘察设计大师。现任长江设计集团有限公司首席科学家，水利部水网工程与调度重点实验室主任，博士生导师，曾获全国杰出专业技术人才、全国优秀科技工作者、全国五一劳动奖章、全国先进工作者、全国创新争先奖、国际杰出大坝工程师奖、国际咨询工程师联合会（International Federation of Consulting Engineers，FIDIC）百年优秀咨询工程师等荣誉。

长期从事大型水利水电工程设计和科研工作，主持和参与主持长江三峡、南水北调中线、金沙江乌东德水电站、引江补汉等国家重大水利水电工程设计项目20余项，主持或作为主要研究人员参与国家重点研发计划项目、重大工程技术研究项目100余项。2002年起负责南水北调中线工程总体可研和各阶段设计研究工作，主持完成了丹江口大坝加高、穿黄工程等重点项目的设计研究，提出了"新老混凝土有限结合"等重力坝加高设计新理论，研发了"盾构隧洞预应力复合衬砌"新型输水隧洞，攻克了南水北调中线工程多项世界级技术难题。目前正在负责南水北调中线后续工程——引江补汉工程的勘察设计工作，为新时期国家水资源优化配置和水利行业发展做出了重要贡献。先后荣获国家科学技术进步奖二等奖5项，省部级科学技术奖特等奖10项，主编/参编国家和行业标准5项，出版《水库大坝安全评价》《全衬砌船闸设计》等专著11部。

毛文耀

毛文耀，教授级高级工程师，毕业于武汉水利电力学院水资源规划及利用专业，工程学士学位，现任长江设计集团有限公司副总工程师，水利部水网工程与调度重点实验室副主任。

长期从事水利工程规划设计、科学研究和技术管理工作。先后主持和参与国家及省部级规划编制和科学研究项目 30 余项，承担了南水北调工程规划、南水北调中线全过程规划设计、长江流域综合规划、长江中下游防洪规划、长江重要堤防隐蔽工程建设、汉江流域综合规划、引江补汉工程、渝西水资源配置工程、引汉济渭工程、鄂北水资源配置工程等大中型水利工程项目及多项"十一五""十二五""十三五"国家科技支撑计划项目的科学研究工作，取得多项创新成果并应用于工程实践，具有深厚的理论基础和丰富的科研工作经验。先后荣获大禹水利科学技术奖二等奖、湖北省优秀工程设计奖一等奖、湖北省科学技术进步奖一等奖。发表学术论文 20 余篇，编制标准规范 6 部，获授权专利 6 项，出版专著 3 部。

王 磊

王磊，高级工程师、长江设计集团有限公司水利规划院供水与灌溉部（跨流域调水技术研究中心）主任，水利部水网工程与调度重点实验室学术带头人，武汉大学水工程科学研究院兼职科研人员，曾获全国优秀水利水电工程勘测设计奖、河南省水利科学技术进步奖等荣誉。

长期从事引调水工程规划、设计和研究工作，2011 年起一直致力于南水北调中线工程设计、研究和运行保障服务，参与膨胀土渠坡支护和填方渠堤沉降变形、总干渠输水调度控制与能力提升、中线后续水源引江补汉工程规模与布局论证等研究工作。先后承担了国家及省部级科研项目 4 项，获授权发明专利 2 项、实用新型 2 项、软件著作权 3 项，参编标准 1 项，参编专著 1 部，发表论文 20 余篇。

# 《工程规划与总体设计》

钮新强　毛文耀　王　磊　等　著

# 写 作 分 工

## 第一篇　工程规划

| 章序 | 章名 | 撰稿 | 审稿 |
|---|---|---|---|
| 第1章 | 南水北调与中线工程 | 钮新强、黄会勇、肖万格、张菊红、王　磊 | 文　丹、毛文耀 |
| 第2章 | 中线工程规划 | 毛文耀、肖万格、张菊红、王　磊、黄　炜、钱　萍 | 文　丹、毛文耀 |
| 第3章 | 汉江中下游工程规划 | 毛文耀、张菊红、曹正浩、张利升、钱　萍、胡春燕、张　娜、常宗记、李　波、魏　凯 | 文　丹、毛文耀 |
| 第4章 | 中线工程运行调度 | 黄会勇、张　娜、吴永妍、王　磊、李　波、万　蕙、刘小飞 | 文　丹、毛文耀 |
| 第5章 | 中线工程效益 | 李　波、朱　勤、刘少华、吴永妍、万　蕙 | 文　丹、毛文耀 |

## 第二篇　中线一期工程总体设计

| 章序 | 章名 | 撰稿 | 审稿 |
|---|---|---|---|
| 第6章 | 水源工程 | 钮新强、颜天佑、施华堂、郑光俊、罗承昌、杨定华、陈智海、卢金龙 | 刘子慧、肖万格、吴德绪 |
| 第7章 | 总干渠工程 | 肖万格、冷星火、黄　炜、王　磊、胡　钢、吴　俊、倪锦初、吴　斌、林全胜、潘　江、张大勇 | 刘子慧、肖万格、吴德绪 |
| 第8章 | 汉江中下游治理工程 | 毛文耀、张菊红、常宗记、钱　萍、闫奕博、李雪松、王　程、郭红亮、蒋筱民 | 刘子慧、肖万格 |
| 第9章 | 总体设计关键技术问题 | 王　磊、黄会勇、冷星火、张传建、张菊红、阳云华 | 刘子慧、肖万格、吴德绪 |

# 序

南水北调中线一期工程，是解决我国北方水资源匮乏问题，关系到北方地区城镇居民生产生活、国民经济可持续发展的战略性工程，是世界上最大的跨流域调水工程。早在20世纪50年代，毛泽东主席就提出："南方水多，北方水少，如有可能，借点水来也是可以的。"为实现这一宏伟目标，经过广大水利战线的勘察、科研、设计人员和大专院校的专家、学者几代人的不懈努力，南水北调中线一期工程于2014年12月建成通水，截至2024年3月，累计向受水区调水超620亿 m³。工程已成为沿线大中城市的供水生命线，发挥了显著的经济、社会、生态和安全效益，从根本上改变了受水区供水格局，改善了供水水质，提高了供水保证率；并通过生态补水，工程沿线河湖生态环境得到改善，华北地区地下水超采综合治理取得明显成效，工程综合效益进一步显现。

南水北调中线一期工程主要包括水源工程丹江口大坝加高工程、输水总干渠工程、汉江中下游治理工程等部分。其中，输水总干渠全长1 432 km，跨越长江、黄河、淮河、海河4个流域，全程与河流、公路、铁路、当地渠道等设施立体交叉，全线自流输水。丹江口大坝加高工程是我国现阶段规模最大、运行条件下实施加高的混凝土重力坝加高工程；输水总干渠渠道穿越膨胀土、湿陷性黄土、煤矿采空区等不良地质单元，渠道与当地大型河流、高等级公路交叉条件复杂，渡槽工程、倒虹吸工程、跨渠桥梁等交叉建筑物的工程规模、技术难度前所未有。

作者钮新强院士是南水北调中线一期工程设计主要负责人，由他率领的设计研究技术团队，与国内科研院所、建设单位等协同攻关，大胆创新突破，在丹江口大坝加高工程方面，由于特殊的运行环境，常规条件下新老坝体结构难以确保完全结合，首创性地提出了重力坝加高有限结合结构新理论，以及成套结合面技术措施，确保了大坝加高工程安全可靠；在大量科学试验研究的基础上揭示了膨胀土渠道边坡破坏机理，解决了深挖方、高填方膨胀土渠道工程施工开挖、坡面保护、边坡稳定分析、长大裂隙控制等边坡稳定问题；黄河为游荡性河流，为减少施工对黄河河势的影响，创新性提出了总干渠采用盾构法下穿黄河，研发了盾构法施工的双层衬砌预应力盾构隧道结构，较好地解决了穿黄隧洞适应高内水压力、黄河游荡带来的多变隧洞土压力等一系列问题；在超大型渡槽结构方面，针对不同槽型开展结构优化研究，发明的造槽机及施工新工艺等技术将超大规模 U 形渡槽设计、施工提升到一个新的水平，首次提出了梯形多跨连续渡槽新型槽体结构。技术研究团队取得了丰硕的创新成果，多项成果达国际领先水平。

该丛书作者均为长期从事南水北调中线一期调水工程设计、科研的科技人员，他们将设计研究经验总结凝练，著成该丛书，可供引调水工程设计、科研人员借鉴使用，也可供大专院校水利水电工程输调水专业师生参考学习。

按照国家"十四五"规划，在未来几年国家将加快构建国家水网，完善国家水网大动脉和主骨架，推动我国水资源综合利用与开发，修复祖国大好河山生态环境，改善广大人民群众生产生活条件，为国民经济建设可持续发展提供动力，造福人民。为此，我国调水工程的建设必将迎来发展春天，并提出诸多新的需求，该丛书的出版，可谓恰逢其时。期待这部凝结了几代设计、科研人员智慧、青春的重要文献，对我国未来输调水工程建设事业的发展起到促进作用。

是为序。

中国工程院院士

2024 年 5 月 16 日

# 前　言

　　南水北调中线一期工程是从丹江口水库陶岔渠首开挖干渠取水，经长江流域与淮河流域的分水岭方城垭口，沿华北平原中西部边缘开挖渠道，隧道穿过黄河，沿京广铁路西侧北上，自流到北京市团城湖的输水工程。输水总干渠地跨河南、河北、北京、天津。工程惠及北京、天津等 20 多座大中城市和 100 多个县（市），受益人口超 1.08 亿人。工程于 2003 年开工建设，2012 年北京—石家庄段应急供水，2014 年全线通水。截至 2024 年 3 月底，累计调水超 620 亿 $m^3$，发挥了巨大的经济、社会、生态效益，沿线人民群众获得感、幸福感、安全感持续增强，为全面建成小康社会、落实国家"江河战略"、支撑重大国家战略实施、建设美丽中国等做出巨大贡献。习近平总书记强调："南水北调工程事关战略全局、事关长远发展、事关人民福祉。"南水北调工程建设书写了中华民族伟大复兴进程中的辉煌篇章，开创了人类水利史的奇迹，南水北调工程是当之无愧的"大国重器"。

　　南水北调中线工程前期研究始于 20 世纪 50 年代初。70 余年来，从工程规划到如期通水达效，长江设计集团有限公司（简称长江设计集团，原长江勘测规划设计研究院）作为南水北调中线一期工程总体设计单位，凝聚了几代科学家、科研技术人员的智慧，攻克了系列技术难题，突破了多项技术瓶颈，完成了工程技术论证、科研攻关、重要建筑物工程设计等系列工作。

　　本书结合南水北调中线一期工程实践，系统总结工程勘察、规划、设计、科研等成果，凝结了设计研究团队及众多前辈专家的心血和经验。本书在撰写过程中得到了魏山忠、王忠法、王方清、胡向阳等专家和科学出版社的大力支持和帮助。在此，谨向所有参加设计研究的专家、科研人员表示衷心的感谢和崇高的敬意。

　　限于作者的水平经验，本书中的疏漏之处在所难免，敬请读者批评指正。希望本书的出版，对南水北调中线工程运行、维护、管理有所帮助，对广大从事引调水工程科研、设计、施工等的专业技术人员有所启发，同时也为引调水工程的技术进步与创新提供有益的借鉴。

作　者

2024 年 5 月 20 日

# 南水北调中线一期工程简介

## 南水北调工程

### 1. 南水北调——国家水网骨干工程

南水北调构想最早可追溯至 20 世纪 50 年代初。1953 年 2 月，毛泽东主席视察长江，时任长江流域规划办公室（简称"长办"）主任的林一山随行陪同，在"长江"舰上毛泽东问林一山："南方水多，北方水少，能不能从南方借点水给北方？"毛泽东主席边说边用铅笔指向地图上的西北高原，指向腊子口、白龙江，然后又指向略阳一带地区，指到西汉水，每一处都问引水的可能性，林一山都如实予以回答，当毛泽东指到汉江时，林一山回答说："有可能。"1958 年 8 月，《中共中央关于水利工作的指示》明确提出："全国范围的较长远的水利规划，首先是以南水（主要是长江水系）北调为主要目的的，即将江、淮、河、汉、海河各流域联系为统一的水利系统的规划，……应即加速制订。"第一次正式提出了南水北调。

长江是我国最大的河流，水资源丰富且较稳定，特枯年水量也有 7 600 亿 $m^3$，长江的入海水量占天然径流量的 94% 以上。长江自西向东流经大半个中国，上游靠近西北干旱地区，中下游与最缺水的华北平原及胶东地区相邻，兴建跨流域调水工程在经济、技术条件方面具有显著优势。为缓解北方地区东、中、西部可持续发展对水资源的需求，从社会、经济、环境、技术等方面，在反复比较了 50 多种规划方案的基础上，逐步形成了分别从长江下游、中游和上游调水的东线、中线、西线三条调水线路，与长江、黄河、淮河、海河四大江河联系，构成以"四横三纵"为主体的国家水网骨干。

### 2. 东中西调水干线

1）东线工程

东线工程从长江下游扬州附近抽引长江水，利用京杭大运河及与其平行的河道逐级提水北送，并连通起调蓄作用的洪泽湖、骆马湖、南四湖、东平湖。出东平湖后分两路输水：一路向北，在位山附近经隧洞穿过黄河，通过扩挖现有河道进入南运河，自流到天津；另一路向东，通过胶东地区输水干线经济南输水到烟台、威海。解决津浦铁路沿线和胶东地区的城市缺水及苏北地区的农业缺水问题，补充山东西南、山东北和河北东南部分农业用水及天津的部分城市用水。

2）中线工程

中线工程从长江支流汉江丹江口水库陶岔引水，经唐白河流域西部过长江流域与淮河流域的分水岭方城垭口，沿华北平原西部边缘，在郑州以西李村处经隧洞穿过黄河，沿京广铁路西侧北上，可基本自流到北京、天津。解决沿线华北地区大中城市工业生产和城镇居民生活用水匮乏的问题。

3）西线工程

西线工程从长江上游通天河和大渡河、雅砻江及其支流引水，开凿穿过长江与黄河分水岭巴颜喀拉山的输水隧洞，调长江水入黄河上游。解决涉及青海、甘肃、宁夏、内蒙古、陕西、山西6省（自治区）的黄河中上游地区和关中平原的缺水问题。

# 中 线 工 程

南水北调中线工程是"四横三纵"国家水网骨干的重要组成部分，也是华北平原可持续发展的支撑工程。

中线工程地理位置优越，可基本自流输水；水源水质好，输水总干渠与现有河道全部立交，水质易于保护；输水总干渠所处位置地势较高，可解决北京、天津、河北、河南4省（直辖市）京广铁路沿线的城市供水问题，还有利于改善生态环境。近期从丹江口水库取水，可满足北方城市缺水需要，远景可根据黄淮海平原的需水要求，从长江三峡水库库区调水到汉江，使之有充足的后续水源。也就是说，中线工程分期建设，中线一期工程于2003年12月30日开工建设，2014年12月12日正式通水。

## 中线一期工程概况

中线一期工程从丹江口水库自流引水，多年平均调水量为95亿 $m^3$，输水总干渠陶岔渠首设计至加大引水流量为350～420 $m^3/s$，过黄河为265～320 $m^3/s$，进河北为235～280 $m^3/s$，进北京为50～60 $m^3/s$，天津干渠渠首为50～60 $m^3/s$。中线一期工程主要建设项目包括丹江口大坝加高工程、输水总干渠工程、汉江中下游治理工程，为确保中线工程一渠清水向北流，还实施了丹江口水库库区及上游水污染防治和水土保持规划，且输水总干渠全线实行封闭管理。

# 一、丹江口大坝加高工程

南水北调中线一期工程研究了从长江三峡水库库区大宁河、香溪河、龙潭溪、丹江口水库引水等各种水源方案，并就丹江口大坝加高与不加高条件下，丹江口水库可调水量及调水后对汉江中下游的影响进行了综合分析。经技术经济比较，推荐丹江口大坝加高水源方案。丹江口水库实施大坝加高后，可调水量可满足 2010 年水平年中线受水区城市需求，调水对汉江中下游的影响可通过实施汉江中下游治理工程得以解决。

## 1. 大坝加高工程规模

丹江口大坝加高工程在初期大坝坝顶高程 162 m 的基础上加高 14.6 m 至 176.6 m，两岸土石坝坝顶高程加高至 176.6 m。正常蓄水位由 157 m 提高到 170 m，相应库容由 174.5 亿 $m^3$ 增加至 290.5 亿 $m^3$，校核洪水位变为 174.35 m，总库容变为 319.50 亿 $m^3$，水库主要任务由防洪、发电、供水和航运调整为防洪、供水、发电和航运。实施丹江口大坝加高工程后，汉江中下游地区的防洪标准由不足 20 年一遇提高到近 100 年一遇，丹江口水库可向北方提供多年平均 95 亿 $m^3$ 的优质水，航运过坝能力由 150 t 级提高到 300 t 级，发电效益基本不变。

## 2. 大坝加高方案

### 1）关键技术问题研究

由于汉江中下游的防洪要求，丹江口大坝加高工程需要在正常运行条件下实施，多年现场试验和数值模拟结果表明：一方面，在外界气温年季变换的影响和作用下，大坝加高工程的新老混凝土难以结合为整体；另一方面，丹江口大坝自初期工程完建到实施加高工程已运行近 40 年，初期坝体不可避免地存在一些混凝土缺陷需要处理，同时还需要协调好初期大坝金属结构和机电设备的补强和更新与防洪调度的关系。因此，丹江口大坝加高工程的关键技术问题是需要妥善解决新老混凝土有限结合条件下新老坝体联合受力的问题；在运行条件下对初期大坝进行全面检测并妥善处理初期大坝存在的混凝土缺陷，并分析预测混凝土缺陷对加高工程的影响；加强大坝加高施工组织，协调好大坝加高施工场地、交通条件、金属结构和机电设备的加固更新与水库防洪调度之间的关系。

为系统解决丹江口大坝加高工程的关键技术问题，在工程前期设计中先后开展了 3 次现场试验，"十一五"国家科技支撑计划项目也针对丹江口大坝的新老混凝土结合问题、初期大坝混凝土缺陷处理、初期大坝基础渗控系统的耐久性评价与高水头条件下的帷幕补强灌浆等技术问题开展了研究，确立了系统的后帮有限结合大坝加高技术、初期大坝混凝土缺陷检查与处理技术、大坝基础防渗体系检测与加固技术。

**2）重力坝加高方案**

丹江口大坝混凝土坝段均采用下游直接贴坡加厚、坝顶加高方式进行加高。坝顶加高前对初期混凝土大坝进行全面检查，对存在的纵向、横向、竖向裂缝和水平层间缝等重要混凝土缺陷采用结构加固与防渗处理相结合的方式进行了处理。对大坝下游贴坡混凝土与初期大坝之间的新老混凝土结合面，采取凿除碳化层、修整结合面体型、设置榫槽、布置锚筋、加强新浇混凝土温控措施和早期混凝土表面保温等一系列措施进行处理。对大坝初期工程的基础渗控措施进行了改造，并进行了防渗灌浆加固处理。对表孔溢流坝段溢流面采用柱状浇筑方式进行坝顶和闸墩加高，加高后的堰面曲线基本相同，设计洪水条件下堰上泄洪能力维持不变，下游消能方式仍为挑流消能，对溢流坝闸墩采用植筋方式进行加固处理，并利用新浇的坝面梁形成框架体系，改善闸墩结构的受力条件；在新老混凝土结合面布置排水廊道，防止结合面内产生渗压，影响加高坝体的结构稳定和应力。

**3）土石坝加高方案**

丹江口水库的左岸土石坝采用下游贴坡和坝顶加高的方式进行加高，右岸土石坝改线重建，新建左坝头副坝和董营副坝。

## 3. 丹江口水库运行调度

丹江口大坝加高后，水库任务调整为防洪、供水、发电、航运；丹江口水库首先满足汉江中下游防洪任务，在供水调度过程中，优先满足水源区用水，其次按确定的输水工程规模尽可能满足北方的需调水量，并按库水位高低，分区进行调度，尽量提高枯水年的调水量。

**1）水库运行水位控制**

考虑到汉江中下游防洪要求，丹江口水库 10 月 10 日～次年 5 月 1 日可按正常蓄水位 170 m 运行；5 月 1 日～6 月 20 日水库水位逐渐下降到夏季防洪限制水位 160 m；6 月 21 日～8 月 21 日水库维持在夏季防洪限制水位运行；8 月 21 日～9 月 1 日水库水位由 160 m 向秋季防洪限制水位 163.5 m 过渡；9 月 1 日～10 月 10 日水库可逐步充蓄至 170 m。

**2）运行调度方式**

当水库水位超过夏季或秋季防洪限制水位或者超过正常蓄水位时，丹江口水库泄水设备的开启顺序依次为深孔、14～17 坝段表孔、19～24 坝段表孔；陶岔渠首按总干渠最大输水能力供水，清泉沟按需引水，水电站按预想出力发电；水库水位尽快降至相应时

段的防洪限制水位或正常蓄水位。

当水库水位在防洪调度线与降低供水线之间运行时，陶岔渠首按设计流量供水，清泉沟、汉江中下游按需水要求供水。当水库水位在供水线与限制供水线之间运行时，陶岔渠首引水流量分别为 300 m³/s、260 m³/s。当水库水位位于限制供水线与极限消落水位之间时，陶岔渠首引水流量为 135 m³/s。

## 4. 加高后的丹江口水库运行

丹江口大坝加高工程 2005 年开工建设，2013 年通过了水库蓄水验收，2021 年通过了 170 m 正常蓄水位的考验，各项监测数据表明，加高后的大坝工作性态正常。

# 二、输水总干渠工程

南水北调中线一期工程输水总干渠自丹江口水库陶岔取水，经河南、河北自北拒马河进入北京团城湖，沿途向河南、河北、北京受水对象供水；自河北的西黑山分水至天津外环河，沿途向河北、天津用户供水。

由于总干渠输水流量大，为降低输水运行费用，结合总干渠沿线地形地质条件，经多方案技术经济比较，中线工程的输水总干渠以明渠为主，局部穿城区域采用压力管道，天津干线则采用地埋箱涵。由于中线工程的服务对象为沿线大中城市的工业生产和城镇居民生活，供水量大、水质要求高；总干渠沿线与其交叉的河流、渠道、公路、铁路均按立交方案设计。陶岔渠首与总干渠沿线控制点之间的水位差，可基本实现全线自流供水，北拒马河到团城湖的流量大于 20 m³/s 时需用泵站加压输水。

## 1. 总干渠线路

中线工程的主要供水范围是华北平原，主要任务是向北京、天津及京广铁路沿线的城市供水。根据地形条件，黄河以南线路受陶岔枢纽、方城垭口、穿黄工程合适布置范围三个节点控制，依据渠道水位、地形地质条件，沿伏牛山、嵩山东麓，在唐白河及华北平原的西部顺势布置。黄河以北线路比较了新开渠和利用现有河渠方案，经技术经济比较，利用现有河渠方案不宜作为永久输水方案；新开渠方案具有全线能自流、水质保护条件好的特点，为中线工程优选线路方案，即黄河以北线路基本位于京广铁路以西，由南向北与京广铁路平行布置。天津干线研究过民有渠方案、新开渠淀南线、新开渠淀北线、涞水—西河闸线等多条线路方案；由于新开渠淀北线线路较短，占地较少，水质、水量有保证，推荐为天津干线输水路线。

## 2. 总干渠输水形式

总干渠输水形式比较了明渠、管涵、管涵渠结合多种方案。全线管涵输水虽便于管理、征地较少，但投资高、需要多级加压、运行费用高、检修困难；结合工程建设条件，推荐陶岔至北拒马河采用明渠重力输水，北京段和天津干线采用管涵输水。

## 3. 总干渠运行调度

中线工程的运行调度涉及丹江口水库、汉江中下游、受水区当地地表水、地下水及中线总干渠的输水调度，关系到全线工程调度的协调性和整体效益的发挥。总干渠工程的输水调度，需综合考虑受水区当地地表水、地下水与北调水联合运用及丰枯互补的作用。

### 1）北调水与当地水的联合调配

中线水资源配置技术是一项开创性的关键技术，其配置与调度模型包括丹江口水库可调水量、受水区多水源调度及中线水资源联合调配。

受水区已建的可利用的调蓄水库，根据其与输水总干渠的相对地理位置、水位关系等，分为补偿调节水库、充蓄调节水库、在线调节水库，分别在中线供水不足时补充当地供水的缺口，通过水库的供水系统向附近的城市供水，直接或间接调蓄中线北调水。

北调水与受水区当地水联合运用、丰枯互补、相互调剂，各水源的利用效率得以充分发挥，受水区供水满足程度一般在 95% 以上。

### 2）总干渠水流控制方式

为了有效控制总干渠水位和分段流量，总干渠建有 60 余座节制闸。输水期间采用闸前常水位控制方式。总干渠供水流量较小时，可利用渠道的水力坡降变化提供少许调节容量用于调节分水口门的取水量；大流量供水时渠道可提供的调蓄容量逐渐消失，分水口门供水量保持基本稳定或按总干渠安全运行要求进行缓慢调节。

总干渠全线采用现代集控技术，系统实现对总干渠各节制闸和沿线分水口门的联动控制。输水期间，依据水力学运动规律和总干渠安全运行要求，根据渠段分水量变化情况分段调整总干渠的供水流量，通过综合协调总干渠不同渠段内各分水口门之间的分水流量变化，减小影响范围和流量变化幅度，提高用户分水口门流量变化的响应速度；或者通过调整陶岔入渠水量，缩短用户供水需求变化的响应时间，避免水资源浪费。

总干渠供水期间，要求总干渠各用户提前一周到两周制订用水计划，由管理部门结合沿线分水口门用水量变化情况和安全供水要求进行审核，必要时在基本满足时段供水量的基础上对部分分水口门的供水过程进行适当调整，审批确认后执行。

# 4. 输水建筑物

输水总干渠以明渠为主，北京段、天津干线采用管（涵）输水；中线一期工程总干渠总长 1 432 km，布置各类交叉建筑物、控制建筑物、隧洞、泵站等，总计 1 796 座，其中，大型河渠交叉建筑物 164 座，左岸排水建筑物 469 座，渠渠交叉建筑物 133 座，铁路交叉建筑物 41 座，公路交叉建筑物 737 座，控制建筑物 242 座，隧洞 9 座，泵站 1 座。

### 1）输水明渠

输水明渠按挖填情况分为全挖方、半挖半填、全填方渠道，为降低渠道过水表面粗糙系数，固化过水断面，过水断面采用混凝土衬砌。地基渗透系数大于 $10^{-5}$ cm/s 的渠段和不良地质渠段，混凝土衬砌板下方设置土工膜防渗。对于设有防渗土工膜、地下水位高于渠道运行低水位的渠段，衬砌板下方设置排水系统，以降低衬砌板下的扬压力，保持衬砌板和防渗系统的稳定。对于存在冰冻问题的安阳以北渠道，在衬砌板下方增设保温板。当渠道地基存在湿陷性黄土时，一般采用强夯或挤密桩处理；存在煤矿采空区而无法回避时，采用回填灌浆处理；对于膨胀土挖方渠道和填方渠道，采用了坡面保护和深层稳定加固等措施。

中线一期工程总干渠沿线分布有膨胀岩土的渠段累计长 386.8 km。其中，淅川段的深挖方渠道开挖深度达 40 余米，膨胀土边坡问题尤为突出。"十一五"、"十二五"和"十三五"国家科技支撑计划项目针对膨胀土物理力学特性、胀缩变形对土体结构的影响、边坡破坏机理、坡面保护、多裂隙条件下的深层稳定计算、深挖方膨胀土渠道边坡加固、岩土膨胀等级现场识别、膨胀土开挖边坡临时保护、水泥改性土施工及检测等，开展了专项研究和现场试验，确定了膨胀土坡面采用水泥改性土或非膨胀土保护、地表水截流、地下水排泄、边坡加固的"防、截、排、固"膨胀土渠坡综合处理措施。总干渠通水运行以来，膨胀土渠道过水断面总体稳定。

### 2）穿黄工程

黄河是中国的第二大河流，泥沙含量大。穿黄工程所处河段河床宽阔，河势复杂，主河道游荡性强，南岸位于郑州以西约 30 km 的邙山李村电灌站附近，与中线工程总干渠荥阳段连接；北岸出口位于河南温县黄河滩地，与焦作段相连，全长 23.937 km；穿越黄河隧洞段长 3.5 km，经水力学计算隧洞过水断面直径为 7.0 m，最大内水压力为 0.51 MPa，是南水北调中线的控制性工程。

工程设计开展了河工模型试验，进行了多方案比较，由此确定了穿黄工程路线，选择隧洞作为穿越黄河的建筑物形式。穿黄隧洞采用双层衬砌结构，外衬为预制管片拼装形成的圆形管道，采用盾构法施工，内衬为现浇混凝土预应力结构，内外衬之间设置弹性排水垫层，是我国首例采用盾构法施工的软土地层大型高压输水隧洞。穿黄工程技术难度大，超出我国现有工程经验和规范适用范围。针对穿黄隧洞复杂的运行环境条件、特殊的结构形式设计和施工涉及的关键技术问题，"十一五"国家科技支撑计划项目开展了"复杂地质条件下穿黄隧洞工程关键技术研究"工作，进行了 1：1 现场模型试验，结合数值模拟分析，系统解决了施工及运行期游荡性河床冲淤变形荷载作用下穿黄隧洞双层衬砌结构受力与变形特性，隧洞外衬拼装式管片结构设计、接头设计与防渗设计，复杂地质条件盾构法施工技术，超深大型盾构机施工竖井结构及渗流控制等一系列前沿性的工程技术问题，取得了一系列重大创新成果。

### 3）超大规模输水渡槽

渡槽作为南水北调中线总干渠跨越大型河流、道路的架空输水建筑物，是渠系建筑物中应用最广泛的交叉建筑物之一。南水北调中线一期工程总干渠输水渡槽共 27 座，其中，梁式渡槽 18 座。渡槽断面形式有 U 形、矩形、梯形，设计流量以刁河渡槽、湍河渡槽的设计流量 350 m³/s 为最大。渡槽长度则主要根据河道行洪要求和渡槽上游壅水影响经综合比选确定。

# 三、汉江中下游治理工程

中线一期工程运行后，丹江口水库下泄量减少，对汉江中下游干流水情与河势、河道外用水等造成了一定的影响；需要通过兴建兴隆水利枢纽、引江济汉工程、部分闸站改（扩）建、局部航道整治等四项工程，减少或消除北调水产生的不利影响；汉江中下游治理工程是中线工程的重要组成部分。

## 1. 兴隆水利枢纽

兴隆水利枢纽是汉江干流渠化梯级规划中的最下一级，位于湖北潜江、天门境内，开发任务是以灌溉和航运为主，兼顾发电。枢纽正常蓄水位为 36.2 m，相应库容为 2.73 亿 m³，规划灌溉面积为 327.6 万亩①，规划航道等级为 III 级，水电站装机容量为 40 MW。枢纽由拦河水闸、船闸、电站厂房、鱼道、两岸滩地过流段及上部交通桥等建筑物组成。

兴隆水利枢纽坝址处河道总宽约 2 800 m，河床呈复式断面，建筑物地基及过流面均为粉细砂层。其关键技术难题如下：①超宽蜿蜒型河道建设拦河枢纽需顺应河势，避免航道淤积，保障枢纽综合效益长期稳定发挥；②需要针对粉细砂地基承载能力低、沉降量大、允许渗透比降小，极易发生渗透变形、饱和砂土存在振动液化等特性的大面积地基处理技术；③粉细砂抗冲流速小，抗冲能力低，工程过流面积大，需要安全可靠的消能防冲设计。

为此，根据实际地形地质条件提出了"主槽建闸，滩地分洪；航电同岸，稳定航槽"

---

① 1 亩≈666.67 m²。

的枢纽布置新形式，解决了在超宽蜿蜒型河道建设大型水利枢纽如何稳定河势及保障安全通航的技术难题；并研发了"格栅点阵搅拌桩"多功能复合地基新形式、"H形预制嵌套"柔性海漫辅以垂直防淘墙的多重冗余防冲结构，首次在深厚粉细砂河床上成功建设了大型综合水利枢纽。

## 2. 引江济汉工程

引江济汉工程从长江干流向汉江和东荆河引水，补充兴隆—汉口段和东荆河灌区的流量，以改善其灌溉、航运和生态用水要求。渠道设计引水流量为 350 m³/s，最大引水流量为 500 m³/s；东荆河补水设计流量为 100 m³/s，加大流量为 110 m³/s。工程自身还兼有航运、撇洪功能。引江济汉工程通过从长江引水可有效减小汉江中下游仙桃段"水华"发生的概率，改善生态环境。

干渠渠首位于荆州李埠龙洲垸长江左岸江边，干渠渠线沿北东向穿荆江大堤，在荆州城西伍家台穿 318 国道、于红光五组穿宜黄高速公路后，近东西向穿过庙湖、荆沙铁路、襄荆高速公路、海子湖后，折向东北向穿拾桥河，经过蛟尾北，穿长湖，走毛李北，穿殷家河、西荆河后，在潜江高石碑北穿过汉江干堤入汉江。

## 3. 部分闸站改（扩）建

汉江中下游干流两岸有部分闸站原设计引水位偏高，汉江处于中低水位时引水困难，需进行改（扩）建，据调查分析，有 14 座水闸（总计引水流量 146 m³/s）和 20 座泵站（总装机容量 10.5 MW）需进行改（扩）建。

## 4. 局部航道整治

汉江中下游不同河段的地理条件、河势控制及浅滩演变有着不同特点。近期航道治理仍按照整治与疏浚相结合、固滩护岸、堵支强干、稳定主槽的原则进行。

# 四、工程效益

南水北调中线一期工程建成通水以来，运行平稳，达效快速，综合效益显著，基本实现了规划目标。中线工程向沿线郑州、石家庄、北京、天津等 20 多座大中城市和 100 多个县（市）自流供水，并利用工程富余输水能力相机向受水区河流生态补水，有效解决了受水区城市的缺水问题，遏制了地下水超采和生态环境恶化的趋势。汉江水源区水生态环境保护成效显著，中线调水水质常年保持 I～II 类。丹江口大坝加高工程和汉江中下游四项治理工程在供水、航运、发电、防洪、改善水环境等方面发挥了积极作用，实现了"南北两利"。

截至 2024 年 3 月 30 日，南水北调中线一期工程自 2014 年 12 月全面通水以来，已累计向受水区调水超 620 亿 m³，受益人口超 1.08 亿人。

## 1. 丹江口水利枢纽工程防洪效益、供水效益、生态效益显著

丹江口大坝加高以后，充分发挥了拦洪削峰作用，有效缓解了汉江中下游的防洪压力。从 2017 年 8 月 28 日开始，汉江流域发生了 6 次较大规模的降雨过程，最大入库洪峰流量为 18 600 m³/s，水库实施控泄，出库流量最大为 7 550 m³/s，削峰率为 59%，拦蓄洪量约 12.29 亿 m³，汉江中游干流皇庄站水位最大降低 2 m 左右，避免了蓄滞洪区的运用，有效缓解了汉江中下游的防洪压力。

2021 年汉江再次遭遇明显秋汛，从 8 月 21 日开始，汉江上中游连续发生 8 次较大规模的降雨过程，丹江口水库累计拦洪约 98.6 亿 m³。通过水库拦蓄，平均降低汉江中下游洪峰水位 1.5～3.5 m，超警戒水位天数缩短 8～14 天，避免了丹江口水库以下河段超保证水位和杜家台蓄滞洪区的运用。10 月 10 日 14 时，丹江口水库首次蓄至 170 m 正常蓄水位，汉江秋汛防御与汛后蓄水取得双胜利。

通过实施丹江口水库库区及上游水污染防治和水土保持规划，极大地促进了水源区生态建设，使丹江口水库水质稳定维持在 I～II 类，主要支流天河、竹溪河、堵河、官山河、浪河和滔河等的水质基本稳定在 II 类，剑河和犟河的水质分别由 IV～劣 V 类改善至 II～III 类。

## 2. 北调水已成为受水区城市供水的主力水源，并有效遏制了受水区地下水超采，生态环境明显改善

南水北调中线一期工程 2003 年开工新建，2014 年建成通水。自通水以来，输水规模逐年递增，到 2019～2020 年供水量为 86.22 亿 m³，运行 6 年基本达效。根据检测数据综合评价，南水北调中线水质稳定在 II 类以上。根据 2019 年 6 月资料分析统计，受水区县、市、区行政区划范围内现状水厂总数为 430 座，北调水受水水厂 251 座，其供水能力占受水区总水厂供水能力的 81%。黄淮海流域总人口 4.4 亿人，生产总值约占全国的 35%，中线一期工程累计向黄淮海流域调水超 400 亿 m³，缓解了该区域水资源严重短缺的问题，为京津冀协同发展、雄安新区建设、黄河流域生态保护和高质量发展等重大战略的实施及城市化进程的推进提供了可靠的水资源保障，极大地改善了受水区居民的生活用水品质。

南水北调中线工程通水后，受水区日益恶化的地下水超采形势得到遏制，实现地下水位连续 5 年回升。河南受水区地下水位平均回升 0.95 m，其中，郑州局部地下水位回升 25 m，新乡局部回升了 2.2 m。河北浅层地下水位 2020 年比 2019 年平均回升 0.52 m，深层地下水位平均回升 1.62 m。北京应急水源地地下水位最大升幅达 18.2 m，平原区地下水位平均回升了 4.02 m。天津深层地下水位累计回升约 3.9 m。

截至 2024 年 3 月，中线一期工程累计向北方 50 多条河流进行生态补水，补水总量近 100 亿 m$^3$，为河湖增加了大量优质水源，提高了水体的自净能力，增加了水环境容量，在一定程度上改善了河流水质。

## 3. 汉江中下游四项治理工程实施后，灌溉、航运、生态环境保护成效显著

汉江中下游兴隆水利枢纽、引江济汉工程、部分闸站改（扩）建和局部航道整治四项治理工程均于 2014 年建成并投入运行，目前运行平稳，在供水、航运、发电、防洪、改善水环境等方面发挥了积极作用。

截至 2020 年兴隆水利枢纽累计发电 14.32 亿 kW·h；控制范围内灌溉面积由 196.8 万亩增加到 300 余万亩。引江济汉工程累计引水 205.29 亿 m$^3$，连通了长江和汉江航运，缩短了荆州与武汉间的航程约 200 km，缩短了荆州与襄阳间的航程近 700 km；配合局部航道整治实现了丹江口—兴隆段 500 t 级通航，结合交通运输部门规划满足了兴隆—汉川段 1 000 t 级通航条件。

引江济汉工程叠加丹江口大坝加高工程后汉江中下游枯水流量增加，提高了汉江中下游生态流量的保障程度。根据 2011 年 1 月～2018 年 12 月实测流量数据，中线一期工程运行前后 4 年，皇庄断面和仙桃断面的生态基流均可 100%满足；皇庄断面最小下泄流量旬均保证率由 91.7%提升至 100%，日均保证率由 90.4%提升至 98.9%，2017～2019 年付家寨断面、闸口断面、皇庄断面、仙桃断面等主要断面各月水质稳定在 II～III 类，并以 III 类为主。

2016 年和 2020 年汛期，利用引江济汉工程实现了长湖向汉江的撇洪，极大地缓解了长湖的防汛压力。

# 目　录

## 第一篇　工　程　规　划

# 第二篇　中线一期工程总体设计

第一篇

# 工程规划

# 第1章

## 南水北调与中线工程

### 1.1 南水北调总体布局

#### 1.1.1 南水北调构想

南水北调宏伟构想的提出最早可追溯至 20 世纪 50 年代初。1952 年 10 月毛泽东主席视察黄河，在听取黄河水利委员会主任王化云关于从长江引水补济黄河的设想汇报后说："南方水多，北方水少，如有可能，借点水来也是可以的。"1953 年 2 月，毛泽东主席视察长江，时任长江流域规划办公室（简称长办）主任林一山随从陪同。在"长江"舰上毛泽东问林一山："南方水多，北方水少，能不能从南方借点水给北方？"毛泽东主席边说边用铅笔指向地图上的西北高原，指向腊子口、白龙江，然后又指向略阳一带地区，指到西汉水，每一处都问引水的可能性，林一山都如实予以回答。当毛泽东指到汉江时，林一山回答说"有可能"，因为"汉江上游和渭河、黄河平行向东流，中间只有秦岭、伏牛山之隔，它自西向东，越到下游，地势越低，水量越大，而引水工程规模反而越小，这就有可能找到一个合适的地点来兴建引水工程，将汉江通过黄河引向华北。"然后毛泽东用铅笔从汉江上游至下游画了很多杠杠，当毛泽东指向丹江口一带时，林一山说："这里可能性最大，也可能是最好的引水线路。"毛泽东听后当即问道："这是为什么？"林一山说："汉江再往下，即转为向南复向北，河谷变宽，没有高山，缺少兴建高坝的条件，向北方引水也就无从谈起。"林一山为什么说丹江口一带可能性最大呢？是因为当时在研究汉江中下游防洪问题时提出过兴建丹江口工程，但没有考虑到利用这个工程进行南水北调。毛泽东主席的提醒，启发了林一山。

毛泽东主席的讲话，展现出伟大革命家高瞻远瞩的气魄和诗人的浪漫，也拉开了全面研究南水北调的序幕。1958 年在中央成都会议上，毛泽东主席说："打开通天河、白龙江与洮河，借长江济黄，丹江口引汉济黄，引黄济卫，同北京连起来。"再次提出引江、引汉济黄等问题。

1958 年 8 月 29 日，《中共中央关于水利工作的指示》明确提出："全国范围的较长远的水利规划，首先是以南水（主要是长江水系）北调为主要目的的，即将江、淮、河、汉、海河各流域联系为统一的水利系统的规划，……应即加速制订。"这是南水北调一词第一次见之于中共中央正式文件。中共中央指示明确了从长江水系调水和其他河流联为统一水利系统的要求。

长江是我国最大的河流，水资源丰富且较稳定，多年平均径流量约为 9 600 亿 m³，特枯年水量也有 7 600 亿 m³。长江的入海水量占天然径流量的 94% 以上。从长江流域调出部分水量，缓解北方地区的缺水情况是可能的。这是南水北调工程选择以长江为水源地的基本依据。同时，从长江调水地理条件优越。长江自西向东流经大半个中国，上游靠近西北干旱地区，中下游与最缺水的华北平原及胶东地区相邻，兴建跨流域调水工程在经济、技术条件方面具有显著优势。

## 1.1.2 南水北调规划布局

从社会、经济、环境、技术等方面，在反复分析、比较了 50 多种规划方案的基础上，逐步形成了分别从长江下游、中游和上游调水的东线、中线、西线三条调水线路。通过三条调水线路与长江、黄河、淮河、海河四大江河的联系，逐步构成以"四横三纵"[1]为主体的国家水网主骨架，见图 1.1.1。这样的总体布局，有利于实现我国水资源南北调配、东西互济的合理配置格局，缓解北方地区东部、中部和西部可持续发展对水资源需求的压力，具有重大的战略意义。

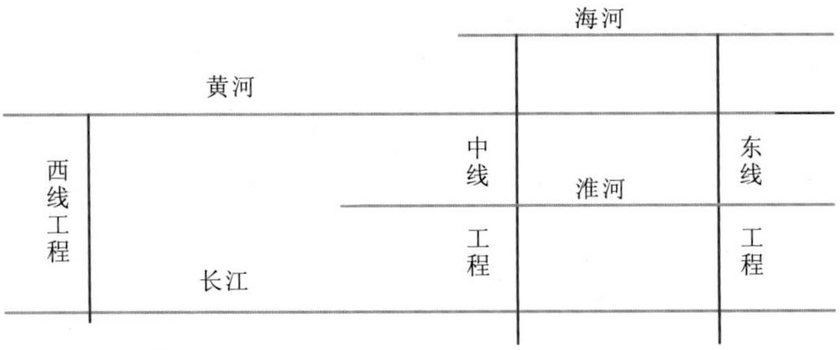

图 1.1.1 南水北调工程总体布局示意图

南水北调工程东线、中线和西线三条线路的总体布局，是根据我国的地势、山脉、水系、水土资源分布状况，以及经济社会现状及其发展趋势确定的，基本覆盖了黄淮海流域、胶东地区和西北内陆河部分地区，可以安全、经济地基本解决北方缺水地区的需水与供水矛盾。西线工程布设在我国最高一级台阶的青藏高原上，居高临下，具有供水覆盖面广的优势，主要向黄河中上游和西北内陆河部分地区供水，相机向黄河下游补水；但是长江上游水量相对有限，且工程艰巨，投资较大。中线工程近期从长江的支流汉江引水，远景从长江三峡库区补水，从第三级台阶的西侧通过，可自流向华北平原大部分地区供水。东线工程位于第三级台阶的东部，直接从长江干流下游取水，水量丰富，在黄河以南需逐级抽水北送，黄河以北可以自流；但因输水线路地势较低，宜向华北平原东部和胶东地区供水。

东线、中线和西线三条线路可以利用黄河由西向东贯穿我国北方的天然优势，通过工程措施与黄河连接，并通过优化运行调度，实现南水北调工程和黄河之间水量的合理调配。随着黄河上游西北各省（自治区）的经济社会发展，用水量的增加，必将减少进入黄河干流和下游的水量。因此，在西线未实施前，先期实施东线和中线，既可缓解下游沿黄两岸的供水不足，也有利于保证上游西北地区的用水，支持西部大开发。

随着"四横三纵"骨干水网的逐步形成和畅通，各流域和水系之间通过建设控制建筑物进行水力连接，运用现代化的测报、预报及通信和监控手段，实现大范围的水资源优化调度，可较大幅度地提高各地区的供水保证程度，并充分发挥南水北调工程的效益。

东线工程从长江下游引水，水源丰沛，可利用现有泵站和河道，工程较简单，投资较小，易于分期建设。黄河以南需建13级泵站提水，总扬程为65 m。输水工程有90%以上可利用现有河道，沿线有洪泽湖、骆马湖、南四湖、东平湖等湖泊调蓄。沿线现有河道、湖泊均有行洪、排涝、航运和调水功能，省际和地区间水事矛盾多，运行管理较复杂。东线工程的难点在于改善沿线水环境，尤其是南四湖和东平湖周边地区的污染问题，提高输水水质。

中线工程地理位置优越，可基本自流输水，水源水质好（为Ⅱ类水），规划输水干线与现有河道全部立交，易于保护水质；输水干线所处位置地势较高，可解决北京、天津、河北、河南4省（直辖市）京广铁路沿线的城市供水问题，还有利于改善生态环境。近期从丹江口水库取水，虽然可调水量比从长江干流取水相对减少，但已能满足近期北方城市缺水需要，技术、经济条件优越。远景可根据华北平原的需水要求，从长江三峡库区调水到汉江，有充足的后续水源。作为中线近期水源的丹江口水库，从保证调水并结合防洪的要求考虑，需要按正常蓄水位170 m加高大坝，安置移民约25万人。为避免和减轻调水对汉江中下游工农业取水、航运和生态环境的影响，需要采取必要的工程措施。中线工程缺点是，工程投资较大，输水总干渠上能够直接用于调蓄的在线水库较少，需要采取科学调度来保证供水。

西线工程从长江上游通天河和大渡河、雅砻江及其支流调水，与黄河上游距离较近，控制范围大，可向黄河中上游6个省（自治区）及西北内陆河部分地区供水，也可向黄河中下游相机补水，为西部大开发提供水资源保障，改善西部地区的生态环境。该工程引水的水源点多，调水区的水质好，但因地处长江上游，水量相对有限。为此，远景还可考虑从怒江、澜沧江等河流调水。西线工程位于青藏高原东南部，属高寒缺氧地区，自然环境较为恶劣，交通不便，且处于构造运动强烈、活动断裂较为发育的强地震带，地质条件较为复杂，工程技术难点较多，工程投资大。

三条调水线路虽各有其难点，但均可以克服和解决。在南水北调各个时期的前期工作中，分别对存在的问题进行了深入的分析、研究，提出了解决方案。

综上所述，南水北调工程东线、中线和西线三条调水线路，各有其合理的供水范围和供水目标，并与四大江河形成一个有机整体，可相互补充。实现"四横三纵"的总体布局，可充分发挥多水源供水的综合优势，共同提高受水区的供水保证程度，有利于中华民族的永续发展。

# 1.2 南水北调工程总体规划概况

2002 年 9 月，国家发展计划委员会、水利部联合提出了《南水北调工程总体规划报告》，南水北调工程总体规划由总报告、12 个附件及 45 个专题组成，其中附件 7、附件 8、附件 9 分别为《南水北调东线工程规划（2001 年修订）》《南水北调中线工程规划（2001 年修订）》《南水北调西线工程规划纲要及第一期工程规划》。

2002 年，12 月，国务院以"国函〔2002〕117 号"文批复《南水北调工程总体规划报告》，主要意见：原则同意《南水北调工程总体规划》。根据前期工作的深度，先期实施东线和中线一期工程，西线工程先继续做好前期工作。并指出：科学确定调水规模是实施南水北调工程的基础；南水北调工程是跨流域、跨省市的特大型水利基础设施，具有公益性和经营性双重功能。

## 1.2.1 东线工程

东线工程利用江苏已建的江水北调工程，逐步扩大调水规模并延长输水线路。从长江下游扬州附近抽引长江水，利用京杭大运河及与其平行的河道逐级提水北送，并连通起调蓄作用的洪泽湖、骆马湖、南四湖、东平湖。出东平湖后分两路输水：一路向北，在位山附近经隧洞穿过黄河，通过扩挖现有河道进入南运河，自流到天津，输水主干线全长 1 156 km，其中黄河以南 646 km，穿黄段 17 km，黄河以北 493 km；另一路向东，通过胶东地区输水干线经济南输水到烟台、威海，全长 701 km。

### 1. 供水范围与目标

东线工程的主要供水范围是华北平原东部和胶东地区，达 18 万 km$^2$，包括江苏里下河地区以外的苏北地区和里运河东西两侧地区；安徽蚌埠、淮北以东沿淮、沿新汴河和沿高邮湖地区；山东南四湖、东平湖地区、山东半岛；黄河以北大清河淀东清南平原；河北黑龙港平原、运东平原，山东徒骇马颊河平原。

东线工程的主要供水目标：解决津浦铁路沿线和胶东地区的城市缺水及苏北地区的农业缺水问题，补充鲁西南、鲁北和河北东南部分农业用水及天津市的部分城市用水。东线工程除调水北送外，还兼有防洪、除涝、航运等综合效益，也有利于我国重要历史遗产京杭大运河的保护。亦即，东线工程不仅可解决沿线城市缺水，也可为江苏江水北调地区的农业增加供水、补充京杭大运河航运用水、还可为安徽洪泽湖周边地区提供部分水量。

### 2. 工程规模

东线工程的总调水规模为：抽江水量 148 亿 m$^3$（流量 800 m$^3$/s）；过黄河水量

38 亿 m³（流量 200 m³/s）；向胶东地区供水 21 亿 m³（流量 90 m³/s）。东线工程完成后，多年平均增供水量 106.2 亿 m³（未包括江苏省江水北调工程的现状供水能力），扣除输水损失后，净增供水量 90.7 亿 m³。

东线工程分三期实施。第一期工程主要向江苏和山东两省供水，抽江规模 500 m³/s，多年平均抽江水量 89 亿 m³，扣除江苏省现有江水北调的能力后，新增抽江水量 39 亿 m³；过黄河 50 m³/s，送山东半岛 50 m³/s。第二期工程扩大抽江规模至 600 m³/s，多年平均抽江水量达 106 亿 m³，除供山东、江苏以外，还可向河北、天津供水，过黄河 100 m³/s，到天津 50 m³/s，送山东半岛 50 m³/s。第三期工程扩大抽江规模至 800 m³/s，多年平均抽江水量达 148 亿 m³，过黄河 200 m³/s，到天津 50 m³/s，送山东半岛 90 m³/s。

### 3. 工程线路

东线工程利用江苏江水北调工程，扩大规模、向北延伸而成。充分利用了京杭大运河及淮河、海河流域现有河道和建筑物，并密切结合防洪、除涝和航运等综合利用的要求。

黄河以南沿线有洪泽湖、骆马湖、南四湖、东平湖 4 个调蓄湖泊，湖泊与湖泊之间的水位差都在 10 m 左右，形成 4 大段输水工程，各湖之间均设 3 级提水泵站，南四湖上下级湖之间设 1 级泵站，从长江至东平湖共设 13 个抽水梯级，地面高差 40 m，泵站总扬程 65 m。

现有河道输水能力大部分满足近期调水要求，并具有扩建潜力。南四湖以南已全部渠化，达到 Ⅱ、Ⅲ 级航道标准。江苏江水北调工程从扬州到下级湖已建成 9 个梯级、22 座泵站，总装机容量为 17.6 万 kW。根据现有河道可利用情况，南四湖以南采用双线或三线并联河道输水；南四湖以北基本为单线河道输水。具体输水线路安排如下。

从长江至洪泽湖，由三江营抽引江水，分运东和运西两线，分别利用里运河、三阳河、苏北灌溉总渠和淮河入江水道送水。

洪泽湖至骆马湖，采用中运河和徐洪河双线输水。新开成子新河和利用二河从洪泽湖引水送入中运河。

骆马湖至南四湖，有三条输水线：中运河—韩庄运河、中运河—不牢河和中运河—房亭河。

南四湖内除利用全湖输水外，须在部分湖段开挖深槽，并在二级坝建泵站抽水入上级湖。

南四湖以北至东平湖，利用梁济运河输水至邓楼，建泵站抽水入东平湖新湖区，沿柳长河输水北送至八里湾，再由泵站抽水入东平湖老湖区。

穿黄位置选在解山和位山之间，包括南岸输水渠、穿黄枢纽和北岸出口穿位山引黄渠三部分。穿黄隧洞设计流量为 200 m³/s，需在黄河河底以下 70 m 打通一条直径 9.3 m 的隧洞。

江水出东平湖经穿黄工程过黄河后，接小运河至临清，立交穿过卫运河，经临吴渠在吴桥城北入南运河送水到九宣闸，再由马厂减河送水到天津北大港水库。

从长江到天津北大港水库输水主干线长约 1156 km，其中黄河以南 646 km，穿黄段 17 km，黄河以北 493 km；分干线总长约 795 km，其中黄河以南 629 km，黄河以北 166 km。

山东半岛输水干线工程西起东平湖，东至威海米山水库，全长 701.1 km，设 7 级提水泵站。自西向东可分为西、中、东三段，西段即西水东调工程；中段利用引黄济青渠段；东段为引黄济青渠道以东河段，第一、二期工程由北线送水至威海米山水库，即利用山东胶东地区应急调水工程，第三期工程新辟南线送水至荣成湾头水库，增加输水线路 287.4 km。输水线路总长 988.5 km。

### 4. 治污规划

南水北调东线工程治污规划以实现输水水质达 III 类标准为目标，以全面落实节水措施为前提，重在建立"治、截、导、用、整"五位一体的污水治理体系。

按照南水北调东线工程规划分期要求，2008 年前以山东、江苏治污项目为主，同时实施河北工业治理项目；2009～2013 年以黄河以北河南、河北、天津治污项目为主，同时实施安徽治污项目。

治污规划按南水北调输水线路、用水区域和相关水域的保护要求，划分为输水干线规划区、山东天津用水规划区（含江苏泰州）和河南安徽规划区。三大规划区下划分 8 个控制区，53 个控制单元，将以控制单元作为规划污染治理方案、进行水质输入响应分析的基础单元。规划了清水廊道工程、用水保障工程及水质改善工程共三大工程。

清水廊道工程以输水主干渠沿线污水零排入为目标，建设城市污水处理厂 104 座，辅以必要的截污导流工程及流域综合整治工程，输水干线区化学需氧量（chemical oxygen demand，COD）削减率达 62.1%，氨氮削减率达 53.2%，形成清水廊道，确保主干渠输水水质达 III 类标准。可使河北、天津 8 个控制单元全部实现污水零排入。

用水保障工程以保障天津市区、山东西水东调水质为目标，建设 5 座城市污水处理厂、3 项截污导流工程，COD 削减率 18.5%，氨氮削减率 34.1%。实现处理后污水对天津引水线路的零排入，达到本规划区内用水水质达 III 类的目标。

水质改善工程以改善卫运河、漳卫新河、淮河干流及洪泽湖水质为主要目标，建设城市污水处理工厂 26 座，关闭 35 条年制浆能力在 2 万 t 以下的草浆造纸生产线，COD 削减率 25.0%，氨氮削减率 57.4%，可保证到 2013 年，淮河干流水质及入洪泽湖支流水质达 III 类，河南卫运河断面 COD 浓度低于 70 mg/L。

## 1.2.2 中线工程

中线工程从长江支流汉江丹江口水库陶岔渠首闸引水，沿线开挖渠道，经唐白河流域西部过长江流域与淮河流域的分水岭方城垭口，沿华北平原西部边缘，在郑州以西孤柏咀处穿过黄河，沿京广铁路西侧北上，可基本自流到北京、天津，受水区面积

为 15 万 km²。从陶岔渠首闸至北京团城湖，输水干线长 1 276.22 km，其中黄河以南 473.83 km，穿黄段 19.31 km，黄河以北 783.08 km。天津干线从河北保定徐水分水向东至天津外环河，长 155.53 km。

### 1. 可调水量与工程规模

根据 1956～1997 年水文系列，汉江流域水资源总量为 582 亿 m³，丹江口水库以上水资源总量为 388 亿 m³，占全流域的 66.7%。对汉江上游用水消耗进行调查、分析，预计 2010 年和 2030 年丹江口水库入库水量分别为 362 亿 m³ 和 356 亿 m³；考虑汉江中下游地区未来经济社会和生态环境的需水要求，在建设兴隆水利枢纽、引江济汉工程、部分闸站改（扩）建、局部航道整治后，2010 年水平年丹江口水库多年平均需下泄水量 162.2 亿 m³，2030 年水平年需下泄水量 165.7 亿 m³。据此，丹江口水库可调水量为 120 亿～140 亿 m³，保证率为 95% 的干旱年份可调水量为 62 亿 m³。总体规划确定中线工程的调水规模为多年平均 130 亿 m³ 左右。

中线工程分两期实施。一期工程多年平均调水量 95 亿 m³，渠首设计流量 350 m³/s，加大流量 420 m³/s，供水范围包括河南、河北、北京、天津。二期工程在一期工程的基础上扩大输水能力，多年平均调水量达到 130 亿 m³ 左右。

### 2. 水源工程

中线工程近期从丹江口水库引水，后期结合未来北方受水区需水要求的变化，将长江作为后续水源比选方案加以研究。

丹江口水库于 1958 年开工建设，1973 年建成初期规模，坝顶高程 162 m，正常蓄水位 157 m，相应库容 174.5 亿 m³，死水位 140 m，相应库容 76.5 亿 m³。水库初期规模的主要任务是防洪、发电、供水、航运，为防洪而预留的库容为 55 亿～77 亿 m³。水电站总装机容量 90 万 kW，保证出力 24.7 万 kW，年发电量 38 亿 kW·h，是华中电网的主要调峰电站。在库区河南省淅川县境内建有陶岔引水闸和清泉沟引水隧洞，分别为河南刁河灌区 150 万亩[①]和湖北清泉沟灌区 210 万亩农田供水，枯水年份的供水量约 15 亿 m³。

规划将丹江口大坝加高 14.6 m，坝顶高程为 176.6 m，正常蓄水位从 157 m 提高至 170 m，水库由不完全年调节提升为不完全多年调节，相应库容达到 290.5 亿 m³，新增库容 116 亿 m³。相较现状，新增防洪库容 33 亿 m³，新增兴利库容 49.5 亿～88.3 亿 m³。大坝加高后，中线第一期工程的多年平均调水量为 95 亿 m³，特枯年份调水量为 62 亿 m³，基本满足需调水量的要求；同时，可使汉江中下游防洪标准由 20 年一遇提高到 100 年一遇，两岸 14 个民垸 70 多万人可基本解除洪水威胁。丹江口水库的主要任务调整为防洪、供水、发电、航运。

### 3. 输水工程

渠首在丹江口水库陶岔闸，沿伏牛山南麓山前岗垄、平原相间地带向东北方向延伸，

---

① 1 亩≈666.67 m²。

在方城县城南过江淮分水岭垭口进入淮河流域,在鲁山跨过(南)沙河和焦枝铁路经新郑市北部到郑州,在郑州以西约 30 km 的孤柏咀处穿越黄河,然后沿京广铁路西侧向北,在安阳西北过漳河,进入河北,从石家庄西北穿过石津干渠和石太铁路,至保定徐水分水两路,一路向北跨北拒马河后进入北京团城湖,另一路向东向天津供水。

(1)输水工程形式。输水工程采用明渠全断面衬砌,与交叉河道全部立交。对地质条件复杂、人口聚集、高填方渠段和交叉建筑物密集的渠段,采用管涵输水。如总干线的北京段因交叉建筑物密集,天津干线段因坡降较陡,需穿越大清河分蓄洪区等,规划采用管涵输水。

(2)输水总干渠。输水总干渠穿越大小河流 686 条,其中集流面积大于 20 km$^2$ 的205 条。全线布置各类交叉建筑物、控制建筑物、隧洞、泵站等,总计 1 796 座,其中,大型河渠交叉建筑物 164 座,左岸排水建筑物 469 座,渠渠交叉建筑物 133 座,铁路交叉建筑物 41 座,公路交叉建筑物 737 座,控制建筑物 242 座,隧洞 9 座,泵站 1 座。

(3)穿黄工程。穿黄工程是中线总干线上规模最大、条件最复杂、单项工期最长的关键性交叉建筑物。工程前期历经几十年对穿黄线路和方式进行了深入研究,曾比较了与黄河平交、立交和平立交多种方案,最后选择了立交。在伊洛河口至郑州黄河铁路大桥 54 km 的黄河河段内比较了桃花峪、牛口峪和孤柏咀等十多条穿黄线路。工程结构形式研究了隧洞和渡槽两种方案。

4. 调蓄工程

中线工程的调蓄考虑了以下原则和措施:一是将丹江口水库、汉江中下游及受水区的地表水、地下水作为一个大系统,统一进行供水调度,充分发挥丹江口水库的调蓄作用;二是在受水区让现状已向城市供水的大中型水库参与调节计算,其中位置较高、中线工程不能直接充蓄的水库,可对受水区供水进行补偿调节;三是将位置较低、中线工程可以直接充蓄,但不能向总干线输水的水库、洼淀,作为附近城市供水的调节水库;四是增加在线调节水库,为提高北京、天津供水保证率,改扩建河北保定徐水境内的瀑河水库,调蓄库容 2.1 亿 m$^3$。

输水线路东西两侧现有向城市供水的水库和洼淀 19 座,总调蓄库容为 67.5 亿 m$^3$;可充蓄的调节水库、洼淀的调蓄库容为 10.9 亿 m$^3$。

5. 汉江中下游工程

中线工程从丹江口水库的多年平均调水量为 130 亿 m$^3$ 时,对汉江中下游生活、生产和生态用水将有一定的影响,需兴建兴隆水利枢纽、引江济汉工程、部分闸站改(扩)建、局部航道整治等,以减少或消除调水产生的不利影响。规划确定的第一期工程的调水规模为 95 亿 m$^3$,对汉江中下游影响较小,但考虑到环境问题的复杂性和敏感性,仍安排了汉江中下游上述四项治理工程项目;第二期工程将视环境状况变化等因素,再考虑兴建其他必要的水利枢纽。

## 1.2.3　西线工程

西线工程是在长江上游通天河、支流雅砻江和大渡河上游筑坝建库，开凿穿过长江与黄河分水岭巴颜喀拉山的输水隧洞，调长江水入黄河上游。

### 1. 供水目标与调水量

西线工程的供水目标主要是，解决涉及青海、甘肃、宁夏、内蒙古、陕西、山西 6 省（自治区）的黄河中上游地区和关中平原的缺水问题。结合兴建黄河干流上的大柳树水利枢纽等工程，还可以向邻近黄河流域的甘肃河西走廊地区供水。

通过对规划区各调水河流 20 余处引水枢纽的分析、研究，规划选定了三个调水区，即：雅砻江的 2 条支流和大渡河的 3 条支流的多年平均径流量 61 亿 $m^3$，可调水量 40 亿 $m^3$；雅砻江阿达引水枢纽处多年平均径流量 71 亿 $m^3$，可调水量 50 亿 $m^3$；通天河侧坊枢纽处多年平均径流量 124 亿 $m^3$，可调水量 80 亿 $m^3$。规划区三条河多年平均总径流量 256 亿 $m^3$，可调水总量 170 亿 $m^3$，分别占引水枢纽处河流径流量的 65%～70%。

综合分析可调水量和缺水量，以及经济、技术合理性等综合因素，规划确定西线工程调水规模为 170 亿 $m^3$。西线工程分三期实施，一期工程年调水 40 亿 $m^3$，二期工程增加年调水 50 亿 $m^3$，三期工程增加年调水 80 亿 $m^3$。

### 2. 工程布置

在通天河、雅砻江、大渡河 3 条河及其支流上的引水河段内共研究了 20 余座引水枢纽，分析、比较了 30 多条引水线路。通过技术、经济分析，淘汰了全部抽水和全部明渠方案，选择其中以自流和隧洞输水为主的 5 条引水线路。经综合选比，确定西线调水的工程布局为：从大渡河和雅砻江支流调水的达曲—贾曲自流线路（简称达—贾线）；从雅砻江调水的阿达—贾曲自流线路（简称阿—贾线）；从通天河调水的侧坊—雅砻江—贾曲自流线路（简称侧—雅—贾线）。

达—贾线：在大渡河支流阿柯河、麻尔曲、杜柯河和雅砻江支流泥曲、达曲 5 条支流上分别建引水枢纽，联合调水到黄河支流贾曲，年调水量 40 亿 $m^3$，输水期为 10 个月。该方案由"五坝七洞一渠"串联而成，输水线路总长 260 km，其中隧洞长 244 km，明渠长 16 km。"五坝"即在 5 条引水河流上各建一座引水枢纽，即达曲的阿安、泥曲的仁达、杜柯河的上杜柯、麻尔曲的亚尔堂和阿柯河的克柯引水枢纽。坝高分别为 115 m、108 m、104 m、123 m、63 m，年引水量分别为 7 亿 $m^3$、8 亿 $m^3$、11.5 亿 $m^3$、11.5 亿 $m^3$、2 亿 $m^3$。"七洞"即利用线路通过河流的地形，将输水隧洞自然分为七段，总长 244 km，其中，达曲—泥曲段长 14 km，泥曲—杜柯河段长 73 km，杜柯河—结壤段长 33 km，结壤—麻尔曲段长 3 km，麻尔曲—阿柯河段长 55 km，阿柯河—若果郎段长 16 km，若果郎—贾曲段长 50 km。最长洞段 73 km，最大洞径 9.58 m。"一渠"即隧洞出口由贾曲到黄河的 10 km 明渠。

阿—贾线：在雅砻江干流阿达建引水枢纽，引水到黄河支流的贾曲，年调水量 50 亿 $m^3$。该方案主要由阿达引水枢纽和引水线路组成，枢纽大坝坝高 193 m，水库库容 50 亿 $m^3$。引水起点阿达枢纽坝址高程 3 450 m，由隧洞输水。在达曲接达—贾线，平行布置输水隧洞一直到黄河贾曲出口，高程 3 442 m。输水线路总长 304 km，其中隧洞长 288 km（最长洞段 73 km，洞径 10.4 m），明渠长 16 km。

侧—雅—贾线：在通天河上游侧坊建引水枢纽，坝高 273 m，输水到德格浪多汇入雅砻江，顺流而下汇入阿达引水枢纽，布设与从雅砻江调水的阿—贾线平行的输水线路，调水入黄河贾曲，年调水量 80 亿 $m^3$。侧坊枢纽坝址高程 3 542 m，死水位 3 770 m，雅砻江浪多入口处高程 3 690 m。侧坊—雅砻江段输水线路长度 204 km，其中，两条隧洞平行布置，每条隧洞长 202 km，分 7 段，最长洞段 62.5 km，洞径 9.58 m；明渠 2 km。雅砻江—黄河贾曲段线路与从雅砻江调水的阿—贾线相同，线路长度 304 km，其中有两条平行隧洞，长度 288 km，可分为 8 段，最长洞段 73 km，洞径 9.58 m。

## 1.3 中线工程建设的必要性

### 1.3.1 华北平原严重缺水

华北平原又称黄淮海平原，北京、天津两大城市皆在该平原内。其地理位置优越，地势平坦，光热资源充足，土地和矿产资源丰富，该区总面积约占全国陆地总面积的 3%，而耕地面积却占全国总耕地面积的 18%；国内生产总值（gross domestic product，GDP）、工农业总产值均占全国总量的 10% 以上，成为我国政治、经济、文化的中心，但水资源极其短缺，人均、亩均占有水量仅为全国均值的 16% 和 14%（据 1997 年统计资料）。

1996 年"第三届自然资源委员会"建议：以人均水资源量和水资源利用率两项指标划分水资源丰歉程度，人均水资源量 500～1 000 $m^3$ 为紧缺，少于 500 $m^3$ 为贫乏；水资源利用率 25%～50% 为紧缺，超过 50% 为贫乏。按照这两项指标进行评价，海河流域人均水资源量为 343 $m^3$，水资源利用率为 81%，属于水资源贫乏地区；黄河及淮河流域人均水资源量分别为 705 $m^3$ 和 500 $m^3$，水资源利用率均大于 50%，也属于水资源紧缺或贫乏地区。

20 世纪 80 年代以前，华北平原仅仅出现过局部地区短期的供水困难，80 年代以后，随着经济的发展，需水量急剧增长，上游用水量也迅速增长，导致平原地区水源枯竭、水质恶化、环境干化，城乡供水出现全面紧张的态势，水荒频频发生，经济社会发展受到了水资源短缺的制约，生态环境遭受了严重破坏。大部分河道成为季节性河道，或者常年无水；地下水严重超采，地面下沉；水域稀释自净能力降低，水污染越来越严重。华北平原的经济发展已造成水资源的过度利用，并使环境恶化进一步加剧。

缺水是自然和经济社会发展的综合反映。由于华北平原人口密集和经济的高速发

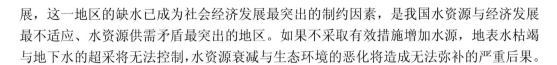

展，这一地区的缺水已成为社会经济发展最突出的制约因素，是我国水资源与经济发展最不适应、水资源供需矛盾最突出的地区。如果不采取有效措施增加水源，地表水枯竭与地下水的超采将无法控制，水资源衰减与生态环境的恶化将造成无法弥补的严重后果。

### 1. 地表水衰减

华北平原各河流上游及周边地区经济与社会的发展必然使用水量增加，导致入境水量衰减。北京的主要地表水源密云水库和官厅水库所在河流的入境水量占全市入境水量的 95%。官厅水库年均入库水量由 20 世纪 50 年代的 19 亿 $m^3$ 减至 90 年代的 3.1 亿 $m^3$，且污染严重；密云水库年均入库水量由 20 世纪 50 年代的 17 亿 $m^3$ 减至 90 年代的 4.5 亿 $m^3$，1999 年仅为 2.6 亿 $m^3$。天津市南部地区 1970～1998 年间有 12 年无水入境；河北省入境水量由 20 世纪 50 年代的 99.8 亿 $m^3$，减少至 90 年代的 29.9 亿 $m^3$，当地地表产水量也由 50 年代的 235 亿 $m^3$ 减少到 90 年代的 130 亿 $m^3$。华北平原地区入境水量还会因周边地区用水量增长而继续衰减。

### 2. 地下水严重超采

地下水是华北平原生活和工农业生产的重要水源。因缺水被迫大量超采地下水，地下水得不到有效回补，水位持续下降，形成大面积地下水位下降漏斗区，环境干化现象日益严重。北京 1961～1995 年累计超采地下水 40 亿 $m^3$，超采区面积达 2 660 $km^2$，占平原区面积的 41%。天津中心市区年超采地下水 2 000 万 $m^3$，近郊区超采 2.5 亿 $m^3$。河北平原区 1980～1997 年，浅层地下水年均超采 26.9 亿 $m^3$，深层地下水年均超采 15.7 亿 $m^3$，总计年均超采 42.6 亿 $m^3$，现已形成 19 个漏斗区，面积接近 4 万 $km^2$；京广铁路沿线、太行山山前地带已形成了以城市和工矿区为中心的区域性地下水降落漏斗，部分地区接近疏干。河南城市和县城附近浅层地下水位 20 世纪 90 年代比 70 年代下降了 15 m 左右；城区漏斗面积 968 $km^2$，焦作漏斗中心水位埋深达 108 m。

地下水连年超采，水位持续下降，造成北京、天津、沧州、衡水等城市的地面沉降。天津地面年均沉降 92 mm，市区累计沉降最大值约 2.8 m，有的地区已低于海平面；据 1998 年资料，河北中线工程受水区主要地面沉降区已发展到 9 个，其中沉降量大于 500 mm 的面积达到 3 900 $km^2$，沉降量大于 1 000 mm 的面积已达 421 $km^2$。地面下沉，导致建筑物产生裂缝、坍塌、河道堤防开裂；地下水位持续下降，使得花费大量人力、物力、财力建设起来的机井被迫不断地更新、报废，损失严重。

### 3. 城市生活与工农业发展受到严重影响

持续的水资源供应短缺，给受水区的人民生活、经济发展造成严重影响。许多城市不得不实行定时、定量、低压供水，如北京市 1994 年 6 月低压供水时间长达 52 天，低压供水区面积近 300 $km^2$。

受水区因水资源匮乏，水资源利用程度极高。河北省沿京广路线西部太行山山区已建有 12 座大型水库、数百座中小型水库，控制山区面积达 90% 以上；中东部平原有自然洼淀大型调蓄工程，平原河道上也建有数百座蓄水闸，绝大部分地表径流已被拦蓄利用；城市现状供水中，地表水占 14%，地下水占 84%，而地下水供水中 65% 为超采量（其中 36% 为深层超采量）；城市供水难以为继，京广铁路沿线的邯郸、邢台、石家庄、保定等城市由原来开采市域内地下水，发展为超采市域外地下水，近年来又相继建设西部山区水库引水入市工程，挤占了农业用水。

为保证城市供水，不得不大量挤占农业用水。北京官厅水库、密云水库 1980 年还向农业供水 9.2 亿 $m^3$，现降至不到 2 亿 $m^3$；河北省 20 世纪 60 年代兴建的七处大型灌区，总灌溉面积约 800 万亩，到 90 年代初已减少到 425 万亩；有 400 多年历史的百泉灌区，由于地下水位下降，泉源枯竭，1986 年已全部报废。由于水源被挤占，华北平原的农业生产优势得不到发挥，据河北省 1981～1992 年资料统计，平均每年因干旱成灾面积达 2 500 万亩，1998 年受旱面积达 4 438 万亩。

### 4. 水环境日趋恶化

随着华北平原工业化和城市化进程的加快，用水量急剧增加，使河流入海、入湖水量急剧减少，恶化了水环境。区域内众多河流中多已成为季节性河流，除汛期外，基本处于断流干涸状态，入海水量大幅度减少，20 世纪 90 年代与 50 年代相比，海河流域平均入海水量减少了 72%。

北京是我国的首都，人均水资源量不足 300 $m^3$，在世界 120 多个国家的首都及大城市中居百位之后，许多河流有河无水，有水皆污，造成严重的环境问题，不仅城市下游水质严重超标，而且故宫周边的筒子河也曾是 V 类水体。天津因河道径流逐年减少，水体自净能力降低，全市主要河流绝大部分河段的水质为 V 类或超 V 类。素有"华北明珠"之称的白洋淀，自 20 世纪 50 年代以来，已发生干淀 15 次，1983～1988 年连续 6 年干枯。

由于河流干涸或水体减少，河道稀释能力降低，水体污染加重。受水源条件及经济成本制约，农业灌溉又被迫大量使用被污染的水，不仅污染了农作物，危害人体健康，而且渗入地下后污染地下水源；部分地区生活用水水质很差，长期开采并饮用有害物质含量超过标准的地下水，人民健康受到严重威胁。例如河北有相当一部分城镇和农村饮用高氟地下水，患氟斑牙、氟骨症的人口已由 1980 年的 400 万人增加到 1997 年的 940 万人；此外，约有 2/3 的现有机井的水质不符合饮用水标准。

### 5. 社会问题增多

水资源供需矛盾激化了地区之间、部门之间的争水矛盾，边界河道上下游、左右岸之间争水事端时有发生。例如河北水事纠纷从 20 世纪 60 年代初期的不足 30 起猛增到 1997 年的 1 682 起；漳河两岸河北、河南两省村民几乎年年因引水问题发生冲突。水资源供需矛盾有可能引起严重的社会问题。

为解决该地区严重缺水状况，必须执行党的十五届五中全会提出的"采取多种方式缓解北方地区缺水矛盾，加紧南水北调工程前期工作，尽早开工建设"。

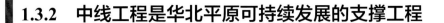

### 1.3.2　中线工程是华北平原可持续发展的支撑工程

华北平原的经济建设与发展在我国具有举足轻重的地位，它关系到我国国民经济的可持续发展，而水资源的有效供给是可持续发展的基本依托。

华北平原缺水由来已久，目前这一地区的地表水已充分开发利用，地下水严重超采，海河流域近年的用水量已超过多年平均水资源量，水资源的过量开采，造成生态与环境的持续恶化。针对水资源严重短缺的局面，各地采取加强水资源管理、狠抓节水、污水回用、限制高耗水工业发展等一系列措施，收到了一定的成效，但由于该地区属于资源性缺水，一些地方已经出现供水难以为继的艰难局面。随着经济社会的进一步发展，城市化进程加快，人民生活质量进一步提高，缺水形势将会越来越严峻，如何以水资源的可持续利用保障经济社会的可持续发展是当前我国尤其是华北平原地区迫切需要解决的重大问题。

建设南水北调中线工程[2]，是解决北京及京广铁路沿线城市缺水问题的最佳选择。中线工程地理位置优越，输水工程布置在华北平原西部，地势西南高、东北低，全线以自流输水为主。沿线的大中城市大都位于输水工程东侧（基本与京广铁路平行），可就近自流供水，并可通过天津干渠向天津自流供水，运行成本低。中线工程水源地丹江口水库水量能满足调水需要，水质好（II 类水）；总干渠明渠（或局部管道）输水与天然河流全部立交，并进行全断面衬砌，可保证将优质水源输送到华北平原，满足城市生活用水对水质的要求。

实施南水北调中线工程，补充华北平原的水资源供应量，通过调水实现水资源的合理配置，将南方的水资源优势转化为经济优势，支撑华北平原国民经济与社会的可持续发展。

建设南水北调中线工程，将会给华北平原城市提供优质水源，有效改善用水条件，提高生活质量，为工业发展增加新的活力。通过水资源的优化配置和污水处理回用，不再继续挤占农业用水，甚至可将原来挤占的农业用水还给农业，并可相机向农业供水，以改善农业生产条件；还可改善生态环境，控制地下水超采，并有望恢复部分湿地。南水北调中线工程将成为华北平原可持续发展的支撑工程。

## 1.4　中线工程规划重大技术问题

### 1.4.1　受水区需调水量

中线工程规划的受水区包括唐白河平原及华北平原的西中部，南北长逾 1 000 km，总面积 15.1 万 km²。中线受水区究竟需要调多少水，是中线工程规划首先需要解决的重要问题。通过中线工程规划，明确了中线受水区的需调水量及沿线城镇居民生活用水和工业缺水量。在这一区域内，通过节水、提高水价、增加投入、加强管理等措施，到规划水平年，工业用水定额将会进一步下降，城市生活用水的60%经处理后用于农业灌溉，据此推算，2010~2030年水平年，缺水量达到128亿m³；其中，2010年水平年与2030年水平年的城市缺水量分别为78亿m³和128亿m³。

中线工程近期、后期调水量按沿线城镇居民生活用水及工业生产的缺水量确定。

## 1.4.2　水源工程与可调水量

中线工程既可从长江干流调水，也可从长江支流汉江丹江口水库调水，规划研究了从长江三峡库区大宁河、香溪河、龙潭溪引水，经丹江口水库北调的方案。各方案水源部分的投资均为丹江口大坝加高投资的2~5倍。由于要提水，成本水价较丹江口大坝加高的水价高9倍左右。丹江口大坝加高后可调水量可达到97亿m³，完全可满足2010年水平年城市缺水78亿m³的需求，与从长江干流调水的方案相比，投资小、工程简单、工期短、运行费用低，故推荐中线近期工程从汉江引水。后期将根据受水区需调水量要求，再研究从长江干流增加调水量的方案。

丹江口水库可调水量分析，是中线工程规划的一个重要内容。涉及上游来水、汉江中下游用水、丹江口大坝是否加高等多种因素。汉江流域地表水资源总量566亿m³，现状总耗水量39亿m³，其中丹江口大坝以上，地表水资源量388亿m³，2010年水平年上游耗水量约23亿m³，中下游需水库下泄补充162亿m³。通过系统规划，明确了丹江口水库可调水量为97亿m³。

## 1.4.3　中线工程分期建设方案

在以往的研究中，中线工程的基本方案为加高丹江口大坝，输水总干渠采用明渠一次建成，渠首设计流量为630m³/s，加大流量800m³/s，多年平均调水量为145亿m³。2001年中线工程规划修订，根据水利部的统一布置，按水源选择、丹江口大坝近期是否加高、汉江中下游工程建设项目、总干渠各种分期建设方式、总干渠线路方案及输水形式、工程建设分期等，组合成4大类共19个具有代表性的方案，进行了综合比较。考虑到城市供水系统的工程配套、需水量的增长和水价到位均有一个渐进过程，加上2030年水平年需水量预测具有不确定性，为尽可能避免资金积压和减少投资风险，推荐分两期建设方案：第一期工程多年平均调水量95亿m³；第二期工程在第一期工程的基础上扩大调水规模至130亿m³。届时将根据调水区生态环境实际状况和受水区经济社会发展的需水要求，在汉江中下游兴建其他必要的水利枢纽或确定从长江补水的方案和时间。

## 1.4.4　中线水资源配置与供水调度

　　南水北调中线工程受水区南北长 1 000 余千米，涉及长江、黄河、淮河、海河 4 大流域，各流域的丰枯时间多不同步；中线工程的水源工程——丹江口水库在满足自身防洪和汉江中下游的供水要求后，向北调出的水量过程与中线受水区的需水过程不完全适应。受水区一般均有一定量的地表与地下水源，因此，合理利用各种水源，实现水资源的优化配置，使受水区各用水户用水得到充分保证，并可以显著减小需调水量的峰值及输水工程的规模。

　　中线工程调水与受水区当地水资源联合运用是实现水资源优化配置的有效途径，如何实现这一目标，是中线工程的关键技术问题之一。中线水资源配置成果直接关系到南水北调中线工程规模、工程效益与各种水资源的利用效率，关系到我国水资源优化配置战略格局，及有效缓解华北地区缺水和改善生态环境的效果。其水资源配置技术是一项开创性的关键技术，涉及面广、难度大、问题错综复杂。

　　规划中，根据新资料及新的规划思路，多次对中线工程的水资源配置、供水调度及调蓄运用进行研究，包括如何满足调度控制及渠道运行安全的要求，快速响应渠道流量变化及满足实时供水的要求。

## 1.4.5　输水工程方案

　　输水总干渠建设方案的选定对于中线工程的安全运行、经济合理等方面具有重要影响，是中线工程规划的重点。通过规划，确定了输水工程方案。

　　总干渠线路主要对黄河北总干渠线路布置高线或高低分流线进行了比选。研究结果表明，高低分流线方案的投资与高线方案的投资基本相同。但由于低线部分利用当地河流作为输水干渠组成部分，高低分流线方案的后期还需要增加投资，且低线部分的水质没有保障，管理极为困难，水的调配基本无法控制；而高线可形成独立的供水渠道，可以较好地兼顾近、后期城市供水的需要，并能相机向低线河道供水，形成多条"生态河"。因此，从长远考虑，推荐高线方案。

　　总干渠结构形式重点进行了明渠、管涵、管涵渠结合布置方案的比较。比较结果表明：全线管涵输水虽具有便于管理、减少征地的优点，但由于投资高、需要多级加压，运行费用高、检修困难。因此，全线采用或大量采用管涵方式的难度较大。结合工程建设条件，在北京、天津市区和穿过大清河分蓄洪区总长 135 km 的地段采用管涵输水，避免了明渠与当地其他基础设施的矛盾，还可增加明渠段的水头，有利于输水工程的总体优化。因此，推荐总干渠局部管道的结构形式。

## 1.4.6 对汉江中下游的影响

实施南水北调后,由于丹江口水库下泄量减少,对汉江中下游会产生一些不利影响。这些影响包括:对汉江中下游干流水情与河势的影响、对汉江中下游河道外用水的影响、对汉江中下游河道内用水的影响、对汉江中下游航运的影响。为使南水北调中线工程获得真正成功,必须针对这些影响采取相应的工程措施。

汉江中下游治理工程规划是中线工程规划的重要组成部分,规划重点研究内容:调水对汉江中下游的影响及对策;汉江中下游水资源调控总体布局;提出治理工程安排。

# 第 2 章

# 中线工程规划

## 2.1 中线工程规划范围

南水北调中线工程从长江支流汉江上的丹江口水库调水至华北平原，水源区为长江流域，受水区为华北平原。根据规模论证成果，即使按中线受水区后期缺水量引水，其引水量也仅占长江汉口河段（汉江汇入长江的河段）的年均径流量的 2.5%，对长江干流影响甚微。因此，中线工程规划范围主要为丹江口水库、汉江中下游和中线工程受水区。

### 2.1.1 丹江口水库

汉江丹江口水利枢纽是我国 20 世纪 50 年代开工建设、规模巨大的水利枢纽工程，位于湖北省丹江口市汉江干流，具有防洪、供水、发电、航运等综合利用效益，是开发治理汉江的关键工程，同时也是南水北调中线工程的水源。初期工程水库淹没处理范围为 813 km$^2$，丹江口大坝加高将增加淹没处理范围 370 km$^2$。

丹江口大坝按最终规模加高完建后，坝顶高程由 162 m 加高到 176.6 m，正常蓄水位由 157 m 提高到 170 m，总库容达到 290.5 亿 m$^3$，防洪要求保护下游大面积农田及大、中城市等的安全，电站装机 900 MW，过坝建筑物可通过 300 t 级驳船。挡水建筑物的洪水标准按 1 000 年一遇设计，按可能最大洪水（10 000 年一遇洪水加大 20%）校核。

丹江口水利枢纽以"保障水库防洪与供水安全"为核心，取得了汉江防洪、南水北调中线一期工程供水安全的多赢局面，并实施了中线受水区生态补水以及配合汉江中下游梯级实施联合生态调度等方面的尝试。

## 2.1.2 汉江中下游

汉江中下游用水包括河道内和河道外两部分。其中河道外用水范围即汉江中下游干流供水区，是指以汉江干流及其分支东荆河为主要水源和补充水源的供水范围，包括汉江中下游两岸的河谷平原、冲积平原及平原边缘的部分丘陵区。该区域在钟祥以上沿汉江呈带状分布，钟祥以下进入江汉平原，两侧突然扩展，北起汉北河以北丘陵地带，南以四湖总干渠为界，东至武汉市，西南到潜江市界。区域内地势西北高、东南低，地面高程一般在 100 m 以下，主要在 20～50 m；多年平均降水量 800～1 000 mm，降水年内分配不均匀，连续最大 4 个月降水占年降水的 55%～65%。丹江口以下至钟祥干流区域径流深在 250～300 mm，钟祥以下河段径流深逐渐增加，在汉江河口处径流深在 450 mm 左右。区内土壤肥沃，平原湖区主要为冲积土和湖泥土，丘岗地区多为冲积黄土。

汉江中下游干流供水区涉及湖北省十堰、襄阳、荆门、荆州、仙桃、潜江、天门、孝感、武汉所辖的 26 个行政区，其中 22 个行政区从汉江干流取生活和工业用水，18 个行政区同时从汉江干流取生活、工业和灌溉用水。国土面积约 2.35 万 km$^2$，现状人口 1 592 万人，现状农田有效灌溉面积 1 192 万亩。

## 2.1.3 中线工程受水区

中线工程受水区范围南北长逾 1 000 km，东西最宽处达 300 km，总的受水区范围约 15.1 万 km$^2$。黄河南的范围，西以总干渠为界，东抵河南、安徽省界，北临黄河，南达湖北、河南省界和淮河流域的汝河，面积 4.8 万 km$^2$，长江、淮河流域分别占 20% 和 80%。黄河北的范围，西仍以总干渠为界；东侧由南至北分别以黄河、卫河、漳卫新河为界，最东侧直抵渤海湾；北边则是中线工程最重要的受水城市——北京、天津。黄河以北受水区面积 10.3 万 km$^2$，约占总面积的 68%。梳理近年来行政区划变更情况，并将原受水区雄县、容城、安新及其周边地区调整为雄安新区，具体范围包括河南省 11 个省辖市的 34 个市辖区、7 个县级市和 26 个县城，河北省 7 个省辖市、1 个新区的 24 个市辖区、13 个县级市和 58 个县城，天津市 15 个位于平原地区的市辖区，北京市位于平原地区的 15 个市辖区，共计 191 个县（市、区）。受水区现状常住人口 12 273 万人，城镇人口 8 086 万人，国内生产总值 88 948 亿元。

中线工程受水区涉及河南、河北、天津市和北京市，是我国政治、经济和文化中心，是推动国家经济发展的重要引擎，是高水平参与国际竞争合作的其他战略区域，城镇化进程较快、交通发达，也是我国重要的工业基地和粮棉油的重要产区。但华北地区属于水资源缺乏地区，长期靠超采地下水与挤占河道内生态用水来满足经济社会发展用水需求，地下水应急储备严重亏损，生态功能严重退化。随着京津冀协同发展、雄安新区及中原城市群、黄河流域生态保护和高质量发展等战略的实施，中线受水区社会经济发展对水资源需求将进一步增加。

## 2.2　中线工程受水区需调水量

### 2.2.1　受水区经济社会概况

中线工程受水区指规划由中线工程补水，进行水资源供需分析的计算范围。已建并自成体系的湖北清泉沟灌区，作为水源区现有设施，不再列入中线工程受水区。河南刁河灌区也属于水源地区已建工程，在供水和投资政策上应与清泉沟灌区相同，但该灌区属引汉总干渠供水的组成部分，规划中仍列入中线工程受水区。

中线工程受水区位居全国中心地带，其范围内的首都北京，既是全国政治、经济和科学文化中心，又是全国交通的总枢纽；直辖市天津是北方海陆交通枢纽、重要工业基地和首都的出海门户；此外，还有河北、河南两省的主要经济区。受水区资源丰富，经济发达，是我国重要的工业基地和粮棉油的重要产区。受水区城市化进程快，交通发达，重要的铁路干线纵横区内：南北向有京广、京九、焦枝等铁路线，东西向有京津、石德、陇海等铁路；以城市为中心的公路网四通八达。

中线工程受水区是我国人口、耕地、工农业生产较集中，经济基础较好的地区，已成为北方重要的经济区，在全国经济发展中占有重要地位。据 1997 年资料统计，受水区人口占全国总人口的 8.7%，城市化率为 28.7%；GDP 及工业总产分别占全国的 10.7% 和 9.6%；耕地 12 189.3 万亩（黄河以北占 64%），有效灌溉面积 9 002.5 万亩，粮食产量 5 013 万 t，分别占全国的 8.6%、11.7%、10.1%。受水区主要社会经济指标见表 2.2.1。

### 2.2.2　受水区水资源概况

受水区位于北纬 32°～40°，东经 111°～118°，地跨长江唐白河流域及淮河流域中上游地区，海河流域的漳卫南、大清河、子牙河、永定河等支流水系横贯其中。受水区从南到北为湿润、半湿润的亚热带和半湿润、半干旱的暖温带两个气候带，总地属大陆性季风气候，四季分明。

受水区多年平均降水总量 959 亿 $m^3$，相应降水深 624 mm。降水量主要集中在汛期，占全年降水量的 70% 左右。降水的年际变化较大，年降水量最丰值与最枯值之比为 2.3～3.5；年降水量变差系数 $C_v$ 值 0.2～0.4。多年平均降水量自南向北递减，南部唐白河区 785 mm，淮河区 760 mm，海河区 550 mm。年降水量极值比，河南最小为 2.3，北京最大为 3.5，单站甚至可达 5～7 倍，并经常出现连续枯水年。年平均气温 11.5～14.9 ℃，1 月平均气温不到 1 ℃，7 月平均气温 25.8～27.6 ℃。水面蒸发能力平均为 1 150.6 mm，并呈现由南向北递增趋势：唐白河区 1 073.0 mm，淮河区 1 106.4 mm，海河区 1 190.1 mm。

表 2.2.1　南水北调中线工程受水区不同水平年社会经济情况表

| 省（直辖市） | 水平年 | 面积/万km² | 耕地/万亩 | 总人口/万人 | 总人口增长率/‰ | 城镇人口/万人 | 城市人口增长率/‰ | 城市化率/% | GDP/亿元 | GDP增长率/% | 工业总产值/亿元 | 产值增长率/% | 有效灌溉面积/万亩 |
|---|---|---|---|---|---|---|---|---|---|---|---|---|---|
| 河南 | 现状 | | 5 348.8 | 4 864.5 | — | 1 063.2 | — | 21.9 | 2 523.4 | — | 2 993.8 | — | 3 524.5 |
| | 2010 | 5.9 | 5 245.4 | 5 350.8 | 7.4 | 1 902.2 | 45.8 | 35.6 | 6 456.6 | 7.5 | 7 604.2 | 7.4 | 4 147.5 |
| | 2030 | | 5 141.5 | 6 058.1 | 6.2 | 3 169.3 | 25.8 | 52.3 | 14 701.4 | 4.2 | 18 695.0 | 4.6 | 4 279.9 |
| 河北 | 现状 | | 5 699.0 | 3 903.0 | — | 759.0 | — | 19.4 | 2 359.2 | — | 3 718.4 | — | 4 437.0 |
| | 2010 | 6.3 | — | 4 301.0 | 7.5 | 1 872.0 | 71.9 | 43.5 | 6 040.5 | 7.5 | 10 112.0 | 8.0 | 4 520.0 |
| | 2030 | | — | 4 752.0 | 5.0 | 2 596.0 | 16.5 | 54.6 | 17 293.7 | 5.4 | 32 429.0 | 6.0 | 4 520.0 |
| 北京 | 现状 | | 513.5 | 1 086.0 | — | 723.0 | — | 66.6 | 1 710.1 | — | 1 661.0 | — | 513.0 |
| | 2010 | 1.7 | — | 1 263.2 | 11.7 | 973.2 | 23.1 | 77.0 | 4 905.0 | 8.0 | 5 116.0 | 9.0 | 481.0 |
| | 2030 | | — | 1 350.0 | 3.3 | 1 100.0 | 6.1 | 81.5 | 14 562.0 | 5.6 | 14 923.0 | 5.5 | 460.0 |
| 天津 | 现状 | | 628.0 | 905.0 | — | 521.0 | — | 57.6 | 1 336.4 | — | 2 562.6 | — | 528.0 |
| | 2010 | 1.2 | | 1 100.0 | 16.4 | 840.0 | 40.6 | 76.4 | 3 740.0 | 9.0 | 8 400.0 | 10.4 | 560.0 |
| | 2030 | | | 1 300.0 | 8.4 | 1 020.0 | 9.8 | 78.5 | 13 200.0 | 6.5 | 30 000.0 | 6.6 | 560.0 |
| 合计 | 现状 | | 12 189.3 | 10 758.5 | — | 3 066.2 | — | 28.5 | 8 029.1 | — | 10 935.8 | — | 9 002.5 |
| | 2010 | 15.1 | | 12 015.0 | 8.5 | 5 587.4 | 47.2 | 46.5 | 21 142.1 | 7.7 | 31 232.2 | 8.4 | 9 708.5 |
| | 2030 | | | 13 460.1 | 5.7 | 7 885.3 | 17.4 | 58.6 | 59 757.1 | 5.3 | 96 047.0 | 5.8 | 9 819.9 |

注：引自《南水北调中线工程规划》（2001年10月）；天津现状为1998年，其他省市均为1997年。

受水区多年平均天然径流量 112 亿 m³，相应径流深 72.9 mm，其中海河区最小，仅50.7 mm；唐白河区最大，为 167.8 mm；淮河区为 96.0 mm。径流年际变化较降水年际变化更大，如河北省的最大与最小值之比达 5.3。径流的年内分配很不均匀，6～7 月径流量占全年的占 60%～90%，海河流域大部分地区高达 90%以上。

受水区地表水资源量 112 亿 m³，地下水资源量 182.1 亿 m³，扣去两者的重复量42.8 亿 m³，水资源总量为 251.3 亿 m³，现状人均水资源量仅为 234 m³。

自受水区外部入境的水量年均约 153.5 亿 m³（未计天津），相应径流深 100 mm。随着各河流上游工农业的发展，用水量增加，入境水量呈逐渐减少趋势。加上入境水量，受水区水资源总量为 404.8 亿 m³，现状人均水资源量为 376 m³，表明受水区范围水资源贫乏，属于资源性缺水地区。

## 2.2.3　受水区水资源供需分析

### 1. 原则与依据

贯彻水资源优化配置方针，遵循水资源可持续利用原则，既要考虑对水量与水质的需求，又要考虑水资源条件的约束；充分考虑污水处理回用；坚持开源节流并举，节水优先的原则，保障经济社会的可持续发展。

### 2. 社会经济发展指标预测

预计中线工程受水区范围，1997～2010 年人口年均增长率为 8.5‰，北京、天津两大都市年均增长率分别为 11.7‰和 16.4‰，黄河以北年均增长率为 9.4‰。预测 2010～2030 年，人口年均增长率为 5.7‰，其中黄河以北为 5.3‰。据此测算，2010～2030 年水平年，中线工程受水区内总人口将达到 12 015 万～13 460 万人，其中黄河以北人口达到7 766 万～8 639 万人；受水区城镇人口为 5 587～7 885 万人；城市化率达到 47%～59%，其中黄河以北的城市化率达到 53%～63%。

2010～2030 年水平年，GDP 将达到 21 142 亿～59 757 亿元，其中黄河以北 GDP 占 75%以上；工业总产值为 31 232 亿～96 047 亿元，其中黄河以北为 25 937 亿～83 267 亿元。中线受水区现状耕地面积 12 189 万亩（黄河以南 4 364 万亩，黄河以北 7 825 万亩），有效灌溉面积为 9 003 万亩，占总耕地面积的 74%。2010～2030 年水平年，有效灌溉面积为 9 709 万～9 820 万亩。

各省市不同水平年经济社会发展状况见表 2.2.1。

### 3. 用水定额分析

**1）规划编制时用水定额**

规划编制水平年，受水区城镇生活用水定额为 226 L/（人·日），农村生活用水定额

74 L/（人·日）；工业用水重复利用率 65%～85%，基本接近发达国家水平（75%～85%），用水定额 54 m³/万元；农业灌溉毛定额为 265 m³/亩。

**2）节水规划**

中线工程受水区属资源性缺水地区，节水是一项长期的任务。节水不仅可以抑制需水增长，减轻供水压力，还可以减少污水排放量。在水资源供需规划中节约用水应放在首要地位。

（1）北京市规划到 2010 年水平年，电力工业和一般工业的用水重复利用率分别达到 94%与 88%，居民节水器具普及率达到 80%，灌溉实现高标准节水化；到 2030 年水平年，电力工业和一般工业用水重复利用率均达到 95%，城市空调冷却水循环率达到 96%以上，农业节水达到节水先进国家的水平。

（2）天津规划到 2010 年水平年，将城市供水损失率由现状的 19%降低到 15%，城市居民节水器具普及率为 70%；到 2030 年水平年，节水器具普及率达到 80%。

（3）河北规划到 2010 年水平年，城市管网漏失率力争减低到 8%～10%，城市居民节水器具普及率达到 70%～80%，工业用水重复利用率达到 70%～80%；到 2030 年水平年，城市管网漏失率减小到 8%，居民节水器具普及率达到 100%，工业用水重复利用率大于 80%。

（4）河南规划到 2010 年水平年，节水型卫生器具普及率达到 70%，用水器具改造率达到 80%，公共生活冷却水循环利用率达到 96%，电力工业和一般工业用水重复利用率分别为 97%与 76%；2030 年水平年节水型卫生器具普及率达到 80%，用水器具改造率达到 90%，公共生活冷却水循环利用率 96%以上，电力工业和一般工业用水重复利用率分别达到 98%与 81%。

**3）用水定额预测**

生活用水定额：随着人民生活质量的提高，城市生活用水定额将有所提高，2010 年水平年受水区生活用水定额平均为 248 L/（人·日），其中河北最低为 217 L/（人·日），北京最高为 360 L/（人·日）；2030 年水平年生活用水定额平均为 287 L/（人·日），其中河北最低为 249 L/（人·日），北京仍然最高，为 401 L/（人·日）。

工业用水定额：随着工艺水平提高和节水措施的增加，工业用水定额将大幅下降，预测 2010 年水平年平均为 25.7 m³/万元，其中河南最高，为 47 m³/万元，天津最低，为 11 m³/万元；预测 2030 年水平年受水区平均进一步降低到 12.1 m³/万元，其中河南降低到 28 m³/万元，天津仍然最低，降低到 4 m³/万元。

农业用水定额：随着节水灌溉面积的发展，农业灌溉定额呈下降趋势，水平年综合灌溉毛定额（不包括菜田灌溉）：规划编制时为 260 m³/亩，2010 年水平年为 232 m³/亩，2030 年水平年为 210 m³/亩。

**4. 规划水平年需水**

按上述指标预测，2010 年水平年受水区总需水量为 460 亿 m³（保证率 $P=50\%$），其中黄河以北为 322 亿 m³。城镇生活需水占 11%，工业占 17%，环境占 11%，农业灌溉占 47%，农村生活、林牧渔副等占 14%。2030 年水平年需水量为 520.50 亿 m³（$P=50\%$），其中黄河以北为 360 亿 m³。城镇生活需水占 16%，工业占 22%，环境占 10%，农业灌溉占 37%，农村生活、林牧渔副等占 15%。

### 5. 可供水量预测

受水区可供水主要来自水库供水、河道引提水、地下水、外流域引水（不含规划的南水北调）、污水处理回用、海水利用等。另外，参照原国家环境保护总局（2018 年改为生态环境部）有关全国 100 多座城市用水回归的分析，将河南、河北两省城镇生活 60% 的需水作为回归水，可用于农业灌溉。根据预测，2010 年水平年，$P=50\%$ 的可供水量为 331.99 亿 m³，$P=75\%$ 的可供水量为 308.73 亿 m³。2030 年水平年，$P=50\%$ 可供水量为 357.88 亿 m³，$P=75\%$ 的可供水量为 332.58 亿 m³。

### 6. 水资源供需平衡

通过受水区水资源供需平衡分析，2010 年水平年，$P=50\%$ 的缺水量为 128.13 亿 m³，与现状相比，缺水量年增长率为 3.1%，黄河以北缺水量占全区的 74%。2030 年水平年，$P=50\%$ 的缺水量为 162.62 亿 m³，与 2010 年水平年相比，缺水量年增长率为 1.2%，黄河以北缺水量占总缺水量的 74%，见表 2.2.2。

表 2.2.2 南水北调中线工程受水区不同水平年供需平衡表 （单位：亿 m³）

| 省（直辖市） | 水平年 | 需水量 | | 可供水量 | | 缺水量 | |
| --- | --- | --- | --- | --- | --- | --- | --- |
| | | $P=50\%$ | $P=75\%$ | $P=50\%$ | $P=75\%$ | $P=50\%$ | $P=75\%$ |
| 河南 | 现状 | 148.63 | 167.16 | 112.85 | 106.04 | 35.78 | 61.12 |
| | 2010 年 | 182.26 | 198.44 | 137.11 | 131.64 | 45.15 | 66.80 |
| | 2030 年 | 214.08 | 231.99 | 158.45 | 151.05 | 55.63 | 80.95 |
| 河北 | 现状 | 141.65 | 169.63 | 91.60 | 82.42 | 50.05 | 87.21 |
| | 2010 年 | 185.55 | 206.46 | 115.39 | 104.77 | 70.16 | 101.68 |
| | 2030 年 | 204.82 | 222.99 | 121.36 | 111.75 | 83.46 | 111.25 |
| 北京 | 现状 | 39.19 | 40.19 | 42.09 | 38.35 | 0.00 | 1.84 |
| | 2010 年 | 49.18 | 49.25 | 48.80 | 44.94 | 0.38 | 4.31 |
| | 2030 年 | 54.59 | 55.65 | 16.52 | 41.66 | 8.07 | 13.99 |
| 天津 | 现状 | 31.86 | 34.88 | 31.71 | — | 0.15 | — |
| | 2010 年 | 43.13 | 44.38 | 30.69 | 27.38 | 12.44 | 17.00 |
| | 2030 年 | 47.01 | 48.02 | 31.55 | 28.12 | 15.46 | 19.90 |
| 合计 | 现状 | 361.32 | 411.85 | 278.25 | 234.94 | 83.07 | — |
| | 2010 年 | 460.21 | 498.52 | 331.99 | 308.73 | 128.13 | 189.79 |
| | 2030 年 | 520.50 | 558.66 | 357.88 | 332.58 | 162.62 | 226.08 |

注：引自《南水北调中线工程规划》（2001 年 10 月）；天津现状为 1998 年，其他省市均为 1997 年。

### 7. 缺水量分析

在规划修订过程中，各省市在进一步加强节水、治污和生态环境保护的基础上，制订了详尽的节水规划、治污及污水处理回用规划，采用的各部门用水定额一般为节水定额，同时还考虑了生活用水的部分回归利用。

另外，中线工程受水区水资源总量（不含入境水量）251.3 亿 $m^3$，2010 年水平年总人口 1.2 亿人，人均水资源量 209 $m^3$；加上入境水量 153.5 亿 $m^3$ 后，人均水资源量为 337 $m^3$，远远低于 2010 年全国人均供水 450 $m^3$ 的标准。总体上反映了受水区缺水的严重程度。

## 2.2.4 受水区城市需调水量

中线工程以城市生活、工业供水为主要目标，兼顾环境和农业，受水区需调水量根据南水北调供水范围内城市水资源规划成果确定。中线工程沿线的河南、河北、北京、天津按照"先节水后调水、先治污后通水、先环保后用水"的"三先三后"的原则，分别编制完成了城市水资源规划报告，并已通过了由原国家计委（2003 年改组为国家发展和改革委员会）、水利部会同中华人民共和国住房和城乡建设部、原国家环境保护总局（2018 年改为生态环境部）、中国国际工程咨询有限公司成立的专家组的审查。以此为依据，分析计算中线工程的需调水量。

### 1. 受水城市

北京全市；天津的和平区、河东区、河西区、南开区、河北区、红桥区、滨海新区、东丽区、西青区、津南区、北辰区、武清区、宝坻区、宁河区、静海区等 15 个位于平原地区的市辖区，不含蓟州山；河北的邯郸、邢台、石家庄、保定、衡水、廊坊 6 个省辖市及其范围内的 18 个县级市和 70 个县城；河南的南阳、平顶山、漯河、周口、许昌、郑州、焦作、新乡、鹤壁、安阳、濮阳 11 个省辖市及 30 个县级市和县城。

### 2. 中线工程城市水资源供需平衡

#### 1）节水情况

中线工程受水区城市现状人均生活用水量比全国同类城市少 12.8%～29.4%，工业用水重复利用率比全国平均水平高 16%。城市水资源规划是在城市节水规划、治污及污水处理回用规划、地下水控制开采规划的基础上，进一步增加节水措施，到 2010 年水平年，可节水 24 亿 $m^3$，单方节水投资为 4.3～11.4 元/$m^3$，污水处理率达到 77%；2030 年水平年城市节水达到 50.4 亿 $m^3$，单方节水投资为 11.0～15.3 元/$m^3$，污水处理率上升到 84%。

**2）需水量**

经预测，中线工程受水区城市 2010 年水平年总需水量为 148.80 亿 m³，其中生活 49.04 亿 m³，工业 56.06 亿 m³，环境 22.37 亿 m³，其他 21.33 亿 m³；2030 年水平年总需水量 202.33 亿 m³，其中生活 79.39 亿 m³，工业 73.06 亿 m³，环境 27.87 亿 m³，其他 22.01 亿 m³。

**3）可供水量**

中线工程受水区城市 2010 年水平年可供水（$P=95\%$）为 70.81 m³，2030 年水平年可供水（95%）为 74.20 亿 m³。

**4）供需平衡**

在考虑节水、污水处理回用等条件下，通过供需分析，提出各规划水平年的缺水量。由于中线工程受水区南北长 1 000 余千米跨 4 大流域，具有水文情势丰枯互补的客观条件，同时出现保证率为 $P$ 为 95%枯水年的机遇较少，按照 $P=95\%$同频率相加考虑调水规模，可偏于安全。据此测算：2010 年水平年，$P=95\%$缺水 77.99 亿 m³，缺水率为 52%；2030 年水平年 $P=95\%$缺水 128.13 亿 m³，缺水率为 63%。受水区城市水资源供需平衡成果见表 2.2.3。

表 2.2.3　各水平年城市水资源供需平衡表（$P=95\%$）　　（单位：亿 m³）

| 省（直辖市） | 水平年 | 需水量 | 可供水量 | 缺水量 |
| --- | --- | --- | --- | --- |
| 河南 | 2010 年 | 41.23 | 11.49 | 29.74 |
| | 2030 年 | 64.97 | 15.25 | 49.72 |
| 河北 | 2010 年 | 35.18 | 6.51 | 28.67 |
| | 2030 年 | 52.13 | 9.09 | 43.04 |
| 北京 | 2010 年 | 49.25 | 42.13 | 7.12 |
| | 2030 年 | 55.65 | 38.65 | 17.00 |
| 天津 | 2010 年 | 23.14 | 10.68 | 12.46 |
| | 2030 年 | 29.58 | 11.21 | 18.37 |
| 合计 | 2010 年 | 148.80 | 70.81 | 77.99 |
| | 2030 年 | 202.33 | 74.20 | 128.13 |

**3. 中线工程城市水量配置**

根据上述城市净缺水量并考虑南水北调各线路间协调，中线工程受水区各省市水量配置（算至陶岔毛水量）见表 2.2.4。

表 2.2.4　中线工程水量配置表　　　　　　　　　　　　　　（单位：亿 m³）

| 省（直辖市） | 水平年 | 调水量（陶岔） | 备注 |
|---|---|---|---|
| 河南 | 2010 年 | 38 | 含已有引丹灌区引水量 |
| 河南 | 2030 年 | 55 | 含已有引丹灌区引水量 |
| 河北 | 2010 年 | 35 | — |
| 河北 | 2030 年 | 48 | — |
| 北京 | 2010 年 | 12 | — |
| 北京 | 2030 年 | 17 | — |
| 天津 | 2010 年 | 10 | — |
| 天津 | 2030 年 | 10 | — |
| 合计 | 2010 年 | 95 | — |
| 合计 | 2030 年 | 130 | — |

按上述水量配置，中线工程实施后，基本可满足受水区城市需水要求，将城市不合理挤占的农业、生态用水归还给农业与生态。另外，受水区还可通过进一步的节水、治污、加强管理、水资源的优化调配等，提高水的利用效率，增加农业与生态供水。

# 2.3　中线工程水源方案及可调水量

中线工程规划按水源选择、丹江口大坝近期是否加高、汉江中下游工程建设项目、总干渠建设方案、工程建设分期等，组合成 4 大类共 19 个具有代表性的方案，进行了综合比较，确定了近期水源方案，并分析了水源可调水量。

## 2.3.1　水源方案比选

中线工程规划方案可分为引汉类方案和引江类方案两大类。引汉类方案指以汉江为水源的各种调水方案，以汉江为水源的方案又可按丹江口大坝加高、大坝不加高、总干渠分期方式分为三类。引江类方案指以长江为水源的各种调水方案，代表方案包括从大宁河引水和引江济汉提水至王甫洲。

1. 以汉江为水源的方案

**1）丹江口大坝加高、总干渠分期建设方案**

（1）方案 I-1。

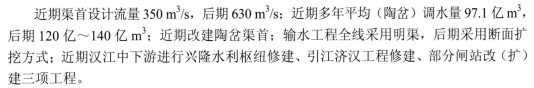

近期渠首设计流量 350 m³/s，后期 630 m³/s；近期多年平均（陶岔）调水量 97.1 亿 m³，后期 120 亿～140 亿 m³；近期改建陶岔渠首；输水工程全线采用明渠，后期采用断面扩挖方式；近期汉江中下游进行兴隆水利枢纽修建、引江济汉工程修建、部分闸站改（扩）建三项工程。

（2）方案 I-2。

近期渠首设计流量 350 m³/s，后期 630 m³/s；近期多年平均（陶岔）调水量 82 亿 m³，后期 120 亿～140 亿 m³；近期改建陶岔渠首；输水工程全线采用明渠，后期采用断面扩挖方式；近期汉江中下游进行兴隆水利枢纽修建、部分闸站改（扩）建两项工程。后期修建引江济汉工程。

（3）方案 I-3。

近期渠首设计流量 350 m³/s，后期 500 m³/s；近期多年平均（陶岔）调水量 97.1 亿 m³，后期 110 亿～125 亿 m³；近期改建陶岔渠首；输水工程全线采用明渠，后期采用断面扩挖方式；近期汉江中下游进行兴隆水利枢纽修建、引江济汉工程修建、部分闸站改（扩）建三项工程。

（4）方案 I-4。

近期渠首设计流量 350 m³/s，后期 500 m³/s；近期多年平均（陶岔）调水量 82 亿 m³，后期 110 亿～125 亿 m³；近期改建陶岔渠首；输水工程全线采用明渠，后期采用断面扩挖方式；近期汉江中下游进行兴隆水利枢纽修建、部分闸站改（扩）建两项工程。后期修建引江济汉工程。

（5）方案 I-5。

近期渠首设计流量 350 m³/s，后期 630 m³/s；近期多年平均（陶岔）调水量 97.1 亿 m³，后期 120 亿～140 亿 m³；近期改建陶岔渠首；输水工程以明渠为主，为避免与市区地表建筑物有干扰，北京段输水工程采用管涵；为有利于行洪，天津干线在大清河分洪道采用管涵；后期输水工程采用断面扩挖方式；近期修建汉江中下游进行兴隆水利枢纽修建、引江济汉工程修建、部分闸站改（扩）建三项工程。

（6）方案 I-6。

近期渠首设计流量 350 m³/s，后期 350 m³/s；近期多年平均（陶岔）调水量 97.1 亿 m³，后期 128 亿 m³；输水工程全线采用明渠，一次建成；近期改建陶岔渠首，汉江中下游进行兴隆水利枢纽修建、引江济汉工程修建、部分闸站改（扩）建等三项工程。后期修建汉江中下游渠化工程，不需扩建输水工程。

（7）方案 I-7。

近期渠首设计流量 350 m³/s，后期 500 m³/s；近期多年平均（陶岔）调水量 97.1 亿 m³，后期 110 亿～125 亿 m³；近期改建陶岔渠首；输水工程近期全线采用明渠，后期采用管涵；近期汉江中下游进行兴隆水利枢纽修建、引江济汉工程修建、部分闸站改（扩）建三项工程。

（8）方案 I-8。

近期渠首设计流量 350 m³/s，后期 630 m³/s；近期多年平均（陶岔）调水量 97.1 亿 m³，后期 120 亿～140 亿 m³；近期改建陶岔渠首；输水工程近期全线采用明渠，后期黄河以南修建"三堤两渠"、黄河以北增设低线（沿海拔相对较低处布置线路）输水方案；近期汉江中下游进行兴隆水利枢纽修建、引江济汉工程修建、部分闸站改（扩）建三项工程。

**2）丹江口大坝近期不加高或少加高方案**

依据《汉江流域规划》，丹江口大坝加高是提高汉江中下游防洪标准的根本措施，也是综合利用汉江水资源的重要措施，即使不实施南水北调，丹江口大坝也需要加高。考虑到与三峡移民安置错峰，制订了后期加高大坝的方案，主要研究近期不加高丹江口大坝的情况下为缓解北方城市缺水问题的过渡措施，其中方案 II-1 发电服从调水，由于丹江水库大坝不加高，此方案的发电效益将受到较大影响。方案 II-2 维持发电量与方案 I-1 的发电量相同，即与加高大坝近期调水方案的发电量相同，适当照顾了发电效益。方案 II-3 则研究仅按防洪要求加高大坝的合理性，各方案如下。

（1）方案 II-1。

近期渠首设计流量 350 m³/s，后期 630 m³/s；近期多年平均（陶岔）调水量 81.2 亿 m³，后期 120 亿～140 亿 m³；近期修建陶岔渠首一级泵站；输水工程全线采用明渠，后期采用断面扩挖方式；近期汉江中下游进行兴隆水利枢纽修建、引江济汉工程修建、部分闸站改（扩）建三项工程；后期修建丹江口大坝加高工程。

（2）方案 II-2。

近期渠首设计流量 350 m³/s，后期 630 m³/s；近期多年平均（陶岔）调水量 34.8 亿 m³，后期 120 亿～140 亿 m³；近期修建陶岔渠首一级泵站；输水工程全线采用明渠，后期采用断面扩挖方式；近期汉江中下游修建兴隆水利枢纽、引江济汉工程修建、部分闸站改（扩）建三项工程。后期修建大宁河泵站，输水规模 180 m³/s；扩建陶岔泵站，增加输水规模 175 m³/s；后期修建丹江口大坝加高工程。

（3）方案 II-3。

近期渠首设计流量 350 m³/s，后期 630 m³/s；近期多年平均（陶岔）调水量 67.8 亿 m³，后期 122.8 亿 m³；近期丹江口大坝加高至 170 m；修建陶岔渠首一级泵站；输水工程全线采用明渠，后期采用断面扩挖方式；近期汉江中下游进行兴隆水利枢纽修建、部分闸站改（扩）建两项工程；后期修建大宁河泵站，输水规模 180 m³/s。

**3）丹江口大坝加高，一次建成类方案**

（1）方案 III-1。

渠首设计流量 500 m³/s；多年平均（陶岔）调水量 110 亿～125 亿 m³；近期改建陶岔渠首；输水工程全线采用明渠；汉江中下游进行兴隆水利枢纽修建、引江济汉工程修建、部分闸站改（扩）建三项工程。

（2）方案 III-2。

渠首设计流量 630 m³/s；多年平均（陶岔）调水量 120 亿～140 亿 m³；近期改建陶岔渠首；输水工程全线采用明渠；汉江中下游进行兴隆水利枢纽修建、引江济汉工程修

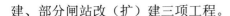

建、部分闸站改（扩）建三项工程。

（3）方案Ⅲ-3。

渠首设计流量 630 m³/s；多年平均（陶岔）调水量 120 亿～140 亿 m³；近期改建陶岔渠首；输水工程全线采用明渠，黄河以北高低线分流，高线渠道向城市供水，流量265 m³/s，低线利用部分河道输水，流量 135 m³/s；汉江中下游进行兴隆水利枢纽修建、引江济汉工程修建、部分闸站改（扩）建三项工程。

（4）方案Ⅲ-4。

渠首设计流量 350 m³/s；多年平均（陶岔）调水量 97.1 亿 m³；近期改建陶岔渠首；输水工程黄河以南采用明渠，黄河以北采用管涵；汉江中下游进行兴隆水利枢纽修建、引江济汉工程修建、部分闸站改（扩）建三项工程。

（5）方案Ⅲ-5。

渠首设计流量 300 m³/s；多年平均（陶岔）调水量 82 亿 m³；近期改建陶岔渠首；输水工程全线采用管涵；汉江中下游进行兴隆水利枢纽修建、引江济汉工程修建、部分闸站改（扩）建三项工程。

## 2. 以长江为水源的方案

### 1）方案Ⅳ-1

近期渠首设计流量 350 m³/s，后期 500 m³/s；近期多年平均（陶岔）调水量 86.7 亿 m³，后期 136.4 亿 m³；丹江口大坝不加高，从大宁河抽水至丹江口水库，再利用陶岔渠首接总干渠输水；不考虑与丹江口水库联合调度，汛期引丹江口水库弃水，非汛期通过大宁河输水系统从长江三峡水库引水；近期修建陶岔渠首泵站；输水工程全线采用明渠，后期采用断面扩挖方式；大宁河近期泵站输水规模 360 m³/s，后期扩建至 540 m³/s；汉江中下游不需要增建工程。

### 2）方案Ⅳ-2

近期渠首设计流量 350 m³/s，后期 500 m³/s；近期多年平均（陶岔）调水量 88.5 亿 m³，后期 143.5 亿 m³；丹江口大坝不加高，从大宁河抽水至丹江口水库，再利用陶岔渠首接总干渠输水；与丹江口水库联合调度，以丹江口水库调水为主，大宁河作为引水补充；近期修建陶岔渠首泵站，输水规模 175 m³/s；后期泵站扩建，增加输水规模 175 m³/s；输水工程全线采用明渠，后期采用断面扩挖方式；大宁河近期泵站输水规模 180 m³/s，后期扩建至 360 m³/s。

### 3）方案Ⅳ-3

渠首设计流量 630～830 m³/s；多年平均（陶岔）调水量 223 亿～280 亿 m³；丹江口大坝加高，利用引江济汉渠将长江水抽至兴隆，再沿汉江干流的梯级枢纽将水逐级抽至王甫洲，将原丹江口水库必须下泄的水量替换出来，增加陶岔北调水量；近期改建陶岔渠首；汉江中下游修建渠化梯级，各梯级修建泵站。

### 4）方案 IV-4

渠首设计流量 600 m³/s；多年平均（陶岔）调水量 145 亿 m³；从三峡水库的小江抽水，穿越长江与汉江的分水岭大巴山，以高架渡槽跨越汉江，用 107 km 的特长隧洞穿越汉江与黄河的分水岭秦岭，引水经渭河入黄河。

中线工程规划修订主要方案特性指标见表 2.3.1。

表 2.3.1　中线工程规划修订主要方案特性指标表

| 方案编号 | | 渠首设计流量/(m³/s) | 陶岔调水量/亿 m³ | 投资/亿元 | | 供水成本/(元/m³) | |
|---|---|---|---|---|---|---|---|
| | | | | 小计 | 总计 | 全线 | 陶岔 |
| I-1 | 近期 | 350 | 97.1 | 926.9 | 1 171.1 | 0.441 | 0.068 |
| | 后期 | 630 | 120～140 | 244.2 | | 0.407 | 0.051 |
| I-2 | 近期 | 350 | 82 | 883.9 | 1 171.0 | 0.482 | 0.075 |
| | 后期 | 630 | 120～140 | 287.1 | | 0.407 | 0.051 |
| I-3 | 近期 | 350 | 97.1 | 924.6 | 1 080.5 | 0.428 | 0.068 |
| | 后期 | 500 | 110～125 | 155.9 | | 0.404 | 0.055 |
| I-4 | 近期 | 350 | 82 | 881.7 | 1 080.5 | 0.482 | 0.075 |
| | 后期 | 500 | 110～125 | 198.8 | | 0.404 | 0.055 |
| I-5 | 近期 | 350 | 97.1 | 917.4 | 1 161.5 | 0.469 | 0.068 |
| | 后期 | 630 | 120～140 | 244.1 | | 0.424 | 0.051 |
| I-6 | 近期 | 350 | 97.1 | 956.9 | 1 104.4 | 0.441 | 0.068 |
| | 后期 | 350 | 128 | 147.5 | | 0.308 | 0.049 |
| I-7 | 近期 | 350 | 97.1 | 926.9 | 1 679 | 0.441 | 0.068 |
| | 后期 | 500 | 110～125 | 752.1 | | 0.653 | 0.055 |
| I-8 | 近期 | 350 | 97.1 | 926.9 | 1 358.3 | 0.441 | 0.068 |
| | 后期 | 630 | 120～140 | 431.4 | | 0.468 | 0.051 |
| II-1 | 近期 | 350 | 81.2 | 786.3 | 1 261.4 | 0.420 | 0.016 |
| | 后期 | 630 | 120～140 | 475.0 | | 0.458 | 0.088 |
| II-2 | 近期 | 350 | 34.8 | — | — | — | — |
| | 后期 | 630 | 120～140 | — | | — | — |
| II-3 | 近期 | 350 | 67.8 | 820.6 | 1 121.5 | 0.620 | 0.060 |
| | 后期 | 630 | 122.8 | 300.9 | | 0.564 | 0.205 |
| III-1 | | 500 | 110～125 | 984.8 | 984.8 | 0.369 | 0.055 |
| III-2 | | 630 | 120～140 | 1 055.6 | 1 055.3 | 0.359 | 0.051 |

| 方案编号 | 渠首设计流量 /(m³/s) | | 陶岔调水量 /亿 m³ | 投资/亿元 | | 供水成本/(元/m³) | |
|---|---|---|---|---|---|---|---|
| | | | | 小计 | 总计 | 全线 | 陶岔 |
| III-3 | 630 | | 120～140 | 1 062.7 | 1 062.7 | 0.362 | 0.051 |
| III-4 | 350 | | 97.1 | 1 300.7 | 1 300.7 | 0.814 | 0.068 |
| III-5 | 300 | | 82 | 1 592.2 | 1 592.2 | 1.025 | 0.073 |
| IV-1 | 近期 | 350 | 86.7 | 989.2 | 1 290.2 | — | 0.508 |
| | 后期 | 500 | 136.4 | 301.0 | | | 0.478 |
| IV-2 | 近期 | 350 | 88.5 | 876.0 | 1 177.0 | — | 0.243 |
| | 后期 | 500 | 143.5 | 301.0 | | | 0.297 |
| IV-3 | 630～830 | | 223～280 | 1 161.3 | 1 161.3 | — | 0.217 |
| IV-4 | 600 | | 145 | 1 198.8 | 1 198.8 | — | 1.053 |

### 3. 方案比选

小江引水（方案 IV-4）涉及中线、东线、西线三条线的总体协调问题，供水目标也不明确，且抽水扬程达 400 m，工程艰巨，投资巨大，运行费用极高，只能作为远景调水的研究方案。

大宁河引水方案（方案 IV-1、方案 IV-2）水量充足，对汉江的影响小，但仍要抽水 245 m，隧洞长达 82 km。深埋长大隧洞和大型地下泵房及洞室群的设计及施工均存在一定的技术难度，高水头、大流量水泵机组还需要进行研制，且运行费用高，可作为后期扩建工程方案进行研究。

抽江至王甫洲方案（方案 IV-3）需要建成汉江中下游全部梯级和丹江口大坝加高工程，不确定因素较多，工程建设周期长，因此，不宜作为近期实施方案。

从方案 I-1 与 I-2 的对比可见，建与不建引江济汉工程对调水量有显著影响。建设引江济汉工程，才能使北调水量满足近期受水区城市的需求，并能有效减免由调水造成的沙洋—武汉段水量减少产生的不利影响，改善下游河段生态环境。因此，推荐建引江济汉工程的方案。

方案 III-4、方案 III-5 以管涵输水为主；方案 I-7 为后期全线进行管道扩建的方案。以现在的技术经济指标分析，管道投资高、运行费用大，检修也很困难，因此，不宜作为近期建设方案。

综上所述，中线工程近期宜选择以汉江为水源的方案；明渠输水具有较明显的优势；兴建引江济汉工程，北调水量才能满足近期受水区城市的需求。

## 2.3.2　汉江流域水资源

### 1. 流域概况

汉江是长江中下游最大的支流，发源于秦岭南麓，流经陕西、湖北两省，于武汉汇入长江，干流全长 1 577 km，流域面积约 15.9 万 km²，包括陕西、河南、湖北、四川、重庆及甘肃的部分地区。干流丹江口水库以上为上游，长约 925 km，集水面积 9.52 万 km²；丹江口水库至皇庄段为中游，长约 270 km，集水面积 4.68 万 km²；皇庄至河口段为下游，河段长 382 km，集水面积 1.70 万 km²。

### 2. 水文气象特征

汉江流域属东亚副热带季风气候区。冬季受欧亚大陆冷高压影响，夏季受西太平洋副热带高压影响，气候具有明显的季节性，冬有严寒，夏有酷热。流域多年平均降水量883.8 mm，其中上游 800～1200 mm，中游 700～900 mm，下游 900～1200 mm。降水年内分配不均匀，5～10 月降水占全年的 70%～80%，7～9 月三个月占全年降水量的 40%～60%。流域内多年平均气温 12～16 ℃，月平均气温 7 月最高，为 24～29 ℃，1 月最低，为 0～3 ℃。极端最高气温在 40 ℃以上，极端最低气温为-17～10 ℃。流域多年平均水面蒸发能力 893 mm，最大值出现在 6 月、7 月，可达 100～200 mm，最小值出现在 1 月，仅 18～31 mm。陆面蒸发量 513 mm。流域多年平均风速为 1.0～3.0 m/s，最大风速为24.3 m/s。风向具有明显的季风特点，冬季以 NE 风为主，夏季以 SE 风为主。

### 3. 水量与评价

#### 1）水资源总量

据 1956～1997 年资料统计，全流域年均降水总量 1 405 亿 m³（降雨量 883.8 mm），丹江口水库以上 848 亿 m³（降雨量 890.5 mm）；全流域地表水资源量 566 亿 m³，丹江口水库以上地表水资源量 388 亿 m³；全流域地下水资源量为 188 亿 m³，丹江口水库以上约 111 亿 m³。扣除地表、地下水重复水量 172 亿 m³，水资源总量 582 亿 m³，丹江口水库以上水资源总量 388 亿 m³。

#### 2）水资源评价

汉江流域年均径流量 566 亿 m³，水资源总量 582 亿 m³，与黄河水资源量相近。现状耗水量约 39 亿 m³，出境水量 527 亿 m³，耗水量仅占天然径流量的 7%，说明流域水资源量较丰富，有余水可供北调。20 世纪 90 年代，汉江流域出现了历史上较长的枯水期。1991～1998 年丹江口水库以上年均径流量 297.4 亿 m³，约为多年平均值的 76.6%。经过对这一连

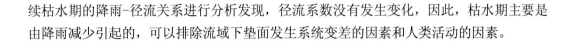

续枯水期的降雨-径流关系进行分析发现，径流系数没有发生变化，因此，枯水期主要是由降雨减少引起的，可以排除流域下垫面发生系统变差的因素和人类活动的因素。

## 2.3.3 汉江中下游地区需水过程

### 1. 汉江中下游干流供水范围基本情况

汉江中下游干流供水范围指以汉江干流及其分支东荆河为水源或补充水源的区域。该区域面积约 2.35 万 $km^2$，北起汉北河以北 20～30 km 的丘陵边缘，南以四湖总干渠为界，东至武汉，西南到潜江界，包括襄樊（现为襄阳）、荆门、孝感和武汉所辖的 19 个市（县、区），天门、潜江、仙桃 3 个省直管市，以及"五三""沙洋""沉湖"等农场的全部或部分范围。

汉江中下游沿岸的江汉平原温湿多雨、土地肥沃，是湖北重要的经济走廊，也是我国重要的粮棉基地之一，其中武汉是湖北经济和政治中心。调水不能影响该地区的经济发展，不能恶化当地的生态环境。

根据汉江中下游地区的水系、行政区划、水利工程布局等因素，将汉江中下游干流供水范围划分为上、中、下三个大区，再划分为 15 个灌区、19 个县级以上城市及 1 个工业区。按 1997～1999 年统计年鉴资料计算，区内耕地面积 1217.8 万亩，有效灌溉面积 985.7 万亩；总人口 1526.4 万人，其中非农业人口 658.9 万人，城市化率达 43%；工业总产值 1629.4 亿元。

### 2. 主要经济社会发展指标预测

**1）工业产值增长率**

根据《湖北省国民经济和社会发展第十个五年计划纲要》，"十五"计划期间，本区年新增产值 120 亿元以上，预测现状至 2010 年水平年城市工业产值年均增长率为 10.54%，2011～2030 年水平年为 5.83%；现状至 2010 年水平年乡镇工业产值年均增长率为 10%，2011～2030 年水平年为 4.5%。

**2）人口增长率及城镇化水平**

根据湖北提出的在 2030 年以前，将实现人口零增长的目标，2011～2030 年水平年人口年均增长率取为 4.5‰。据此预测，2010 年前农业人口年均增长率为 2.6‰，非农业人口年均增长率为 20.3‰，2011～2030 年水平年农业人口年均增长率为-11.1‰，非农业人口年均增长率为 17.4‰。

**3）灌溉率发展预测**

本区灌溉率（有效灌溉面积与总耕地面积之比）较高，规划编制时已达 81%，当时预计 2010 年水平年灌溉率提高到 95%，2030 年水平年及其以后仍维持在 95% 的水平。

**4）经济社会发展预测**

根据上述发展规划和预测，汉江中下游干流供水范围内 2010 年水平年总耕地面积 1 217.8 万亩，灌溉面积 1 157 万亩。总人口 1 725 万人，其中非农业人口 828 万人，城市化率 48%。工业总产值 5 463 亿元，其中电力及磷矿工业总产值 62 亿元。2030 年水平年总耕地面积与灌溉面积不再增加。总人口达 1 887 万人，其中非农业人口 1 169 万人，城市化率 62%。工业总产值 14 932 亿元，其中电力及磷矿工业总产值 148 亿元。

## 3. 汉江中下游干流供水范围水资源供需分析

**1）需水量**

根据经济社会发展指标和各类用水定额，测算得汉江中下游干流供水区规划编制时、2010 年水平年及 2030 年水平年需水量分别为 127.3 亿 $m^3$、151.1 亿 $m^3$、160.7 亿 $m^3$。分述如下。

（1）农业灌溉需水量。

水稻 2010 年水平年仍采用浅灌适蓄灌溉定额，2030 年水平年采用薄浅湿晒灌溉定额。各种作物多年平均灌溉净定额见表 2.3.2；渠系水利用系数：规划编制时为 0.4～0.91，规划 2010 年水平年达到 0.5～0.95，2030 年水平年为 0.63～0.95；耕地面积扩大系数：考虑到该地区实际耕地面积比统计面积大的具体情况，在计算需水量时考虑了放大，根据典型区调查资料测算，扩大系数在 1～1.4，一般为 1.35；根据各小区的作物种植结构、渠系水利用系数等，以月（或旬）为单位计算 1956 年 5 月～1998 年 4 月的长系列需水过程。经分析测算，汉江中下游干流供水范围内总的农业需水量规划编制时、2010 年水平年、2030 年水平年分别为 81.5 亿 $m^3$、85.0 亿 $m^3$、74.9 亿 $m^3$。

表 2.3.2　各种作物多年平均灌溉净定额表　　　（单位：$m^3$/亩）

| 试验站 | 早稻 | | 中稻 | | 晚稻 | | 棉花 | 小麦 | 蔬菜 |
|---|---|---|---|---|---|---|---|---|---|
| | 浅灌适蓄 | 薄浅湿晒 | 浅灌适蓄 | 薄浅湿晒 | 浅灌适蓄 | 薄浅湿晒 | | | |
| 襄樊站 | — | — | 359 | 328 | | | 93 | 54 | |
| 钟祥站 | — | — | 336 | 313 | — | | — | 46 | |
| 天门站 | 223 | 193 | 297 | 267 | 248 | 228 | 110 | 47 | — |
| 潜江站 | 236 | 212 | 296 | 285 | 256 | 218 | 109 | 44 | |
| 仙桃站 | 200 | 188 | 292 | 274 | 242 | 227 | 110 | 47 | |
| 吴家山站 | — | — | 285 | 257 | — | | — | — | 645 |

（2）工业需水量。

一般工业采用工业需水弹性系数法预测。需水弹性系数为用水量增长率与产值增长率之比。2010 年水平年一般工业需水弹性系数取 0.35，由此计算出工业需水量为 37.79 亿 m³，相应用水定额为 70 m³/万元；2030 年水平年一般工业需水弹性系数取 0.32，需水量为 52.58 亿 m³，相应工业用水定额为 36 m³/万元。电力工业需水主要为循环冷却用水，采用综合定额法预测，2010 年水平年为 3 400～4 500 m³/万元，需水量为 10 亿 m³，2030 年水平年为 2 000 m³/万元，需水量为 8.5 亿 m³。经分析测算，汉江中下游干流供水范围内工业需水量规划编制时、2010 年水平年、2030 年水平年分别为 33.9 亿 m³、47.8 亿 m³、61.1 亿 m³。

（3）城镇及农村生活需水量。

生活需水量包括居民家庭、公共事业两部分。城镇及农村生活需水量均采用定额法进行预测。规划编制时城镇生活用水定额为 100～310 L/（人·日），需水量为 6.26 亿 m³；农村生活用水定额为 80～130 L/（人·日），需水量为 2.44 亿 m³。预计 2010 年水平年城镇生活用水定额为 150～380 L/（人·日），需水量为 9.40 亿 m³，农村生活用水定额为 120～150 L/（人·日），需水量为 4.03 亿 m³；2030 年水平年城镇生活用水定额为 200～400 L/（人·日），需水量为 14.6 亿 m³，农村生活用水定额为 150～200 L/（人·日），需水量为 4.06 亿 m³。汉江中下游干流供水范围内生活需水量规划编制时、2010 年水平年、2030 年水平年分别为 8.7 亿 m³、13.4 亿 m³、18.7 亿 m³。

（4）牲畜需水量及其他需水量。

牲畜需水量按大牲畜 50 L/（头·日）、小牲畜 30 L/（头·日）计算，规划编制时需水量为 0.82 亿 m³，2010 年水平年为 0.94 亿 m³，2030 年采用相同值；其他需水量指城市生态环境用水及城市水厂自身用水等。据测算，规划编制时其他类需水量 2.48 亿 m³，2010 年水平年为 3.89 亿 m³，2030 年水平年为 5.13 亿 m³。

汉江中下游干流供水范围内多年平均需水量见表 2.3.3。

表 2.3.3　汉江中下游干流供水范围年均需水量表　　　　　　（单位：亿 m³）

| 水平年 | 农业灌溉需水 | 工业需水 | 城镇及农村生活需水 | 牲畜需水及其他需水 | 合计 |
|---|---|---|---|---|---|
| 现状 | 81.5 | 33.9 | 8.7 | 3.3 | 127.4 |
| 2010 年 | 85.0 | 47.8 | 13.4 | 4.83 | 151.03 |
| 2030 年 | 74.9 | 61.1 | 18.7 | 6.07 | 160.77 |

注：引自《南水北调中线工程规划》（2001 年 10 月）

**2）供需平衡分析及干流取水量**

汉江中下游干流供水范围内共有大型水库 1 座，中型水库 33 座，小型水库 346 座，大小湖泊 25 个，塘堰 4.7 万多口，总兴利库容 13.88 亿 m³，引提水泵站设计流量 112 m³/s

（非汉江干流取水）。各小区内分片、分时段进行需水量和当地可供水量的供需对口分析，规划编制时预测 2010 年水平年、2030 年水平年当地径流供水量分别为 23.8 亿 m³、33.3 亿 m³、35.7 亿 m³；其中，城市供水量分别为 3.36 亿 m³、5.36 亿 m³、6.89 亿 m³。各小区的缺水量按全部由汉江干流补充，求得相应水平年需引汉江干流补充的水量，多年平均分别为 103.5 亿 m³、117.8 亿 m³、125.0 亿 m³。见表 2.3.4。

表 2.3.4　汉江中下游干流供水范围供需平衡表　　　　（单位：亿 m³）

| 水平年 | 需水 | | | | 当地径流供水 | | | | 需引汉江水 | | | |
|---|---|---|---|---|---|---|---|---|---|---|---|---|
| | 多年平均 | $P=50\%$ | $P=85\%$ | $P=95\%$ | 多年平均 | $P=50\%$ | $P=85\%$ | $P=95\%$ | 多年平均 | $P=50\%$ | $P=85\%$ | $P=95\%$ |
| 现状 | 127.3 | 127.2 | 144.5 | 164.1 | 23.8 | 22.9 | 23.9 | 18.7 | 103.5 | 104.3 | 120.6 | 145.3 |
| 2010 年 | 151.1 | 150.4 | 168.8 | 184.8 | 33.3 | 34.3 | 31.7 | 26.4 | 117.8 | 116.1 | 137.1 | 158.4 |
| 2030 年 | 160.7 | 159.1 | 177.0 | 191.8 | 35.7 | 36.6 | 32.0 | 28.8 | 125.0 | 122.5 | 145.0 | 163.0 |

注：引自《南水北调中线工程规划》（2001 年 10 月）

### 4. 丹江口水库补偿下泄过程

**1）设计原则及工程条件**

汉江中下游河道现状工程条件下，大型自流灌区正常取水需要汉江水位达到一定高程，即必须维持相应的流量。例如，罗汉寺闸要达到设计流量 120 m³/s，要求汉江流量不能小于 1 500 m³/s；兴隆闸设计引水 40 m³/s 时要求汉江流量不小于 1 260 m³/s；泽口闸设计引水 150 m³/s 时要求汉江流量不小于 1 245 m³/s；谢湾设计引水 40 m³/s 时要求汉江流量不小于 1 750 m³/s；东荆河灌区在汉江流量达 880 m³/s 时才开始进水。为了在调水的同时，满足或改善中下游的用水条件，规划在汉江中下游安排相应的工程措施。

共考虑了四种工程措施，分别计算各种方案需要丹江口水库补偿下泄的过程：①汉江中下游维持现状工程条件；②汉江中下游兴建兴隆水利枢纽，沿岸部分闸站改扩建及局部航道整治；③在上述工程基础上增建引江济汉工程；④全部梯级渠化。

**2）河道外用水要求**

汉江中下游沿干流共有城镇水厂和工业自备水源 216 座，农业灌溉引提水闸站 241 座，总引提水能力约 1 060 m³/s，总装机容量约 10.3 万 kW，基本情况见表 2.3.5。较大的灌区有罗汉寺、兴隆、谢湾、泽口、三河连江灌区及东荆河灌区（从汉江的分流河道东荆河取水）。

在进行长系列计算时，由各闸站需引汉江水的过程从闸站水位-流量关系曲线上查得各闸站取水对汉江干流水位的要求，再按不同的汉江中下游工程条件将水位转换为对流量的要求，一并考虑在需丹江口水库下泄的过程中。

表 2.3.5 汉江中下游干流沿岸水厂和灌溉闸站统计表

| 地（市） | 水厂及工业自备水源 | | | 农业提灌站 | | | 灌溉闸 | |
|---|---|---|---|---|---|---|---|---|
| | 座数 | 装机容量/kW | 流量/(m³/s) | 座数 | 装机容量/kW | 流量/(m³/s) | 座数 | 流量/(m³/s) |
| 丹江口水库 | 5 | 855 | 0.8 | 1 | 100 | 0.1 | — | — |
| 襄阳 | 32 | 9 972 | 28.4 | 75 | 13 681 | 49.4 | — | — |
| 荆门 | 4 | 1 085 | 2.4 | 8 | 947 | 6.6 | 5 | 75.8 |
| 荆州 | 45 | 6 098 | 14.3 | 29 | 20 770 | 99.8 | 14 | 520.8 |
| 孝感 | 57 | 1 489 | 3.7 | 56 | 27 150 | 208.1 | 2 | 2.1 |
| 武汉 | 73 | 10 132 | 23.1 | 49 | 10 874 | 22.7 | 2 | 2.0 |
| 总计 | 216 | 29 631 | 72.7 | 218 | 73 522 | 386.7 | 23 | 600.7 |

**3）河道内用水要求**

河道内用水主要包括环境用水及航运用水。

（1）环境用水。

20 世纪 90 年代至 2001 年，汉江沙洋以下长约 300 km 的河段发生过 3 次"水华"事件（1992 年 2 月、1998 年 3 月、2000 年 2 月）。初步分析认为，"水华"事件的发生与汉江氮、磷等营养物质浓度显著增长有直接的关系。目前，汉江枯水期的凯氏氮和总磷均大大超过了藻类大量繁殖的临界值（总磷 TP＞0.015 mg/L，总氮 TN＞0.3 mg/L），成为产生"水华"最基本的营养物质条件。此外，水温增高，流速减缓，是促使"水华"事件发生的外部条件。考虑到汉江中下游地区为经济较发达地区，人口稠密，工、农业生产十分发达，且使"水华"事件发生的氮、磷含量高常常起因于面污染源，因此，汉江中下游河道维持必要的流量对保护生态环境非常重要。据分析，在现状污染不继续恶化的前提下，无引江济汉工程时，由于丹江口水库加高大坝调蓄作用加强，调水后发生"水华"事件的概率不超过调水前。引江济汉工程建成后可使汉江河道的流量保持在 500 m³/s 以上，可大大改善汉江沙洋以下河段的水环境，控制住春季"水华"事件的发生。

（2）航运用水。

丹江口水库—襄樊（现为襄阳）段的航道基本达到 VI 级通航标准，襄樊—汉口段的航道基本达到 IV 级通航标准。近期航运规划目标是将丹江口水库—襄樊段提高到 V 级航道标准，襄樊—汉口段全面达到 IV 级航道标准。远景规划目标是汉口—丹江口水库段达到 III 级航道标准。按 V 级航道标准，丹江口水库—襄樊段设计通航保证率为 90%～95%。现状条件下（丹江口水库灌溉供水 15 亿 m³，下同），此保证率的流量为 480～460 m³/s（对应 90%～95%通航保证率）；襄樊—汉口段按 IV 级航道考虑，设计保证率为 95%～98%，现状相应此保证率的流量襄樊—利河口段为 410～360 m³/s（对应 90%～95%通航保证率），利河口—泽口段为 400～333 m³/s（对应 90%～95%通航保证率），泽口—汉口段为 340～200 m³/s（对应 90%～95%通航保证率）。由于航运与环境需水大部分重复，在拟订丹江口水库补偿下泄过程时，满足环境用水的同时，一般也能满足航运用水。例如，丹江口水库最小下泄流量为 490 m³/s 时，泽口以上河段流量一般都不小于 500 m³/s，泽口—汉口段流量都不小于 300 m³/s。

**4）支流及区间来水**

汉江中下游地表水资源量多年平均约为 179 亿 m³，下游受两岸堤防阻隔，直接汇入干流水量的较少，因此，计算中仅考虑黄家港—皇庄段支流汇入汉江干流的水量。经分析计算，1956~1997 年丹江口水库至皇庄区间的各支流来水量年均约 106.2 亿 m³，扣除各水平年的耗水量，预测 2010 年水平年支流来水 103.7 亿 m³、41.5 亿 m³、28.99 亿 m³（年均、*P*=85%年、*P*=95%年，下同），2030 年水平年来水 96.8 亿 m³、33.7 亿 m³、21.2 亿 m³。

**5）回归水**

汉江中下游两岸河道外引走的水量除部分消耗外，相当大一部分通过地表及地下水的形式回到汉江干流河道内。火电用水为贯流式取水，大部分回到汉江干流，回归系数取 0.9；一般工业和生活用水在钟祥以上大部分回到汉江干流，回归系数取 0.8；钟祥以下回到汉江干流的量较少，回归系数取 0.55；农业灌溉用水的回归系数取 0.175。

**6）补偿下泄过程设计**

采用流量平衡法，按前述条件以旬为单位由下而上、逐片累加需汉江补给的流量，逐段扣除上游断面的回归水及相关断面的支流来水，即得到需要丹江口水库下泄的水量。汉江中下游现状工程条件下，2010 年水平年与 2030 年水平年要求丹江口水库补偿下泄的水量分别为 270.6 亿 m³、295.9 亿 m³；如建兴隆水利枢纽、进行部分闸站改（扩）建和局部航道整治，2010 年水平年与 2030 年水平年要求补偿下泄的水量分别为 218.1 亿 m³、219.2 亿 m³；如增加引江济汉工程，2010 年水平年与 2030 年水平年要求补偿下泄的水量分别为 162.2 亿 m³、165.7 亿 m³；若再完成汉江流域规划中的梯级枢纽，兴隆以上航运需水量将减少到下限，兴隆以下需水可由引江济汉工程供给，2030 年水平年要求补偿下泄的水量可以减少到 76.4 亿 m³。

各工程条件多年平均要求丹江口水库补偿下泄水量见表 2.3.6。

**表 2.3.6　丹江口水库补偿下泄水量**　　　　　　　　　　　　　（单位：亿 m³）

| 工程条件 | 2010 年水平年 | | | 2030 年水平年 | | |
|---|---|---|---|---|---|---|
| | 年平均 | *P*=85% | *P*=95% | 年平均 | *P*=85% | *P*=95% |
| 现状工程条件 | 270.6 | 298 | 341.2 | 295.9 | 331.4 | 376.8 |
| 建兴隆水利枢纽、进行部分闸站改（扩）建和局部航道整治 | 218.1 | 243.9 | 267.3 | 219.2 | 244.5 | 270.21 |
| 建兴隆水利枢纽、进行部分闸站改（扩）建和局部航道整治，引江济汉工程 | 162.2 | 173.3 | 185.0 | 165.7 | 179.4 | 193.7 |
| 建兴隆水利枢纽、进行部分闸站改（扩）建和局部航道整治，引江济汉工程，全部梯级建成 | — | — | — | 76.4 | 89.9 | 103.8 |

注：引自《南水北调中线工程规划》（2001 年 10 月）

从上述结果可知，汉江中下游四项治理工程对丹江口水库下泄水量有显著影响。以 2010 年水平年为例，单纯从需要补充的水量来看，丹江口水库年均只需下泄 151.1 亿 m³ 的水量就可以满足汉江中下游地区的需要，但如果汉江中下游河道维持现状，丹江口水库需要下泄 270.6 亿 m³ 的水量，才能满足要求，即 44%的水量仅仅为了维持取水的水位和航运需要的水深，这还不包括南河、蛮河、唐白河三大支流汇入干流的近 100 亿 m³ 的水量。如果建设兴隆水利枢纽和引江济汉工程，并对部分沿江取水闸站进行改（扩）建，对航道进行整治（即四项工程），则需要丹江口水库下泄的水量为 162.2 亿 m³，比不新建工程减少 40%。

另外，如果不建引江济汉工程，需要丹江口水库下泄的水量为 218.1 亿 m³，比建引江济汉工程增加 34%。因此，引江济汉工程可以显著减少汉江中下游地区需要丹江口水库下泄的补充水量，这对于增加可调水量、改善北调水过程及汉江中下游生态环境是非常有益的。

## 2.3.4　丹江口水库调度与可调水量

根据丹江口水库上游来水和中下游需水，考虑水库的调蓄作用，通过水库调度确定丹江口水库陶岔闸的可调出水量过程。

### 1. 丹江口水库的建设规模与任务

丹江口水库始建于 1958 年，20 世纪 60 年代初国家经济特别困难时期，决定分期建设，1973 年建成了初期规模。水库特征指标见表 2.3.7。

表 2.3.7　丹江口水库特征指标表

| 项目 | 单位 | 水库条件 | |
| --- | --- | --- | --- |
| | | 初期 | 最终规模 |
| 坝顶高程 | m | 162 | 176.6 |
| 正常蓄水位 | m | 157 | 170 |
| 正常蓄水位相应库容 | 亿 m³ | 174.5 | 290.5 |
| 死水位 | m | 140 | 150 |
| 死水位相应库容 | 亿 m³ | 76.5 | 126.9 |
| 极限消落水位 | m | 139 | 145 |
| 极限消落水位相应库容 | 亿 m³ | 72.3 | 100 |
| 主汛期至汛后调节库容 | 亿 m³ | 48.7~102.2 | 98.2~190.5 |
| 夏季至秋季防洪限制水位 | m | 149~152.5 | 160~163.5 |
| 预留防洪库容 | 亿 m³ | 77.2~55* | 110~81.2* |

*数据对应上行水位：水位低，预留库容大；水位高，预留库容小。

**1）初期工程的水利任务**

丹江口水库初期规模坝顶高程 162 m，正常蓄水位 157 m，极限消落水位 139 m，兴利库容 48.7 亿～102.2 亿 $m^3$（主汛期至汛后），水库的主要任务为防洪、发电、灌溉、航运。

（1）防洪。

防洪库容 77.2 亿～55 亿 $m^3$（夏季至秋季），在汉江发生 20 年一遇以下洪水时，通过水库拦蓄，保证民垸不分洪；当发生 1935 年洪水时，水库削峰配合 14 个民垸分蓄洪，启用杜家台分洪区，利用东荆河自然分流，保证遥堤和两岸干堤的安全。

（2）发电。

装机容量 900 MW，保证出力 247 MW，原设计年发电量 38 亿 kW·h。丹江口水库电站目前是华中电网的主要调峰电站。

（3）灌溉。

主要承担湖北清泉沟灌区和河南刁河灌区共 360 万亩耕地的供水任务，75%干旱年供水量约 15 亿 $m^3$。

（4）航运。

改善库区航运条件；调节下泄流量。

**2）初期规模实施南水北调后的水利任务**

防洪仍然是第一位的任务。供水取代发电成为第二位的任务，首先满足汉江中下游干流供水区的用水要求；其次向清泉沟、刁河供水；之后再向北调水。丹江口水电站可充分利用向汉江中下游供水的水量发电，一般不专为发电增加泄量。水电站可在系统中承担调频、调峰任务。

**3）最终规模水利任务**

丹江口水库按最终规模建成后，正常蓄水位 170 m，兴利库容 98.2 亿～190.5 亿 $m^3$（主汛期至汛后）。水库的主要任务为：防洪、供水、发电。

（1）防洪。

防洪库容 110 亿~~81.2 亿 $m^3$（夏季至秋季），当汉江发生 1935 年洪水时，通过水库调蓄，辅以杜家台分洪区和东荆河分洪，汉江中下游少数民垸少量蓄洪便可保证遥堤及干堤的安全。

（2）供水。

丹江口大坝加高后，首要的兴利任务是供水，在满足汉江中下游干流供水区和清泉沟用水的前提下，向北方调水。

（3）发电。

结合下泄水量发电，水电站在系统中主要担负调峰、调频任务。大坝加高后，由于水头增加，配合已建成的王甫洲枢纽运行，可以更好地承担日调峰任务。

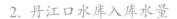

2. 丹江口水库入库水量

丹江口水库以上流域的地表、地下水均排泄入汉江，上游引用后回归水仍进入汉江干流，因此，从由丹江口水库天然径流量中扣除不同水平年上游的耗水量即得丹江口水库相应水平年的入库水量。

**1）丹江口水库以上耗水量分析**

丹江口水库以上即汉江上游现状（1999 年）灌溉面积 420 万亩，工业总产值 871.6 亿元，总人口 1 133.7 万人（非农业人口 204.1 万人），城市化率约为 18%，牲畜 1 089.2 万头，实际年耗水量为 19 亿 m³。

考虑到丹江口水库以上主要为山丘区，有效灌溉面积很难再增加，预测 2010 年水平年、2030 年水平年有效灌溉面积均为 430 万亩。2000～2010 年水平年工业产值年均增长率为 7%，总产值 1 834.55 亿元；人口年均增长率为 10‰，达到 1 264.9 万人（城市化率为 37.8%）；牲畜 1 215.2 万头。2010～2030 年水平年工业产值年均增长率为 5%，2030 年水平年总产值 4 682.6 亿元；人口年均增长率为 5‰，达到 1 397.5 万人（城市化率为 50%）；牲畜 1 504.8 万头。

2010 年水平年和 2030 年水平年农业 75%保证率的灌溉定额分别为 540 m³/亩和 490 m³/亩（水利用系数为 0.7）；工业万元产值用水定额分别为 70 m³ 和 50 m³；人口用水定额分别为 220～80 L/（人·日）（城镇至农村）和 300～120 L/（人·日）（城镇至农村）；牲畜用水定额均按 40 L/（头·日）计算。

按上述指标计算，2010 年水平年和 2030 年水平年 50%频率的耗水量分别为 22.10 亿 m³ 和 27.50 亿 m³；2010 年水平年和 2030 年水平年 75%频率的耗水量分别为 23.06 亿 m³ 和 28.71 亿 m³；2010 年水平年和 2030 年水平年 95%频率的耗水量分别为 24.30 亿 m³ 和 30.2 亿 m³。

中线工程规划时，上游陕西省仅有从汉江跨流域调水（引水）的规划和设想，陕西省还未建成从汉江流域向外流域调水（引水）的工程，正在研究可能实施的有两项引水工程，引水量总和为 1.72 亿 m³，另外其也研究过从嘉陵江流域调水进汉江上游的方案。这些调水工程，有进有出，规模不大，设想的实施时间也较晚，且无正式规划文件。因此，对近期中线可调水量基本没有影响，暂不考虑，留待以后在从长江三峡引水的后期中线工程规划中做进一步研究。

**2）入库水量计算**

丹江口水库以上已建成黄龙滩水库、石泉、安康三座水库。丹江口水库的天然入库过程计算：还原丹江口水库及上述三座水库的总蓄水变量，加上丹江口水库的蒸发渗漏量、清泉沟和陶岔的引水量、丹江口水库以上的耗水量及下泄过程。

计算采用 1956～1997 年水文系列，该系列丹江口水库年均天然入库水量为 387.8 亿 m³，与 1933～1997 年系列相比，均值减小 5.6 亿 m³，偏小 1.4%，其他各频率的年入库水量也偏小 1.4%。据水文分析，1956～1997 年水文系列属不完整的偏枯水文系列，据此计算的可调水量是偏于安全的。扣除相应水平年上游地区的规划耗水量和丹江口水库的蒸发渗漏损失，得丹江口水库 2010 年水平年和 2030 年水平年的年均入库水量，分别为 362 亿 $m^3$ 和 356.4 亿 $m^3$。

### 3. 可调水量

丹江口水库可调水量除来水量外，还与大坝是否加高、汉江中下游工程措施、总干渠的输水能力等密切相关。根据方案研究，近期建成引江济汉工程，才能满足受水区的需调水量要求。无论是从改善汉江中下游河道生态环境，还是从提高供水保证率方面进行分析，均必须修建引江济汉工程。丹江口水库可调水量的主要方案如下。

（1）丹江口大坝加高，汉江中下游建兴隆水利枢纽、引江济汉工程，对由调水后汉江水位下降导致的不能正常工作的部分闸站进行改（扩）建、局部航道整治（简称四项工程），总干渠渠首设计流量 350 $m^3/s$、加大流量 420 $m^3/s$。此调水方案涵盖了 I 类方案的近期调水方案，结合表 2.3.8 的编号，称此方案为 I-1（近）。

（2）大坝加高，汉江中下游工程同上，渠首设计流量 630 $m^3/s$，加大流量 800 $m^3/s$，称此方案为 I-1（后），它基本涵盖了表 2.3.8 中渠首设计流量 630 $m^3/s$ 规模的调水方案（包括一次建成的方案 III-2）。

（3）大坝加高，汉江中下游工程同上，渠首设计流量 500 $m^3/s$、加大流量 630 $m^3/s$，此方案计算了表 2.3.8 中方案 I-3、I-4 中后期规模及总干渠一次建成渠首设计流量 500 $m^3/s$ 规模的调水方案，称之为 I-3（后）。

（4）大坝加高，汉江中下游全部梯级建成，渠首设计流量 350 $m^3/s$、加大流量 420 $m^3/s$，此方案是针对表 2.3.8 中方案 I-6 的后期调水设计的，称之为 I-6（后）。

（5）大坝不加高，汉江中下游建成四项工程，渠首设计流量 350 $m^3/s$、加大流量 420 $m^3/s$。陶岔渠首修建一级泵站，设计流量 200 $m^3/s$，前池最低水位 139 m，最大扬程 10 m。此方案是针对表 2.3.8 中方案 II-1 的近期调水设计的，称之为 II-1（近）。

（6）大坝不加高，发电量控制与方案 I-1（近）相同，显然不能满足近期北方需要，只反映调水和发电的关系，称此方案为方案 II-2（近）。

### 4. 水库调度

根据丹江口水库的综合利用任务，每年 5 月～6 月 21 日，库水位必须逐渐降低到夏季防洪限制水位（加坝高、不加坝高分别为 160 m 和 149 m）。到 8 月 21 日，库水位允许逐渐抬高到秋季防洪限制水位（加坝高、不加坝高分别为 163.5 m 和 152.5 m）。10 月 1 日以后，可逐渐充蓄到正常蓄水位。

引水调度采取分区方式，拟订了加大引水区、设计引水区、降低引水区、限制引水区。加大引水区接近防洪限制水位，当库水位落在此区时，按总干渠加大流量引水；设计引水区在加大引水区之下，按总干渠设计流量引水；限制引水区是为了保证汉江中下游用水和不使北调水中断而设定的引水流量限制线；降低引水区是为引水流量平稳过渡

表 2.3.8　丹江口水库可调水量的主要方案特性表

| 大坝状态 | 水平年 | 方案编号 | 渠首设计流量 /(m³/s) | 极限消落水位 /m | 渠首泵站 | 汉江中下游工程 | 入库水量 /亿 m³ | 入库水量平衡/亿 m³ | | | | |
|---|---|---|---|---|---|---|---|---|---|---|---|---|
| | | | | | | | | 下游供水量 | 清泉沟供水量 | 陶岔引水量（可调水量） | 发电弃水量 | 弃水量 |
| 大坝加高 | 2010 年 | I-1（近） | 350 | 145 | 无 | 四项工程 | 362 | 160.8 | 6.3 | 97.1 | 40.3 | 57.5 |
| | 2030 年 | I-3（后） | 500 | 145 | 无 | 四项工程 | 356.4 | 165.8 | 11.1 | 110（125） | 28.9 | 40.6 |
| | 2030 年 | I-1（后） | 630 | 145 | 无 | 四项工程 | 356.4 | 162.8 | 11.1 | 121（140） | 24.6 | 36.9 |
| | 2030 年 | I-6（后） | 350 | 145 | 无 | 建成全部梯级 | 356.4 | 78.5 | 11.2 | 128 | 70.2 | 68.5 |
| 不加坝高或少加坝高 | 2010 年 | II-1（近） | 350 | 139 | 一级 | 四项工程 | 362 | 161 | 6.1 | 81.2 | 48.1 | 64.8 |
| | 2010 年 | II-2（近） | 350 | 145 | 无 | 四项工程 | 362 | 162.2 | 6.2 | 34.8 | 82.9 | 74.7 |
| | 2010 年 | II-3（近） | 350 | 139 | 一级 | 四项工程 | 362 | 161.2 | 6.1 | 84.2 | 62 | 48.5 |

而设置的，目的是使引水流量不至于出现大起大落的情况。

在具体拟订各调度线时，并不考虑受水区的需水过程，但考虑了"年均调水量最大"或"枯水年调水量最大"两种目标。前者是在满足汉江中下游用水的前提下尽量多调水，各调度线总体位置较低；而后者水库各调度线总体位置较高，水库蓄水一般保持较多的状态，以备枯水期和枯水年有一定的水可以调出，此种调度方式多年平均弃水量较大。

各方案调水量见表 2.3.8。由表 2.3.8 可见，近期加坝高方案的调水量[方案 I-1（近）]，可以达到 97.1 亿 $m^3$，扣除输水损失后能满足 2010 年受水区的需水要求。近期不加坝高方案[方案 II-1（近）]只能调水 81.2 亿 $m^3$，扣除输水损失，到用户的水量约 65 亿 $m^3$，与受水区缺水 78 亿 $m^3$ 相比，缺口较大，不能满足受水区近期的需水要求。如果按"不加坝高引水的发电量与加坝高引水的发电量相同"的条件计算，年均可调水量约 34.8 亿 $m^3$，95%的年份只有 13.7 亿 $m^3$。

后期调水的诸方案中，方案 I-1（后）如果不刻意追求最小的年调水量，而以多年平均调水量最大为目标，则年均调水量可达 140 亿 $m^3$ 以上，能满足受水区城市的用水要求；方案 I-3（后）与方案 I-6（后），调水量较受水区的要求还有差距。

## 2.4 中线水资源配置方案

中线工程受水区涉及长江、黄河、淮河、海河 4 大流域，各流域的丰、枯时间多不同步；中线工程的水源工程丹江口水库，入库水量年际间、年内的不同月份间很不均匀，在满足自身防洪和汉江中下游的供水要求后，向北调出的水量过程年际、年内亦不均匀，与中线受水区的需水过程不匹配。受水区当地的地表水库入库径流也同样存在不均衡性，过度开采地下水又会引起一系列环境问题。北调水量是受水区新增的重要水源，北调水源与受水区当地地表水源、地下水源如何使用，才能充分发挥各自的效率，保证北方受水区的供水安全，是中线工程合理配置与水资源调度的关键。

### 2.4.1 中线工程供水特点

中线工程输水总干渠长达 1 432 km，像一条纽带把北调水源和受水区当地的各种水源融为一体，相互补偿，实现大范围、长距离的水资源优化配置。

1. 水质优良、可以自流供水

丹江口水库水质优良，总干渠采用新建输水渠道或管道，与河渠全部立交，可以确保输送的水不被污染。华北平原地势西高东低，输水总干渠布置在平原西侧，居高临下，可覆盖华北平原的大部分地区，实现自流供水。

### 2. 水文情势南北丰枯互补

中线工程总干渠跨越长江、黄河、淮河、海河 4 大流域，水源区与受水区降水、径流分配年内和年际变化均很大。中线受水区南北长 1 000 余千米，涉及长江、黄河、淮河、海河 4 个流域。由于南北气候不同，一般情况下，水源区与受水区之间、受水区南北之间同时出现丰水或枯水的机遇较少。

以水源区、受水区 40 个雨量站为代表，并将受水区分为淮河区、海河南区（石家庄以南）、海河北区，采用 1954~1998 年共 45 年的降雨资料进行丰枯遭遇分析，按水资源评价标准，以降雨保证率 $P<12.5\%$、$12.5\%\leqslant P<37.5\%$、$37.5\%\leqslant P<62.5\%$、$62.5\%\leqslant P\leqslant 87.5\%$、$P>87.5\%$ 将各水文年归并为丰水年、偏丰年、平水年、偏枯年、枯水年。分析结果表明，汉江与淮河流域同枯、同偏枯的概率为 17.8%；与海河南区同枯、同偏枯的概率也为 17.8%；与海河北区的同枯、同偏枯的概率为 11.1%，其中同枯的概率不足 7%；当水源区出现连续枯水年时，海河区相应时段多为平水年或丰水年。对于中线调水最不利的情况为南北同枯，而这种情况发生的概率不到 7%，即使遭遇，中线工程仍可调出水量 50 亿 $m^3$ 以上，对北方受水区仍有补偿作用。

以上分析表明中线工程水源区和受水区（尤其是海河流域）降水变化具有较好的互补性，这是中线工程北调水与当地水源联合运用、丰枯互补的客观有利条件。

### 3. 受水区有条件实现北调水与当地水的联合运用

中线工程调水是对当地水资源的补充。中线工程实施后，将由当地地表水、地下水和北调水三种水源共同向供水区供水，不同水源的水可互相调剂使用，达到最佳的供水效果，以合理利用水资源。这与通常的单一水源工程供一个受水区的情况有很大的不同。

受水区及其周边地区，已建有众多蓄水工程，其中大中型水库近 30 座，这些水库大多具有向城市供水的任务；有些蓄水工程随着上游及周边地区经济社会的发展和自然资源条件的变化，长期蓄水不足。当中线工程调水量较多时，当地水库可存蓄当地径流或充蓄北调水，以备调水量少时使用。华北平原广泛分布有良好的地下含水层，是容积很大的地下水库。中线工程实施后，一般年份可以控制开采地下水，使超采的地下水得以休养生息，当遇枯水年时，可适当增加地下水开采。

### 4. 丹江口水库调节性能良好

丹江口水库具有良好的调节性能，供水目标以城市生活、工业用水为主，需水相对稳定，且总干渠位置高，能自流向沿线大中城市和供水区供水，使中线工程调出水量大部分能被直接利用，从而减少了所需的调蓄库容。

## 2.4.2　水资源配置模型

中线工程实施后，丹江口水库由于大坝加高，调蓄能力增强、部分洪水北调，既减轻了汉江中下游的防洪负担，又增加了华北平原水资源的有效供给，提高了城市供水保障程度，改善了受水区人民的饮用水条件和生活质量，增强了受水区农业发展后劲，实现水源区与受水区的协调发展，达到南北双赢。

中线水资源配置技术是一项开创性的关键技术，其配置与调度模型包括丹江口水库可调水量、受水区多水源调度及中线水资源联合调配。

中线水资源配置及调度模型将丹江口水库、汉江中下游用水区、北方受水区作为一个系统，建立多水源、多用户的大系统水资源模型，各用水户、各种水源、渠道分叉点、分水口门等均可概化为一个点，总干渠、分干渠、渠系等概化为通道，水资源系统用有向网络加以描述，水资源配置示意图见图 2.4.1。根据受水区概化节点网络图和供水原则及数学模型，进行长系列（1956 年 5 月～1998 年 4 月）模拟计算，计算时段为旬。计算目标为各用户供水达到规划要求的保证率（生活 95%以上，工业 90%以上）。

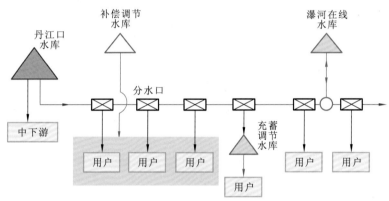

图 2.4.1　水资源配置示意图

## 2.4.3　水资源配置成果

### 1. 计算方案

选择丹江口大坝加高、总干渠分期建设类中的两个方案进行水资源联合调度计算：①汉江中下游建兴隆水利枢纽、引江济汉工程、部分闸站改（扩）建、局部航道整治，总干渠渠首设计流量 350 m³/s，可调水量约 97 亿 m³，即表 2.3.8 中的方案 I-1（近）。②汉江中下游工程同上，渠首设计流量 630 m³/s，可调水量 120 亿～140 亿 m³，即表 2.3.8 中的方案 I-1（后）。

根据南水北调总体布局，天津由中线和东线工程共同供水，中线工程近期与后期分配给天津的毛水量（陶岔）均为 10 亿 m³。规划时，调蓄计算中未考虑与东线工程供水进行联合调度。

## 2. 计算结果

### 1）近期与后期北调水量

经长系列联合调节计算，两方案汉江中下游供水的时段保证率为 95% 左右，供水满足程度在 97% 以上。近期与后期总干渠关键点的控制流量见表 2.4.1。两方案北调水量情况见表 2.4.2。各方案北调水直接供用户使用的水量占调出水量的 98% 以上，充蓄当地调节水库的水量仅占调出水量的 2% 左右，表明利用丹江口水库的调蓄作用可以满足按需调度的要求，可避免调出的水在受水区被迫弃掉。

表 2.4.1　总干渠关键点控制流量表（加大流量）　　　（单位：$m^3/s$）

| 关键点 | 近期 | 后期 |
|---|---|---|
| 渠首 | 420 | 800 |
| 穿黄工程位置 | 320 | 500 |
| 河北段渠首 | 280 | 395 |
| 北京段渠首 | 70 | 70 |
| 天津段渠首 | 70 | 70 |

表 2.4.2　北调水量表　　　（单位：亿 $m^3$）

| 方案 | | 陶岔调出水量 | | | 多年平均供水 | |
|---|---|---|---|---|---|---|
| | | 多年平均 | $P=75\%$ | $P=95\%$ | 直供水量 | 充库水量 |
| 丹江口大坝加高 | 近期 | 94.93 | 90.50 | 62.55 | 93.72 | 1.21 |
| | 后期 | 131.29 | 101.40 | 42.43 | 130.58 | 0.71 |

注：表中包括河南刁河灌区用水。

### 2）供水保证率

（1）近期调水方案。受水区城市 2010 年水平年净缺水量 78 亿 $m^3$，近期年均毛调水量（不含向刁河灌区供水）为 89.6 亿 $m^3$，可满足受水区城市缺水需求。各城市生活供水时段保证率达到 96% 以上，工业供水时段保证率大部分城市在 95% 以上；供水满足程度（供水量/需水量）一般在 95% 以上。

（2）后期调水方案。受水区 2030 年水平年净缺水量 128 亿 $m^3$，方案 I-1 后期年均毛调水量 126.4 亿 $m^3$（不含刁河灌区），不能完全满足受水区的缺水需要。一般生活供水时段保证率只能达到 85% 以上，工业供水时段保证率一般在 81% 以上；各城市供水满足程度在 85% 以上。在专题研究中发现，本方案如略减少枯水年调水量，则多年平均可调水量超过 140 亿 $m^3$，因此，进一步优化水资源调度方式，供水量和供水的保证程度可以提高。

### 3）枯水年供水分析

（1）水源区枯水年。1966 年为汉江枯水年，以加坝高近期方案为例，北调水量仅 57 亿 m³，但与当地水源共同供水，供水满足程度可达到 76%。该年总净供水量 114.5 亿 m³，其中中线工程供水占 44%，地表供水占 38%，地下水供水占 18%，当地水源为主要供水水源。

（2）海河流域枯水年。仍以加坝高近期方案为例，1981 年北方为枯水年，但北调水量达 114.2 亿 m³，与其他水源共同供水，使受水区的供水满足程度达 89%。在总净供水量 131.4 亿 m³ 中，北调水占 70%，当地地表水占 15%，地下水占 15%，该年以中线工程调水为主要的供水水源。以上分析表明，中线调水与当地水源可以丰枯互补，保证供水，即使遇枯水年仍能达到一定的保证率。

### 4）在线调节水库

原规划新建瀑河水库上库调节库容 2.1 亿 m³。两方案瀑河水库充蓄北调水 0.22 亿～0.33 亿 m³，返回总干渠的净水量为 0.3 亿 m³ 左右。因丹江口水库调节能力强，且各时段按需调度，故需当地水库调蓄的水量小。从瀑河水库历年调蓄运用情况分析，该水库经常处于满蓄状况，有利于作为事故备用水库。如果中线工程发生意外，中断供水，瀑河水库的蓄水基本可保证北京、天津中心城区约一个月的供水。

### 3. 主要结论

中线水资源配置模型实现了丹江口水库防洪、生态、供水、发电多目标的优化配置，可灵活确定以丹江口水库最大可调水量为目标或以枯水年调水量较大为目标的可调水量；丹江口水库加坝高后的调蓄作用显著，在满足汉江中下游防洪和用水条件下，利用渠道集控的快速响应效果，可按照北方需要实时调整供水量。

中线水资源配置模型以多种水源水资源优化配置为原则，统筹考虑了中线工程调水、当地地表水和地下水，并合理发挥了当地水利设施的调蓄作用，尤其是遇枯水年，这种多水源共同供水的效益更加明显。模型提出了一套较为完整的中线工程调蓄水库调度指标体系（包含蓄水控制指标和供水控制指标），实现对调蓄水库调度指标的优化；将概率论与模拟模型结合，提出了总干渠各段及各分水口门的经济合理最小规模。

为优化配置并合理使用水资源，保障用水部门的用水，有必要在用水政策上采取一定的措施，如均衡水价，使中线工程调水与当地水源协调。

中线水资源配置研发的关键技术，为中线工程规模确定和运行期的水量分配计划编制提供了技术保障。

## 2.4.4  丹江口大坝加高

丹江口水库集水面积 9.5 万 km²，控制汉江全流域水量约 70%。由于汉江来水不均

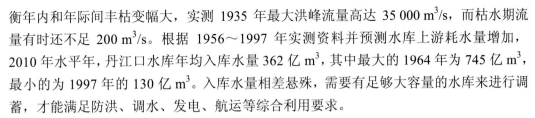

衡年内和年际间丰枯变幅大，实测 1935 年最大洪峰流量高达 35 000 m³/s，而枯水期流量有时还不足 200 m³/s。根据 1956～1997 年实测资料并预测水库上游耗水量增加，2010 年水平年，丹江口水库年均入库水量 362 亿 m³，其中最大的 1964 年为 745 亿 m³，最小的为 1997 年的 130 亿 m³。入库水量相差悬殊，需要有足够大容量的水库来进行调蓄，才能满足防洪、调水、发电、航运等综合利用要求。

丹江口大坝加高，在总干渠渠首设计流量 350 m³/s 的条件下，可以调出水量 97.1 亿 m³（表 2.3.8），保证率 95% 的调水量为 61.7 亿 m³。由于南北水文情势丰枯互补，从逐旬调度结果看，生活供水的保证率达到 95% 以上，工业供水保证率达到 90% 以上，可以满足受水区的需水要求。经反复论证，丹江口水库设计水位应为 170 m（吴淞高程）相应库容为 290.5 亿 m³，然而由于历史原因，丹江口水库只建成了初期规模，设计水位 157 m，相应库容 174.5 亿 m³。因为水库调蓄容积不够，没有达到预期的防洪标准，调水更受到限制，不能充分利用汉江丰富的水资源。如果不加高坝，丹江口水库维持初期规模，近期调水方案可调水量约 82 亿 m³，扣除损失后，到用户的水量只有 65 亿 m³，与受水区需要的水量 78 亿 m³ 相比，存在较大的差距。不加高坝方案，当可调出水量增加到 88 亿 m³ 时，不仅需要降低丹江口水库的死水位，而且渠首需建设泵站，这将会给库区带来一系列问题。

从保证中线工程规划调水量的需要、有利于汉江中下游防洪，以及解决库区移民的历史遗留问题与脱贫解困提供机遇三方面综合考虑，经技术经济分析比较，选择丹江口水库按正常蓄水位 170 m 一次加高，分期分批安置移民，作为中线工程近期供水水源。

## 2.4.5 多水源联合调度与调蓄运用

中线工程是一个庞大的水资源系统工程。系统的运行目标是多水源协作，使各种水源均得到充分、合理利用，达到城市供水高保证率的要求。如何实现这一目标，受水区现有水库能否满足调蓄需要，这是调蓄运用要研究的问题，也是中线工程的关键技术问题之一。中线工程规划设计充分考虑了调水对水源区的影响，规划实施了丹江口大坝加高及汉江中下游四项治理工程，在尽可能增加北调水量的同时，最大程度缓解了调水对汉江中下游社会经济、生态环境用水的影响。基于多要素系统规划思路规划设计的中线工程，统筹了自然与社会中的多个要素进行系统规划，实现了国家范围的水资源优化配置。

中线工程的运行调度涉及丹江口水库、汉江中下游、受水区当地的地表水、地下水，以及中线总干渠的输水调度。关系到全线工程调度的协调性和整体效益的发挥，是一个复杂的规划问题。

### 1. 调度原则及规则

（1）丹江口水库调度至关重要。中线水源丹江口水库的综合利用任务为防洪、供水、发电、航运等，即兴利任务以供水为主，发电服从于调水。丹江口水库首先满足汉江中下游防洪任务，在供水调度过程中，优先满足水源区用水，其次按确定的输水工程规模尽可能满足北方的需调水量，并按库水位高低，分区进行调度，尽量提高枯水年的调水量。为体现水源区优先并兼顾北方受水区供水需要的水资源配置原则，特枯年份采取了一些必要的调度措施，以保证南北两利。

丹江口水库发电服从调水，利用汉江中下游需要丹江口水库补偿下泄的流量发电，不专门为发电下泄水量，仅当水库汛期面临弃水时，才加大下泄，电站按预想出力运行。

丹江口水库供水调度。水库正常蓄水位 170 m；汛期限制水位夏季（6 月 21 日至 8 月 20 日）为 160 m，秋季（9 月 1 日至 9 月 30 日）为 163.5 m；死水位 150 m，极限消落水位 145 m。丹江口水库供水调度，在满足汉江中下游用水条件下，按丹江口水库来水、库水位，结合受水区需调水量，并按库水位高低，分区调度。

（2）在确定受水区需调水量时，综合考虑受水区当地地表水、地下水与北调水联合运用及丰枯互补的作用。不能因为北调水而降低当地水目前的利用效率，同时又要在确定的输水工程规模下，满足受水区城市供水的高保证率要求。受水区的地下水每年必须在压采使地下水回升的前提下合理使用。

（3）受水区已建的可利用调蓄水库均分布于总干渠的东西两侧，距离总干渠近，便于与总干渠构成整体供水系统，相互调剂补偿。根据可利用的调蓄水库与输水总干渠的关系，将其分成三类：①补偿调节水库，其位置较高，中线北调水不能自流充蓄该类水库，但该类水库可以调蓄当地径流，对用水片起补偿调节作用，即在中线供水不足时，补充当地供水的缺口。②充蓄调节水库，其位置较低，多数位于总干渠东面，不仅可以调蓄当地径流，还可以充蓄中线北调水，充蓄的北调水一般通过该水库的供水系统向附近的城市供水，不能自流返回总干渠。③在线调节水库，该类水库既可充蓄中线北调水入库，又能在需要时向总干渠供水。在线调节水库担负总干渠下游受水区（连入点以下）的供水调节任务。

（4）水库、洼淀（包括补偿调节水库与充蓄调节水库）的调度规则：①汛期（7~9 月）按各水库规划的要求预留防洪库容。②为保证当地水资源得以充分利用，按设定的充库系数控制蓄水，充库系数小于 1，即水库在充蓄上游来水时，一般不充满，余水可先供用水户，为水库留下一定的备用容积，防止之后时段大量弃水。③为保证重点用水部门的供水，设定不同用户的供水停供线。由上而下分别为其他项供水限制线、工业供水限制线。当水库水位降到第一条停供线时，水库停止向其他项供水，如水位继续下降到第二条停供线，则停止向工业供水，只向生活供水。

（5）北调水与当地水源的联合运用方式：①当地水库上游来水先充蓄水库，蓄到限定库容后的余水首先供水（限定库容由充库系数确定）；为避免地下水开采、使用年际变化过大，可适当开采部分地下水。②若用户需水得不到满足，则依次由充蓄调节水库、北调水、补偿调节水库、地下水进行供水。③北调水有余，则向充蓄调节水库充库。

（6）地下水多年平均允许开采量为年均计划控制开采量。

### 2. 调蓄运用基本条件

#### 1）受水区范围及城市需水量

按照各省市城市水资源规划，中线工程供水范围内 2010 年水平年城市总需水约 131 亿 m³，2030 年水平年总需水 189 亿 m³。需水中未包括北京的农业需水（调节计算中考虑由地下水供应）。

#### 2）调蓄工程

据统计，受水区具有向城市供水功能的大、中型水库和洼淀有 19 座，其中河南 8 座、河北 7 座、北京 2 座、天津 1 座；另有 1 座水库为河南、河北两省共用。总的调蓄库容 67.5 亿 m³，其中黄河以南 13.3 亿 m³，黄河以北 54.2 亿 m³。

充蓄调节水库总调蓄库容 10.85 亿 m³，补偿调节水库总调节库容 56.65 亿 m³。在线水库拟选择新建瀑河水库的上库。

瀑河水库位于保定徐水，总干渠从瀑河水库的上游库区通过，可直接输水入瀑河水库。瀑河水库可自流向天津供水，向北京供水则需提水入总干渠。瀑河流域面积不大，多年平均来水约 0.45 亿 m³，新建的瀑河水库上库的调节库容为 2.1 亿 m³，大部分库容可以用于北调水的调蓄。瀑河水库距离北京和天津较近，作为北京、天津两市的事故备用水库，对提高两市的供水保证程度有非常重要的作用。据此，规划将瀑河水库上库作为北京、天津两市的专用调蓄水库。原瀑河水库的下库主要用于防洪。

受水区地下水的补偿调节作用很重要。虽然主要城市都有地表水水库，但大多数用水片还必须靠地下水库进行补偿调节。

## 2.5 中线工程输水线路

南水北调中线工程总干渠[3]从河南省淅川县陶岔渠首枢纽开始，终点为北京市团城湖、天津市外环河，线路总长 1 432 km。渠线经过河南、河北、北京、天津四个省（直辖市），跨越长江、黄河、淮河、海河 4 大流域。中线工程的主要供水范围是华北平原，主要任务是向北京、天津及京广铁路沿线的城市供水。华北平原在黄河以南接嵩山、伏牛山，黄河以北紧邻太行山，平原地势南高北低、西高东低，由西南往东北倾斜，中线水源居平原南端。输水线路沿唐白河平原北部及华北平原西部边缘布置，供水覆盖范围广，并可自南向北、由西向东基本自流供水。

自 20 世纪 50 年代以来，长江设计集团有限公司（原长江勘测规划设计研究院）会同沿线各省市设计院对中线工程总干渠线路进行了大量的工作，研究过多种线路方案。

由于总干渠沿线的地形、地质、水文气象等方面均存在一定差别，结合总干渠各段的特点，将总干渠分成黄河以南段、黄河以北段及天津干线进行分析、比较。

中线输水工程以明渠输水为主，兼顾移民征地、地质条件、环境敏感区等影响因素，根据地形变化以"挖填平衡"为原则合理布置了渠道轴线。总干渠线路长，沿线跨越多个地质构造单元，地质条件复杂；渠线虽经反复研究，但仍无法避免穿越膨胀土、黄土类土、沙土、煤矿采空区等不良地质条件区，对渠道边坡和建筑物稳定等方面存在较大影响。"十一五""十二五""十三五"国家科技支撑计划项目均设置了相关课题，针对膨胀土挖方渠道边坡稳定、煤矿采空区填方渠堤沉降控制等重大技术问题开展了详细研究，从勘察、设计、施工、运行管理等方面系统提出了处理措施，为工程建设和运行提供了技术支撑。

## 2.5.1 选线原则

总干渠是人与自然和谐共处的一条纽带，是南水北调中线工程的主体，其位置选择是否合适，轻则关系到工程的安全与经济，重则关系到整个工程的成败。因此，在线路选择时必须遵循以下原则。

（1）确保工程安全：选定线路既要保证总干渠工程自身的安全，又要确保不因工程失事而殃及周边地区。

（2）有利于水质保护：渠线布置要尽量避开污染源，尽量布置在城市上游。

（3）利用自然条件尽可能自流输水：为便于向北京、天津及京广铁路沿线大中城市供水，渠线尽可能布置于高处。

（4）优化技术经济指标：渠道选线应尽量沿等高线行进，一般水面不高于地面，又要尽量避免深挖高填，避免穿越城镇及集中的居民点。

## 2.5.2 主要线路比选

### 1. 黄河以南线路

从丹江口水库引水，须经过唐白河地区，跨越江淮分水岭，连接穿黄工程。线路上存在三个控制点。

**1）总干渠渠首**

从丹江口水库引水的引汉总干渠陶岔渠首枢纽已于1973年建成，闸后也已建成8 km的渠道，这是经过论证的已经建成的控制点。

**2）方城垭口**

由唐白河地区进入淮河流域需穿越江淮分水岭，该段分水岭由西部的伏牛山脉和东部的桐柏山脉构成,恰好在方城附近突然下陷,形成一个宽达数千米低而平坦的缺口,地理上称"南襄隘道"或方城垭口,地面高程仅约 150 m,宋代曾试图沟通江淮漕运,集十万民工挖河未果,遗迹尚存。此处确认为中线总干渠明渠输水的必经之地。

**3)穿黄工程位置**

穿黄工程规模大,技术要求高,除满足连接黄河南北的输水要求外,还要从工程本身的技术经济方面进行综合比较,可供选择的范围大约在郑州西、黄河铁路桥以上 30 km 以内,输水总干渠线路将与其适应。

按主要控制点,根据地形地质条件、渠道水位,顺势布置,黄河以南渠线基本沿伏牛山、嵩山东麓,布置在唐白河及华北平原的西部,总的走向单一明确,渠线基本固定。

## 2. 黄河以北线路

黄河以北线路分为新开渠线路和利用现有河渠线路。新开渠线路包括高线、低线、高低线。利用现有河渠线路包括利用卫河输水方案、利用滏阳河输水方案、利用文岩渠输水方案。

**1)新开渠线路**

(1)高线。

起点位于穿黄工程末端。往北在陶村附近过沁河,经焦作东南,辉县城北至潞王坟,沿京广铁路西侧经淇县、安阳西至河南河北省界附近的丰乐镇过漳河。经邯郸西南的丘陵地段至邯郸永年区西北过洺河,往北于沙河城西北过沙河,经邢台西、内丘西、东滏山,绕易县城西过北易水河。北行至魏村进入拒马河冲积扇,在祖各庄与西城坊附近过南、北拒马河入北京。再经半壁店、房山、大小紫草坞、贺照云至良乡过京广铁路及永定河,往北经五棵松路入永定河引水渠至玉渊潭。本方案的主要优点是:渠线高,控制面积大,全线均能自流供水;位于沿线各大中城镇的上游,水质保护条件较好;渠线大部分在京广铁路以西的山前区,所占耕地土质较劣;与主要干线京广铁路只交叉一次;沿线地下水排泄条件好,不存在盐碱化问题。主要缺点是唐县以北的石方段开挖难度相对较大。

(2)低线。

低线的起点及其水位与高线相同。渠线在陶村附近跌水 5.46 m 过沁河,往北渠线开始离开高线东移。在大樊跌水 3.4 m,经焦作东、辉县城南至潞王坟后,沿京广铁路西侧至思德堡西南跌水 5.65 m 穿京广铁路。至汤阴东南的南阳村跌水 5.71 m,在张村集附近跌水 8.29 m 过漳河。往北经临漳东、成安西、在西魏附近跌水 2.5 m,北行经邯郸、邢台内丘等县(市)东面,至彭村跌水 5.32 m。经古鲁营、高邑、定州等城镇东面,至望都西南穿京广铁路。再经完县(现为顺平县)、满城西,南、北易水河南、北拒马河。在窦店与京广铁路交叉,于小陶过永定河。至大兴南的狼各庄分两支:一支向北提水至玉渊潭,长约 30 km;一支经北野入新凤河,循河东方向行至马驹桥,终点水位 25 m,长 19 km。从黄河北至马驹桥共有跌水 7 处,总落差 36.33 m。本方案避开了唐县以北的石方段，但由于渠线低，对京广线及其以西各大中城市几乎都要提水，不符合中线工程以向工业及城镇供水为重点的基本原则；渠线位于京广铁路以东，在各大中城市的下游，水质保护条件差；总干渠穿越海河平原，占压高质量的耕地；需与主要铁路干线交叉 4 次，其中京广线交叉 3 次，京津线交叉 1 次。低线方案几乎不具备自流输水的优点，弊多利少，故在 20 世纪 80 年代《南水北调中线引汉工程要点补充报告》中已予以否定。

（3）高低线

在上述高线和低线的基础上，为了避免在唐县以北—北拒马河段大量开挖石方，考虑了唐县以南采用高线，以北采用降低水位开渠的高低线方案。渠线自唐县东北淑吕与高线分开，经完县（现为顺平县）、满城，穿越南、北易水和南、北拒马河。在阎仙岱过永定河，渠线转向东北，在芦城南穿越京广铁路。往后渠线分为两支：一支往北提水至玉渊潭，长约 21 km；一支经北野入新凤河，循河东行至马驹桥，长约 25 km。以上全线共设跌水6 处，跌差共 25 m。本方案唐县以南线路同高线，淑吕以北逐渐偏离高线。向东北行进于高线、低线之间，至北野与低线连至马驹桥。本方案避开了唐县以北的大量石方，具有高线与低线的部分优点。但沿线地下水排泄条件较差，存在一定程度的盐碱化问题。

**2）利用现有河渠线路**

根据黄河以北地形和河流特点，总干渠的走向与南运河、子牙河、大清河三大水系的流向大体一致，有的河渠可作为总干渠利用。为减少工程投资，在总干渠黄河以北线路中，曾研究了利用现有河渠方案。

（1）利用卫河输水方案。

总干渠自穿黄工程末端往北，经宁郭至大沙河入卫河，经合河入共产主义渠至老观嘴。再沿卫河至北善引入东风渠，利用现有支漳河经曲周至东水町入老漳河。沿河行至孙家口涵洞入滏东排河，经新河至冯庄闸入北排河。经献县枢纽后，疏浚沟通河北中运河、京大路沟等，于大树刘庄入白洋淀，再由白洋淀提水至北京。另外，为满足各主要供水城镇的用水要求，由总干渠分别向安阳、邯郸、邢台、石家庄、保定设提水支线。

（2）利用滏阳河输水方案。

总干渠在西槐树庄以上同高线方案。从西槐树庄入滏阳河，沿河穿过京广铁路，至张庄桥入滏阳河分洪道，在魏寨北入支漳河至曲周。曲周以下渠线同利用卫河输水方案。本方案对京广线各大城市供水，除邢台沿高线开挖自流输水渠外，对石家庄、保定等城市均需另修建专门的提水渠。

（3）利用文岩渠输水方案。

起点位于黄河北岸北平皋南穿黄工程末端，向东在武陟的方陵南穿过沁河，再依次穿过白马干渠、共产主义渠、武加干渠后，与人民胜利渠立交，然后沿老五干渠至口里进入文岩渠，顺渠东行至裴固处入红旗渠总干渠，沿红旗渠北上，穿过太行堤，经过柳青河口、滑县、迎阳铺、南韩庄南，于小后河进入硝河坡至赵庄闸，进入硝河，经内黄至硝河口立交穿过卫河，进入河北省境内。输水总干渠穿过卫河后，向东北方向至大名县城东南入小引河，于大名县周庄以倒虹穿过漳河后进入跃进渠、卫西干渠，于蔡寨穿过老沙河，进入东风渠一支干、威广渠、合义渠，于合义西进入老漳河。沿河北上在孙家口入滏东排河，至东羡曲节制闸后利用滏阳新河右堤涵洞输水入滏阳新河深槽至献县枢纽，新建穿北堤涵洞，输水总干渠向北新开渠道，在务尔头与古洋河相交，并继续向北开渠入于家河，在边关附近入小白河、任文干渠，于十二孔闸自流入白洋淀。

（4）利用现有河渠方案。

利用现有河渠方案利用了部分现有河渠，并避开了唐县以北的石方开挖，因而工程量较省。渠线位置低，对于沿线大部分的主要城市，均需提水。南运河、子牙河、大清河各水系和白洋淀均受京广线上各大城市排污的影响，引汉水质保护困难。被利用的河道，有的原为排洪河道，如滏阳河及其分洪道、共产主义渠，若长期利用输水，存在行洪与输水、输水与排地下水的矛盾；另外，有的河原来为排渍河，如卫河等，排水位低，相应过水量小，如用来输水，需扩宽堤距，存在移民问题，同时由于堤后洼地多，筑堤的工程量也很大。

**3）结论**

以上三条新建线路，渠线基本沿太行山山前丘陵和倾斜平原通过，主要为第四系土层，部分为岩石，地震烈度区划为 6～8 度，工程地质条件差异不大，工程量相差不多。低线不能向海河区各缺水城市自流供水，运行费高，不宜采用。高线与高低线各有利弊。但高低线不能向北京市自流供水，需建扬程约 30 m 的抽水站，增加管理运行费用。利用现有河渠方案投资较全部新开渠省，但线路偏离了京广铁路沿线的城市和工业基地，且通过原有河道及白洋淀向北京等城市提水不仅运行费高，水质也易受到污染，难以达到城市用水要求。

综上分析，新开渠高线方案具有全线能自流、水质保护条件好的特点，为中线一期工程最优线路方案。

### 3. 天津干渠线路

天津干渠线路曾研究过 6 个线路方案，分别是民有渠方案、新开渠淀南线、沙河干渠线、新开渠淀北线、易水干渠线、涞水—西河闸线。经过比较与协商，选定新开渠淀北线作为天津干渠的推荐线路。该线路方案如下：渠首位于河北省徐水县（2015 年 4 月 28 日改为徐水区）西黑山村北，线路经东黑山村西南往东，在高村营穿京广铁路，在北剧村东北穿过津保公路，于东、西李家营之间穿过白沟河，至白马村西再次穿过津保公路，经李洪庄南，在叶庄入龙江渠，然后利用一段龙江渠，继续向东至终点子牙河西河闸（或外环河）。

## 2.5.3 选定线路

南水北调中线一期工程主干渠从河南淅川陶岔渠首枢纽开始，终点为北京团城湖，线路长 1 276.22 km，天津干渠从河北西黑山开始，终点为天津外环河，线路长 155.53 km。

主干渠始于河南南阳淅川县境内陶岔渠首枢纽，利用已建的 4 km 长的引丹干渠，向东北方向布置，在方城穿过江淮分水岭方城垭口；向北在昭平台水库与白龟山水库之间过沙河；经鲁山坡东侧绕过鲁山坡，走辛集西北和铁路之间，在交界铺穿越焦枝铁路；在新郑西北王老庄西过双洎河向北，在崔庄穿京广线，至赵郭李南渠线转向东北，沿大秦南、后龙王抵三官庙后渠线转向西北，经宋庄至李家南转向西，于大湖村再次穿京广铁路；在荥阳北前真村、后真村之间过枯河，向西止于新店东北，与穿黄工程进口段相接。渠线过黄河以后，经焦作矿区和焦作区向东至京广铁路西侧，大致平行京广铁路向北，直到终点北京团城湖。天津干渠分水口位于保定徐水西黑山北，线路往东在大庄南穿京广铁路，在白沟桥下穿过大清河，在沿龙江渠南侧开渠至外环河。

## 2.6 中线工程调水规模

### 2.6.1 调水量

根据中线工程城市水资源供需平衡分析，在考虑节水、污水处理回用等条件下，中线受水区城市缺水量为：2010 年水平年，$P=95\%$ 缺水 77.99 亿 $m^3$，缺水率为 52%；2030 年水平年，$P=95\%$ 缺水 128.13 亿 $m^3$，缺水率为 63%。中线工程受水区各省市水量配置结果：2010 年水平年，需调水量 95 亿 $m^3$；2030 年水平年，需调水量 130 亿 $m^3$。根据丹江口水库可调水量分析，在丹江口大坝加高的条件下：第一期工程多年平均调水量 95 亿 $m^3$，扣除输水损失后能满足 2010 年水平年受水区的需水要求；第二期工程在第一期工程的基础上扩大输水能力 35 亿 $m^3$，多年平均调水规模达到 130 亿 $m^3$，届时将根据调水区生态环境实际状况和受水区经济社会发展的需水要求，在汉江中下游兴建其他必要的水利枢纽或确定从长江补水的方案和时间。

### 2.6.2 总干渠分段流量

中线一期总干渠流量规模与可调水量、水源调度方式、供水范围内需水要求、当地供水能力、调蓄工程布置等紧密相关。总干渠分段流量根据北调水源与当地水源（地表水、地下水）长系列（1956 年 4 月～1998 年 4 月）逐旬联合调度调节计算结果确定。在满足供水要求的前提下，为使工程规模合理，总干渠渠道采用两个流量标准进行设计，即设计流量与加大流量。长系列调节计算得到的总干渠各段逐旬供水流量过程中，出现的最大流量即确定为本渠段加大流量，保证率 80%～90% 的流量（由大到小排频）即确定为本渠段设计流量。总干渠主要控制段流量规模及相应段长系列供水过程中大于等于设计流量出现的时段数统计见表 2.6.1。

表 2.6.1　中线一期工程总干渠主要控制段流量表

| 控制段 | 设计流量/（m³/s） | 加大流量/（m³/s） | 长系列中大于等于设计流量的时段数/个 | 占长系列时段总数的比例/% |
|---|---|---|---|---|
| 陶岔渠首 | 350 | 420 | 318 | 21 |
| 穿黄工程 | 265 | 320 | 178 | 12 |
| 进河北 | 235 | 265 | 10 | 0.66 |
| 西黑山分水口 | 50 | 60 | 213 | 14 |
| 进北京 | 50 | 60 | 201 | 13 |

注：长系列调节计算总时段数为 1 512 个。

通过长系列调节计算得到的总干渠分段流量共计 70 余段，为便于工程分段设计，在基本不增加工程量的前提下，将流量规模相近段进行合并，并适当取整。总干渠各分段流量规模见表 2.6.2。

表 2.6.2　中线一期工程总干渠分段流量规模表

| 序号 | 渠段起止地点 | 起止点桩号/m | 渠道流量/（m³/s） 设计 | 加大 | 备注 |
|---|---|---|---|---|---|
| 1 | 陶岔—宋营 | 0+000～80+338 | 350 | 420 | — |
| 2 | 宋营—徐庄 | 80+338～107+085 | 340 | 410 | — |
| 3 | 徐庄—四家营 | 107+085～214+310 | 330 | 400 | — |
| 4 | 四家营—孟坡 | 214+310～338+084 | 320 | 380 | — |
| 5 | 孟坡—三官庙 | 338+084～396+939 | 310 | 370 | — |
| 6 | 三官庙—贾寨 | 396+939～429+942 | 300 | 360 | — |
| 7 | 贾寨—郑湾泵站 | 429+942～440+934 | 290 | 350 | — |
| 8 | 郑湾泵站—茹寨 | 440+934～456+373 | 270 | 330 | — |
| 9 | 茹寨—黄河南岸（A 点） | 456+373～474+171 | 265 | 320 | — |
| 10 | 穿黄段 | 474+171～493+476 | 265 | 320 | — |
| 11 | 黄河北岸（S 点）—苏蔺 | 493+476～536+556 | 265 | 320 | — |
| 12 | 苏蔺—老道井 | 536+556～611+555 | 260 | 310 | — |
| 13 | 老道井—三里屯 | 611+555～659+284 | 250 | 300 | — |
| 14 | 三里屯—南流寺 | 659+284～714+209 | 245 | 280 | — |
| 15 | 南流寺—漳河南 | 714+209～730+843 | 235 | 265 | — |
| 16 | 漳河段 | 730+843～731+865 | 235 | 265 | 河南、河北界 |
| 17 | 漳河北—郭河 | 731+865～782+112 | 235 | 265 | — |

| 序号 | 渠段起止地点 | 起止点桩号/m | 渠道流量/（m³/s） | | 备注 |
|---|---|---|---|---|---|
| | | | 设计 | 加大 | |
| 18 | 郭河—南大郭 | 782+112～838+108 | 230 | 250 | — |
| 19 | 南大郭—田庄 | 838+108～969+154 | 220 | 240 | — |
| 20 | 田庄—永安（泵） | 969+154～982+756 | 170 | 200 | — |
| 21 | 永安（泵）—留营（泵） | 982+756～1029+659 | 165 | 190 | — |
| 22 | 留营（泵）—中管头 | 1029+659～1034+913 | 155 | 180 | — |
| 23 | 中管头—郑家佐 | 1034+913～1103+279 | 135 | 160 | — |
| 24 | 郑家佐—西黑山 | 1103+279～1120+663 | 125 | 150 | — |
| 25 | 西黑山—吕村 | 1120+663～1133+983 | 100 | 120 | — |
| 26 | 吕村—三岔沟 | 1133+983～1194+629 | 60 | 70 | — |
| 27 | 三岔沟—北拒马河 | 1194+629～1196+505 | 50 | 60 | 河北、北京界 |
| 28 | 北拒马河—南干渠 | 1196+505～1257+762 | 50 | 60 | — |
| 29 | 南干渠—团城湖 | 1257+762～1276+557 | 30 | 35 | — |
| 30 | 天津干线渠首（西黑山）—二号渠西 | XW0+000（1120+663）～XW87+007 | 50 | 60 | XW 为天津干线分段桩号 |
| 31 | 二号渠西—得胜口 | XW87+007～XW122+611 | 47 | 57 | — |
| 32 | 得胜口—子牙河 | XW122+611～XW148+850 | 45 | 55 | — |
| 33 | 子牙河—外环河 | XW148+850～XW155+331 | 20 | 24 | — |

## 2.6.3　总干渠输水损失

### 1. 渠道渗漏等级划分

根据渠道不同岩性的渗漏能力（渗透系数），将岩土划分为强、中等、弱渗漏性。

渗透系数大于 $1×10^{-3}$ cm/s 的岩性属强渗漏地层，代表岩性有：中砂、中细砂、卵石、粉砂、细砂及全风化粉砂岩等。

渗透系数为 $1×10^{-5}$～$1×10^{-3}$ cm/s 的岩性属中等渗漏地层，代表岩性有：砂壤土、黄土状壤土、全风化泥灰岩等。

渗透系数小于 $1×10^{-5}$ cm/s 的岩性属弱渗漏地层，代表岩性有：黏性土、黏土岩、泥灰岩等、重粉质壤土及黄土状重粉质壤土。

## 2. 渠道渗漏量计算方法

影响渠道渗漏损失的因素有渠床土的性质、强透水层和相对不透水层的位置、地下水位及渠道的挖填情况等，渠道渗漏量随渗漏过程中所处的不同阶段而不同，渠道渗漏过程一般可分为自由渗漏和顶托渗漏两个阶段。

### 1）防渗前的渗漏量

防渗前的自由渗漏量按下式计算，即

$$S=0.011\ 6k[b+2\gamma_1 h(1+m^2)^{1/2}] \tag{2.6.1}$$

式中：$S$ 为每千米渠道渗漏量，$\mathrm{m^3/s\cdot km}$；$k$ 为土壤渗透系数，$\mathrm{m/d}$；$b$ 为底宽，$\mathrm{m}$；$\gamma_1$ 为边坡侧向毛管渗吸的修正系数，取 $1.1\sim 1.4$；$h$ 为设计水深，$\mathrm{m}$；$m$ 为系数。

渠道顶托渗漏量计算公式为

$$S_{顶}=\gamma\cdot S \tag{2.6.2}$$

式中：$S_{顶}$ 为顶托情况下每千米渠道渗漏量，$\mathrm{m^3/s\cdot km}$；$\gamma$ 为顶托渗漏损失修正系数；$S$ 为每千米渠道自由渗漏量，$\mathrm{m^3/s\cdot km}$。

### 2）防渗后渗漏量

渠道防渗后渗漏量按下式计算，即

$$S_{防}=\beta\cdot S \tag{2.6.3}$$

式中：$S_{防}$ 为防渗后渠道渗漏量，$\mathrm{m^3/s\cdot km}$；$S$ 为无防渗情况下渠道渗漏量，$\mathrm{m^3/s\cdot km}$；$\beta$ 为防渗后渠道渗漏量折减系数，对于混凝土衬砌，$\beta=0.15\sim 0.05$。

## 3. 输水损失计算结果分析

总干渠明渠段长约 1 197 km，分段计算渠道渗漏量。选择陶岔—沙河南段及黄河北—漳河南段两段计算，其结果如下。

陶岔—沙河南段渠基为中—强透水性土（岩）的渠段总长约 44.073 km，占渠线总长的 18.4%。根据各分段的土、岩渗透系数、渠道断面尺寸等参数，不采取防渗措施本渠段总渗漏量为 34.2 亿 $\mathrm{m^3/a}$，而采取混凝土衬砌后（$\beta=0.1$），本渠段总渗漏量为 3.42 亿 $\mathrm{m^3/a}$，说明防渗是减少渗漏行之有效的途径。对于强渗漏段还增加其他防渗措施：在混凝土板下设复合土工膜，按折减系数 $\beta=0.08$，陶岔—沙河南段总渗漏量可减少为 2.89 亿 $\mathrm{m^3/a}$。

黄河北—漳河南段存在强渗漏的渠段长度为 23.85 km，中等渗漏的渠段长度为 14.90 km，共计 38.75 km，约占全渠段长的 16.485%，不采取防渗措施本段稳定渗漏量达 370 $\mathrm{m^3/s}$，采取混凝土衬砌后渗漏量仍可达 56 $\mathrm{m^3/s}$ 左右，对强渗漏段采用复合土工膜加强防渗后，稳定渗漏量约 7.5 $\mathrm{m^3/s}$。

经分析，中线工程总干渠采用全线全断面衬砌，陶岔渠首到北京段的输水损失系数为 0.15，其中，河南段利用率约 0.95，河北段约 0.87，北京段和天津段均约 0.85。

## 2.7 中线工程建设方案

### 2.7.1 建设规模初选

中线工程主要为城市供水，要求较高的保证率。根据城市水资源规划，中线受水区 2010 年水平年净缺水 78 亿 $m^3$，后期 2030 年水平年净缺水 128 亿 $m^3$，考虑总干渠的损失，近期与后期分别要求陶岔渠首调出水量为 95 亿 $m^3$、120 亿～140 亿 $m^3$。根据中线受水区规模需求，结合前述方案比选结果，在以上已选定方案的基础上对建设规模从以下三个方案中比选。

1. 方案 I-5

该方案分期建设，近期加高丹江口大坝，渠首设计流量 350 $m^3/s$，加大流量 420 $m^3/s$。陶岔多年平均调水量 95 亿 $m^3$；后期扩建总干渠，渠首设计流量 630 $m^3/s$，加大流量 800 $m^3/s$，陶岔多年平均调水量 131 亿 $m^3$。总干渠以明渠为主，只在末端北京、天津境内采用管涵，天津干渠通过清南分洪区段时也采用管涵，由此可优化河北段的布置，故总投资与全明渠方案 I-1 相近。

2. 方案 III-1

本方案一次建成，加高丹江口大坝，总干渠为明渠，渠首设计流量 500 $m^3/s$，加大流量 630 $m^3/s$，陶岔多年平均调水量 120 亿 $m^3$。

3. 方案 III-2

该方案也为一次建成方案，总干渠为明渠，渠首设计流量 630 $m^3/s$，加大流量 800 $m^3/s$，陶岔多年平均调水量 131 亿 $m^3$。

方案 I-5 近期陶岔多年平均调水量为 95 亿 $m^3$，保证率为 95% 的年份调水量为 63 亿 $m^3$，调水过程较均匀，调水量与受水区当地地表水、地下水配合运用，可以满足受水区近期水平的用水要求，后期可根据调水量的利用情况及受水区经济、社会、环境发展对水的增长要求，对总干渠进行扩建。

### 2.7.2 建设规模比选

调水方案 I-5、III-1 和 III-2 的经济指标见表 2.7.1。

表 2.7.1　中线工程建设方案经济分析计算成果表

| | 方案 I-5 | 方案 III-1 | 方案 III-2 |
|---|---|---|---|
| | "局部管涵分期 350~630 m³/s" | "一次建成 500 m³/s" | "一次建成 630 m³/s" |
| 1. 陶岔年均调水量/亿 m³ | 131.3 | 120 | 131.3 |
| 其中:近期/亿 m³ | 94.9 | — | — |
| 2. 静态总投资/亿元 | 1161.6 | 984.8 | 1 055.3 |
| 其中:近期/亿元 | 917.4 | — | — |
| 3. 年效益/亿元 | 606.21 | 546.19 | 606.21 |
| 其中：供水效益/亿元 | 599.69 | 539.67 | 599.69 |
| 防洪效益/亿元 | 6.52 | 6.52 | 6.52 |
| 发电效益/亿元 | — | — | — |
| 4. 经济内部收益率/% | 15.99 | 15.89 | 15.65 |
| 5. 经济净现值/亿元 | 438 | 453 | 455 |
| 6. 经济效益费用比 | 1.33 | 1.33 | 1.32 |
| 7. 经济净现值率 | 33.2 | 33.4 | 33.6 |
| 8. 单方水效益/元 | 4.81 | 4.79 | 4.81 |
| 9. 单方水投资/元 | 9.21 | 8.64 | 8.37 |
| 其中:近期/元 | 10.24 | — | — |
| 10. 单方水成本/元 | 0.424 | 0.369 | 0.359 |

注: 表中分期方案的经济指标为近期与后期工程整体评价指标；表中成本按集资方案贷款 20%、资本金 80%测算。

从投资分析，调水方案 I-5 近期投资 917.4 亿元，分别比方案 III-1 和 III-2 减少 67.4 亿元和 137.9 亿元。方案 I-5 近期投资加上后期总干渠扩建的投资，总投资为 1161.6 亿元，与调水规模相同的方案 III-2 相比，增加 106.3 亿元。应该指出，同样的投资，近期支出与后期支出，其经济价值是不同的。从单方水投资看，调水方案 I-5 近期为 10.24 元，分别比方案 III-1 和 III-2 多 1.60 元和 1.87 元。调水量规模较小的方案，单方调水量的投资也较高。

从调水成本分析，调水方案 I-5 的单方水成本为 0.424 元，比方案 III-1 和 III-2 高 0.055 元和 0.065 元。

从国民经济评价指标分析，调水方案 I-5 经济内部收益率为 15.99%，经济净现值为 438 亿元，经济效益费用比为 1.33，与方案 III-1 和 III-2 相比，各项指标基本相近，互有优劣，但都大于国家规定的要求，在经济上都是合理的。还应当指出，上述经济评价指标是建立在受水区城市 2010 年水平年净缺水 78 亿 m³、2030 年水平年净缺水 128 亿 m³ 的预测值基础上的。由于影响受水区用水增长的因素较多，需水预测存在不确定性，经济指标也存在一定的不确定性。

综合上述分析，分期建设方案 I-5 与一次建成方案 III-1、方案 III-2 相比，调水量都可以满足受水区城市近期的用水要求，经济指标也相近，但近期投资要少 67.4 亿～137.9 亿元。分期建设方案近期建设规模较小，投资较少，后期可根据近期调水量利用情况和需水进一步增长要求，适时扩建总干渠，增加调水量，在需水预测存在不确定性和长距离调水缺乏经验的情况下，投资风险较小。因此，采用分期建设方案较为稳妥。本阶段推荐方案 I-5，即近期加高丹江口大坝，调水 95 亿 m³，总干渠分期建设，近期渠首设计流量 350 m³/s，加大流量 420 m³/s。总干渠以明渠自流为主，末端进入北京、天津境内及天津干渠穿越分洪区段采用管道输水。

## 2.7.3 近期实施方案

在方案初选的基础上，通过对可调水量分析，供水调度、调蓄运用及水量配置研究，输水工程规划等结果的综合比选，推荐丹江口大坝加高，并建设汉江中下游相关工程，总干渠以明渠为主、局部采用管道，多年平均调水量 95 亿 m³ 的方案。近期建设项目及规模如下。

1. 水源工程

加高完建丹江口水利枢纽，正常蓄水位由 157 m 提高到 170 m，相应库容由 174.5 亿 m³ 增加到 290.5 亿 m³。混凝土坝坝顶高程由 162 m 加高到 176.6 m，两岸土石坝坝顶高程加高至 176.6 m，并向两岸延伸至相应高程。垂直升船机由 150 t 级提高至 300 t 级。大坝加高增加淹没处理面积 370 km²，淹没线以下人口 24.95 万人（2000 年）、房屋 709 万 m²、耕园地 23.43 万亩。

2. 输水总干渠

采用以高线明渠自流为主的局部管道方案。总干渠流量规模：陶岔渠首 350～420 m³/s（设计流量至加大流量，下同）、过黄河 265～320 m³/s、进河北 235～280 m³/s、进北京 50～60 m³/s、天津干渠渠首 50～60 m³/s。总干渠全长 1 432 km，其中，陶岔渠首—河北和北京界（北拒马河）长 1 191.17 km，北京段（北拒马河—团城湖）长 80.05 km，天津干渠（西黑山—外环河）全长 155.53 km。总干渠上各类建筑物（河渠交叉、道路交叉、节制闸、分水闸、退水闸、隧洞等）近 1 800 座，另北京段设 1 座泵站，天津段设 2 座泵站。控制工期的工程为穿黄隧洞。

3. 汉江中下游四项治理工程

汉江中下游进行兴隆水利枢纽兴建、引江济汉工程、部分闸站改（扩）建、局部航道整治四项工程。

**1）兴隆水利枢纽兴建**

汉江中下游规划的梯级渠化中的最下游一级为低水头拦河闸坝，主要任务是改善回水河段内两岸涵闸引水及干流航运条件。正常蓄水位 36.2 m，上游回水段长约 71 km，可与上一级梯级华家湾衔接。拦河闸坝轴线长 2 825 m，其中泄水闸段 900 m，船闸段 36 m，其余为连接段。

**2）引江济汉工程修建**

从长江干流沙市上游大布街处引水，经长湖北在潜江高石碑入汉江，设计最大引水流量初定为 500 m³/s，长约 82 km，主要为明渠。进出口需设闸控制，沿线与河渠、道路等交叉的建筑物有 128 座。此项工程主要为汉江中下游生态、环境及灌溉、航运增加新水源。

**3）部分闸站改（扩）建**

部分闸站改（扩）建工程包括：14 座水闸（总计引水流量 146 m³/s）和 20 座泵站（总装机容量 10.5 MW）。

**4）局部航道整治**

为改善航道条件，需继续加大航道整治维护的力度。

# 第3章

## 汉江中下游工程规划

### 3.1 调水对汉江中下游的影响及对策

汉江中下游工程运行条件及调水方案对丹江口水库下泄过程的要求基本一致,然而不同的调水方案,丹江口水库的下泄水量不同,对汉江中下游工程的运行条件将造成不同程度的影响;设计中以2010年水平年调水97亿 m³、2030年水平年调水110亿 m³、2030年水平年调水121亿 m³方案为代表,分析了汉江中下游兴隆水利枢纽兴建、部分闸站改(扩)建、局部航道整治、引江济汉工程条件下不同水平年的影响。影响分析以丹江口水库初期规模引水15亿 m³(简称"初期引水15亿 m³",下同)及1968~1998年丹江口水库实际运行情况的各项指标和状态为比较基础。

#### 3.1.1 调水对汉江干流水情与河势的影响

##### 1. 汉江干流流量的变化

调水后,各调水量方案的水库下泄总水量均减少,调水量越多,下泄水量减少越多。从流量过程来看,由于大坝加高后,丹江口水库的调蓄作用增强,调水后干流的枯水流量反而加大;但由于调水,中水流量($Q=600\sim1\ 250\ \text{m}^3/\text{s}$)历时减少,干流流量过程趋于均化,如兴建引江济汉工程,兴隆水利枢纽以下河段的流量有明显的加大,且中水历时延长。

对枯水年来说,由于丹江口水库按补偿下泄调度,改善了枯水年的水情条件,对 $P=75\%$ 的年份进行分析,调水后枯水期干流流量比现状实际运行情况的要大,改善了枯水期的用水条件,但中水流量历时仍然缩短;而有引江济汉工程的调水方案在兴隆水利枢纽以下河段除汛期流量减小外,其他时段普遍增大。

### 2. 汉江干流水位的变化

由于调水后丹江口水库下泄的总水量减小，天然河道的水位呈下降趋势；但汉江中下游兴建兴隆水利枢纽、引江济汉工程后，兴隆水利枢纽回水区及其下游河段的水位条件较调水前有所改善。

各方案调水后，黄家港河段水位略有下降，多年平均下降 0.29～0.45 m，襄樊段水位多年平均下降 0.31～0.51 m，沙洋河段兴建兴隆水利枢纽后水位有较大幅度的上升（沙洋断面多年平均上升 1.63～1.77 m），仙桃段无引江济汉工程时，多年平均水位下降约 0.35 m，修建引江济汉工程后水位则略有上升（多年平均上升 0.11 m）。

### 3. 干流河势的变化

丹江口大坝加高后，水库的调蓄作用增强，洪峰流量进一步削减，流量的年内变化趋于均衡，河道的比降变小，使河道向单一、稳定、微弯型发展，这是整个河道发展的总趋势。另外，由于造床流量减小，河槽将朝窄深方向发展，河宽变小。

丹江口—襄樊（现为襄阳）段，目前河床冲刷已基本平衡；调水后冲刷量很小，加之河岸较为固定，河势不会有太大的变化。

襄樊—皇庄段的冲刷量也很小，与襄樊以上河段相近，河床不会有大的冲淤变形。同时，襄樊—皇庄段相继建立了一系列航道整治工程，将逐步发挥作用，河道水流将逐渐归槽，使河道向稳定的微弯型方向发展。皇庄—仙桃段为集中冲刷的河段，其中马良以上河段，河道较宽，经河床冲刷及河势调整后，将会使一些支汊淤堵，洲滩合并，水流逐渐归槽，趋于稳定。马良以下河段逐渐变窄，顺直段与弯曲段相连，宽窄相间，在河床冲刷下切的过程中，弯道凹岸冲刷，但顶冲点的位置相对变化较小，同时洪峰削减，切滩撇弯的机遇减少，而顺直段将随弯曲段的稳定而趋于稳定。

仙桃以下的河口段为蜿蜒河道，冲刷量相对不大，河床演变的强度比上段要小。同时，由于洪峰被削减，凹岸的贴流冲刷区较为稳定，河势也朝有利于稳定的趋势发展。

## 3.1.2　调水对汉江中下游河道外用水的影响分析

将各调水方案或"初期引水 15 亿 m³"的下泄流量、支流及区间来水作为来水，将从汉江干流取水的各个取水口的取水量作为需水，由上而下进行汉江中下游干流水量平衡计算，计算出各取水口的供水流量和干流各河段的流量。

调水后丹江口水库下泄流量不仅含下游的需水，而且包括一部分弃水，因此与要求下泄的流量过程并非完全一致。当汉江中下游有工程实施条件时，下泄水量中能利用的水量就更接近下游需水量，其供水历时保证程度也比无工程实施条件时高，说明调水后的丹江口水库的下泄过程调整充分考虑了下游用水的要求，减少了弃水。

水库调度按中下游需水下泄，并且对受影响的所有取水工程都考虑了相应的工程措施，工程措施按调水后的条件设计，因此，中下游干流用水范围的农业灌溉、工业、城乡生活的供水保证率都较现状有所提高，大多数取水闸、站的供水保证率都接近于100%。对丹江口水库至兴隆水利枢纽回水区河段的干流用水区，其取水一般为泵站抽水，各方案调水后比"初期规模引水 15 亿 $m^3$"的水位略有下降（黄家港断面多年平均下降 0.29～0.45 m），对设计取水位较低的泵站一般没有影响，但局部时段会增加泵站的用电量，对设计取水位较高的泵站影响较大，拟安排进行改造；沙洋段调水后因有兴隆水利枢纽的壅水作用，水位有较大上升，有利于闸站引水（沙洋断面多年平均上升1.63～1.77 m）；兴隆水利枢纽以下河段无引江济汉工程调水时，仙桃断面多年平均水位下降约 0.35 m，有引江济汉工程调水时，仙桃断面多年平均水位略有上升（0.07～0.11 m），调水后的水位变化都不大。

对枯水年来说，调水后的用水条件有所改善。黄家港水文站实测流量资料显示，从1997 年 10 月至 1998 年 4 月，丹江口水库实际下泄流量较小，这段时期内丹江口水库下泄的平均流量为 344 $m^3/s$。调水后，2010 年水平年相同时段内丹江口水库下泄的平均流量可达 399 $m^3/s$[汉江中下游兴建兴隆水利枢纽、部分闸站改（扩）建及局部航道整治]或 468 $m^3/s$[汉江中下游兴建兴隆水利枢纽、引江济汉工程、部分闸站改（扩）建、局部航道整治]，均比实际下泄流量大，而在此时段内区间来水还有 126 $m^3/s$，汉江中下游干流供水范围只需从干流取水 279 $m^3/s$，如再考虑部分用水回归，干流流量完全可以满足两岸的用水要求；2030 年水平年相同时段内调水后丹江口下泄的平均流量可达 375 $m^3/s$[汉江中下游兴建兴隆水利枢纽、部分闸站改（扩）建及局部航道整治]或 444 $m^3/s$[汉江中下游兴建兴隆水利枢纽、引江济汉工程、部分闸站改（扩）建、局部航道整治]，也比实际的下泄流量大，相同时段内区间来水为 109 $m^3/s$，则汉江干流总流量约为 484～553 $m^3/s$，而汉江中下游干流供水范围需从干流取水 352 $m^3/s$，调水后干流也可以满足两岸的用水要求。因此，调水后遇相当于 1997 年枯水期情况时，汉江中下游干流的用水条件反而比之前有所改善。

丹江口大坝加高调水后的河道演变对取水利大于弊。因调水后河床冲刷强度减弱，水位下降值比"初期引水 15 亿 $m^3$"小，取水口的水位条件易得到满足，河势趋向稳定，可减少取水口脱流的机会。在河势调整过程中，主流的摆动可能会影响现有一些取水口的取水条件。

## 3.1.3　调水对汉江中下游河道内用水的影响分析

丹江口大坝加高调水以后，对各航段的航道基本没有影响，中下游枯水流量有所增加，特枯流量出现的天数减少，相对有利于通航；特别是在实施引江济汉工程后，下游航道状况大大改善。整个河段向单一、稳定、微弯型河道发展，这种变化趋势对航运是有利的。

交通运输部门规划，汉江中下游结合梯级渠化和引江济汉工程，逐步使丹江口水库—

汉口段实现 III 级航道贯通，最小水深达 2.0 m，通航 1 000 t 级船舶组成的 4 000 t 船队，丹江口水库调水对远期目标实现基本无影响，一般通航大型船舶需要相应的大流量，现状大于 1 200 m³/s 的历时为 25%，调水后为 11%，没有根本性变化；另外，通航大型船队需要良好的水流条件，只有渠化梯级建设完成，才能根本改善汉江的水流条件。因此，影响远景汉江航道建设的关键是修建渠化梯级工程，调水对汉江航道远景规划无较大影响。

调水以后，490~800 m³/s 的流量出现的历时增大，整治流量较调水之前也有所降低。若维持相应的设计标准，整治参数也必须进行相应的改动，即缩窄整治线宽度，整治建筑物加长，将增加航道整治工程量。在保证航道整治工程的前提下，不会造成断航和货运量阻滞。

## 3.1.4　调水对汉江中下游影响的对策

中线一期工程调水后，丹江口水库下泄过程有所变化，对汉江中下游生活、生产及生态有一定的影响，为此，汉江中下游结合当地水利规划，兴建兴隆水利枢纽、引江济汉工程、部分闸站改（扩）建、局部航道整治，消除或减免调水对汉江中下游地区的不利影响。

兴隆水利枢纽是汉江干流规划中的最下一个梯级，兴隆水利枢纽的作用是壅高水位、增加航深，以提高罗汉寺、兴隆闸站的供水保证率，保证汉北和兴隆灌区长远发展的需要，同时改善华家湾—兴隆段的航道条件。枢纽的建设既可有效增加中线工程可调水量，消除和改善调水对兴隆河段用水的影响，又可促进当地经济社会可持续发展，发挥资源优化配置的作用。

引江济汉工程从长江荆州引水到汉江高石碑，可向汉江兴隆以下河段补充因南水北调中线调水而减少的水量，减少调水后对汉江中下游地区的诸多不利影响；可改善汉江下游河道内枯水期的水环境，基本控制"水华"事件的发生；可为汉江兴隆以下河段和东荆河提供可靠的补充水源，改善汉江下游水资源量相对不足的问题。

部分闸站改（扩）建：丹江口水库加坝高调水后，除已建的王甫洲枢纽和拟建的兴隆水利枢纽的库区回水范围外，汉江中下游其他河段 $P=75\%$ 保证率以下的水位均有所下降，故需对汉江中下游丹江口水库—汉江河口段从汉江干流取水的 241 座农业灌溉闸站进行改（扩）建，以保证现有灌区的正常引水。

局部航道整治：调水后，汉江中下游下泄流量过程将发生变化，对航运产生一定的影响，须对局部航道进行整治，尽量恢复和改善调水对航运的不利影响。按照 IV 级航道标准，通过局部航道整治工程，维持原通航 500 t 级航道标准。

## 3.2 汉江中下游水资源调控总体布局

### 3.2.1 汉江中下游地区供用水分析

汉江中下游地区供水范围是指以汉江干流及其分支东荆河为主要水源和补充水源的供水范围，包括汉江中下游两岸的河谷平原、冲积平原与平原边缘的部分丘陵区，国土面积约 2.35 亿 $km^2$。该区域在钟祥以上沿汉江呈带状分布，宽约 15 km；钟祥以下进入江汉平原，两侧突然扩展，北起汉北河以北 20～30 km 的丘陵边缘，南以四湖总干渠为界，东至武汉，西南到潜江市界。

根据湖北汉江中下游干流供水区水资源规划及城市水资源规划，汉江中下游干流用水范围包括襄阳、荆门、孝感和武汉所辖的 19 个市（县、区）及"五三""沙洋""沉湖"等农场的全部或部分范围。其中，襄阳包括老河口、谷城、襄州、宜城、襄阳城区的全部或部分范围；荆门包括沙洋、京山及钟祥的部分范围；荆州包括洪湖、监利的部分范围；孝感包括汉川、云梦、孝南、应城的全部或部分范围；武汉包括蔡甸、东西湖、汉南及城区的全部或部分范围；另有天门、潜江、仙桃 3 个省直管市的全部或部分范围。

该区域内地势西北高、东南低，地面高程一般在 100 m 以下，主要为 20～50 m；多年平均降雨量 900～1 200 mm，自北向南递增；无霜期 240～260 d，年平均气温 16℃。

汉江中下游沿岸是湖北重要的经济走廊，其中武汉是湖北省工业经济、政治和文化中心，襄阳是湖北西北经济密集圈，武汉—孝感—襄阳是湖北的汽车工业走廊，襄阳—荆门是湖北磷化工和石油化工走廊，潜江—天门—云梦—应城是湖北重要的盐化工基地。下游的江汉平原是我国重要的商品粮棉基地之一。

根据汉江中下游地区供水范围及邻近地区的水系、行政区划、水利工程布局等因素，综合考虑水资源的合理利用，将汉江中下游干流用水范围划分为 15 个灌区、19 个县级以上城市（区）及 1 个工业区，每个灌区根据内部水利工程布置划分为不同的水资源片。

#### 1. 长山灌区

长山灌区位于汉江左岸，宜城市和襄州区内。从水系划分来看，大体上位于莺河以北，淳河以南。该区现状由于缺乏水利工程，仅少量耕地从汉江取水灌溉，规划兴建长山泵站，以解决该区大面积灌溉取水问题。

#### 2. 上游提水灌区

上游提水灌区涉及襄阳市区的全部范围和老河口、襄州、谷城、宜城的全部或部分范围。根据水文及水资源特性，该区又可分为引丹片、南河片和蛮河片，主要由沿汉江分散的闸站引提水。

**3. 荆钟片左岸灌区**

荆钟片左岸灌区位于汉江左岸,包括宜城及钟祥的部分范围。根据水资源的特点,又可分为莺河片、温峡口水库补灌区片、钟祥柴湖片及石门片。其中,莺河片为宜城流水镇部分范围;温峡口水库补灌区片为温峡口水库灌区沿汉江的直灌片,在《温峡口水库灌区续建配套与节水改造规划》中,已将该区划为汉江干流直灌范围;柴湖片为丹江口水库移民垦殖区;石门片为石门水库灌区的部分范围,该片主要由石门水库供水,不足部分由汉江供水。

**4. 荆钟片右岸灌区**

荆钟片右岸灌区为钟祥在汉江右岸的部分。其主要靠沿汉江分散的闸站引提水,还有灌区内水库和塘堰供水。

**5. 大碑湾泵站灌区**

大碑湾泵站灌区位于荆门沙洋,原是漳河水库三干渠尾闾灌区,后兴建大碑湾泵站通过马良闸从汉江干流取水。

**6. 沙洋引汉灌区**

沙洋引汉灌区位于沙洋境内,西与大碑湾片为邻,东与潜江为界,主要引汉江水灌溉。

**7. 王家营灌区**

王家营灌区部分范围由罗汉寺闸从汉江引水灌溉,因罗汉寺闸引水能力有限,规划兴建王家营闸解决水源问题,扩大灌溉面积,包括天门、京山、"五三"农场、"沙洋"农场的全部或部分范围。

**8. 罗汉寺灌区**

罗汉寺灌区位于天门,由罗汉寺闸从汉江自流引水灌溉,现状担负王家营灌区部分耕地的灌溉任务,规划范围仅包括天门及汉川的部分范围。

**9. 兴隆灌区**

兴隆灌区位于汉江干流和东荆河及四湖总干渠之间,通过兴隆闸和兴隆二闸从汉江引水灌溉。

**10. 东荆河灌区**

东荆河灌区为四湖总干渠以北的洪湖、监利所辖范围,另有仙桃东荆河的部分范围。该区通过分散的闸站从东荆河或四湖总干渠引提水灌溉。

### 11. 谢湾灌区

谢湾灌区位于东荆河以东、泽口闸干渠以西，属潜江所辖范围，通过谢湾闸从汉江自流引水灌溉。

### 12. 泽口灌区

泽口灌区包括仙桃和潜江的部分范围，主要通过泽口闸从汉江自流引水灌溉，另有分散的闸、站从汉江引提水补充水源。

### 13. 沉湖灌区

沉湖灌区主要包括"沉湖"农场及汉川的部分范围，通过分散的闸站从汉江引提水灌溉。

### 14. 汉川二站灌区

汉川二站灌区（三河连江灌区）包括孝感的孝南、云梦、应城、汉川及武汉的东西湖部分范围，主要通过汉川二站从汉江提水灌溉。

### 15. 江尾提水灌区

江尾提水灌区包括汉川的江南部分、仙桃杜家台分洪道的以东部分及武汉的蔡甸、汉南、东西湖的全部或部分范围。其中，汉南及蔡甸的小奓湖和泛区是规划从汉江取水的扩大范围。该区主要通过分散的引提水工程从汉江或长江引提水灌溉。

### 16. 县级以上城市（区）及工业区

县级以上城市及工业区包括丹江口、老河口、襄阳城区、襄州区、宜城、谷城、沙洋、钟祥、天门、潜江、仙桃、孝感、汉川、蔡甸区、东西湖区、江岸区、硚口区、江汉区、汉阳区及钟祥的胡集工业区。

汉江中下游地区供水范围内用水主要为农业灌溉、工业、城乡生活用水（含城市环境用水），以及航运和河道生态用水。航运与生态用水不消耗水量。根据南水北调中线规划修订成果，汉江中下游地区供水范围内多年平均需水总量，见表3.2.1。

表 3.2.1　汉江中下游地区供水范围需水量表　　　　　　　　（单位：亿 m³）

| 水平年 | 农业需水 | 工业需水 | 生活需水 | 其他需水 | 合计 |
|---|---|---|---|---|---|
| 1997 年基准年 | 81.41 | 33.9 | 8.7 | 3.3 | 127.31 |
| 2010 年水平年 | 85.0 | 47.8 | 13.4 | 4.87 | 151.07 |

当地径流总可供水量1997年基准年、2010年水平年分别为23.81亿 m³、33.29亿 m³。

1997年基准年、2010年水平年多年平均需汉江干流补充的总水量分别为103.5亿 m³、

117.78 亿 m³。不同水平年和不同保证率多年平均需汉江干流补充的水量详见表 3.2.2。

表 3.2.2　汉江中下游地区用水范围供需平衡表　　　　　　（单位：亿 m³）

| 水平年 | 需水 | | | | 当地径流供水 | | | | 需引汉江水 | | | |
|---|---|---|---|---|---|---|---|---|---|---|---|---|
| | 多年平均 | P=50% | P=85% | P=95% | 多年平均 | P=50% | P=85% | P=95% | 多年平均 | P=50% | P=85% | P=95% |
| 1997 年基准年 | 127.31 | 127.2 | 144.55 | 164.03 | 23.81 | 22.92 | 23.96 | 18.7 | 103.5 | 104.28 | 120.59 | 145.33 |
| 2010 年水平年 | 151.07 | 150.4 | 168.80 | 184.82 | 33.29 | 34.34 | 31.71 | 26.47 | 117.78 | 116.06 | 137.09 | 158.35 |

## 3.2.2　汉江中下游水资源调控研究

### 1. 闸站引水

汉江中下游干流供水范围的缺水由沿岸取水设施取水补充。据湖北省发展计划委员会、湖北省水利厅、湖北省住房和城乡建设厅、水利部长江水利委员会 1992 年联合调查，沿干流共有城镇水厂和工业自备水源 216 座（含部分居民取水点），农业灌溉引提水闸站 241 座，总引提水能力约 1 060 m³/s，总装机容量约 103 MW。其中，较大的灌区有罗汉寺灌区、兴隆灌区、谢湾灌区、泽口灌区、汉川二站及从东荆河取水的闸站群组成的东荆河灌区。

引水闸和提水泵站要求汉江干流维持一定的水位、流量，才能满足供水设计保证率的要求。

### 2. 环境与航运用水

**1）环境用水**

汉江中下游为经济发达地区，人口稠密，工、农业生产发达，且造成"水华"事件发生的氮、磷含量常常起因于面源污染，因此汉江中下游河道维持必要的流量对保护生态环境非常重要。据分析，在污染物不增加的前提下，当沙洋段维持 500 m³/s 流量时，可以使调水后发生"水华"的概率不超过调水前。因此，沙洋段流量在 2～3 月控制不小于 500 m³/s。

**2）航运用水**

汉江是一条通航河流，汉江中下游航道均位于湖北境内。

丹江口大坝—襄阳段 113.8 km 有滩群 10 处，滩点 26 个，枯水期水浅、流急碍航。襄阳—皇庄段 136 km，为国家"八五"计划期间重点整治的航道，通过整治，河势得到控制,浅滩水深、航宽、曲率半径普遍增加,达到 500 t 级航道标准。皇庄—兴隆段 105 km 在兴隆水利枢纽建成后,有 60 km 航道位于库区,可达到规划的航道标准。兴隆—汉口段 274 km,上段为弯曲型河道,下段为蜿蜒型河道,大部分河段已基本被护岸工程控制,河势稳定,本段可由引江济汉工程补水。

考虑适当予以改善,丹江口水库下泄最小流量除特枯年份一般为 490 m³/s,襄阳—泽口段最小流量一般为 500 m³/s,泽口—汉口段保证最小流量为 300 m³/s。

### 3. 汉江中下游干流分段调控目标

根据汉江中下游河道内、河道外需水要求,提出丹江口水库下泄汉江中下游分段调控目标,以此作为丹江口水库调度的依据。

分段调控目标:

$$Q(i,j) = \max(Q_s(i,j), Q_n(i,j) + Q_w(i,j)) - Q_支(i,j) - Q_回(i,j)$$

式中:$i$ 为计算时段;$j$ 为计算断面;$Q_w$ 为河道外需水;$Q_n$ 为河道内需水;$Q_s$ 为河道外需水取水位对应的流量,$Q_s = f(Q_w)$;$Q_支$ 为支流及区间来水;$Q_回$ 为回归利用水。

考虑支流及区间来水后,以各航段要求的最小通航流量或河道生态流量,加上河道外取水要求的水位对应的汉江流量为各河段调控的目标。

汉江中下游兴建兴隆水利枢纽,同时兴建引江济汉工程,2010 年水平年丹江口水库多年平均下泄水量约 163 亿 m³。

## 3.2.3　水资源调控措施总体布局

汉江中下游地区需要丹江口水库补偿下泄的流量除与水资源条件、用水水平有关外,还与调控工程布局密切相关。

在现状工程条件下,丹江口水库下泄流量如全部满足汉江中下游的水量、水位、水深要求,汉江中下游河道内需维持较大的流量,如罗汉寺灌区达到设计流量时,要求汉江流量不小于 1 500 m³/s,兴隆灌区达到设计流量时,要求汉江流量不小于 1 260 m³/s,泽口灌区达到设计流量时,要求汉江流量不小于 1 245 m³/s,谢湾灌区达到设计流量时,要求汉江流量不小于 1 750 m³/s,东荆河灌区在汉江流量达到 880 m³/s 时才开始分流。上述条件即使是现状也很难满足。

为优化汉江水资源配置,妥善协调北调水量与汉江中下游用水的矛盾,加强汉江中下游水资源调控能力,结合汉江干流综合利用规划,提出了"蓄补相济,江湖联调,共水通航,借道撇洪"的水资源调控布局,与南水北调中线同步实施水资源调控工程、兴隆水利枢纽和引江济汉工程,远期实现汉江中下游兴隆以上梯级渠化。

汉江中下游水资源调控措施总体布局示意见图 3.2.1。

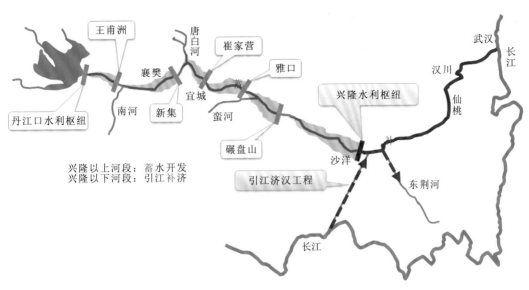

图 3.2.1　汉江中下游水资源调控措施总体布局示意图

　　兴隆水利枢纽和引江济汉工程的建设既可有效增加中线工程可调水量，又对促进当地经济社会可持续发展发挥资源优化配置的作用。在水资源调控上，兴隆以上以蓄为主，抬高水位，保障两岸取水水位及通航要求，兴隆以下通过引长江水补济汉江下游，补充因南水北调中线调水减少的水量，达到"蓄补相济"的水资源调控目标。

## 3.3　汉江中下游治理工程规划

　　为减少调水对汉江中下游的不利影响，提高汉江水资源有效利用率和改善中下游生态环境，确定汉江中下游近期实施的治理工程项目为建设兴隆水利枢纽、引江济汉工程、部分闸站改（扩）建和局部航道整治，远期再考虑逐步实现梯级渠化。

### 3.3.1　兴隆水利枢纽规划

　　兴隆水利枢纽是汉江干流渠化梯级规划中的最下一级，位于湖北天门（左岸）和潜江（右岸），为季节性低水头拦河闸坝，正常蓄水位 38 m（吴淞高程），过船吨位 500 t，水库回水衔接碾盘山枢纽，属平原河槽型水库。河道弯曲，坡降平缓。库区回水河段涉及湖北省的荆门、潜江、天门、京山及"沙洋"农场的部分地区。

　　兴隆水利枢纽的主要目的为壅高水位、增加航深，以改善回水区的航道条件，提高罗汉寺闸、兴隆闸及规划的王家营灌溉闸和两岸其他水闸泵站的引水能力，保障汉北和兴隆灌区长远发展的需要。

## 3.3.2　引江济汉工程规划

引江济汉工程是从长江干流向汉江和东荆河引水，补充兴隆—汉口段和东荆河灌区的流量，以改善其灌溉、航运和生态用水要求。渠道设计引水流量 350 m³/s，最大引水流量 500 m³/s；东荆河补水设计流量 100 m³/s，加大流量 110 m³/s。工程自身还兼有航运、撇洪功能。引江济汉工程通过从长江引水可有效减轻汉江中下游仙桃段"水华"发生的概率，改善生态环境。

干渠渠首位于荆州李埠龙洲垸长江左岸江边，干渠渠线沿北东向穿荆江大堤，在荆州城西伍家台穿 318 国道、在红光五组穿宜黄高速公路后，近东西向穿过庙湖、荆沙铁路、襄荆高速公路、海子湖后，折向东北穿拾桥河，经过蛟尾北，穿长湖，走毛李北，穿殷家河、西荆河后，在潜江高石碑北穿过汉江干堤入汉江。

干渠全长 67.1 km，进口渠底高程 26.5 m，出口渠底高程 25.0 m，干堤渠底纵坡 1/33 550，渠底宽 60 m。渠道在拾桥河相交处分水入长湖，经田关河、田关闸入东荆河。

工程引水直接受益范围包括 10 个城市（区）（潜江、仙桃、汉川、孝感、东西湖区、蔡甸区、江岸区、硚口区、江汉区、汉阳区）和 6 个灌区（谢湾灌区、泽口灌区、东荆河灌区、江尾引提水灌区、沉湖灌区、汉川二站灌区）。

## 3.3.3　部分闸站改（扩）建规划

汉江中下游干流两岸有部分闸站原设计引水位偏高，汉江中低水位时引水困难，需进行改（扩）建，据调查分析，有 14 座水闸（总计引水流量 146 m³/s）和 20 座泵站（总装机容量 10.5 MW）需进行改（扩）建。

## 3.3.4　局部航道整治规划

汉江中下游不同河段的地理条件、河势控制及浅滩演变有着不同特点。近期航道治理仍按照整治与疏浚相结合、固滩护岸、堵支强干、稳定主槽的原则进行。

# 第4章

---

# 中线工程运行调度

## 4.1 中线工程水资源调度

### 4.1.1 水量调度原则

（1）水量调度服从防洪调度。

（2）中线一期工程水量调度应与汉江流域水资源统一调度相协调，区域水资源调度服从流域水资源统一调度。

（3）水量调度统筹协调水源区、受水区和汉江中下游用水，不损害水源区原有的用水利益。

（4）统筹配置中线一期工程供水与受水区当地水资源，加强水资源和生态环境保护，严格控制地下水开采。

### 4.1.2 水量调度计划的编制

中线一期工程水量年调度计划包括年度及各月供水量。

长江水利委员会统筹丹江口水库上游来水预测、水库蓄水量和本流域水资源供需情况提出陶岔年度可调水量，于每年 10 月 15 日前报送国务院水行政主管部门，并抄送有关省（直辖市）人民政府、流域管理机构和中线一期工程相关管理单位。

受水区各省（直辖市）水行政主管部门根据陶岔年度可调水量及本省供用水情况提出本省（直辖市）年度用水计划建议。湖北省水行政主管部门会同有关部门提出汉江中下游及清泉沟的年度用水计划建议，于每年 10 月 20 日前报送国务院水行政主管部门和水量调度计划编制单位，并抄送有关流域管理机构和中线一期工程相关管理单位，同时提交用水量分析报告。各省（直辖市）年度用水计划建议按分水口门申报。

年度水量调度计划编制单位将各省（直辖市）用水计划建议转换成陶岔水量后，当各省（直辖市）用水计划建议小于等于年度分配水量时，按用水计划建议分配；当各省（直辖市）用水计划建议大于年度分配水量时，按年度分配水量分配。

每年 10 月下旬，根据陶岔年度可调水量和各省（直辖市）申报的年度用水计划建议，国务院水行政主管部门组织有关单位编制年度水量调度计划。

年度水量调度计划由国务院水行政主管部门征求有关部门意见后审批下达。年度水量调度计划如需变更，按原审批程序报批。

## 4.1.3　水量调度计划的执行

中线一期工程水量调度计划由丹江口水库运行管理单位和中线总干渠管理单位具体实施。

各省（直辖市）用水需求出现重大变化时，可按市场机制依照相关程序转让年度水量调度计划分配的水量。

丹江口水库运行管理单位和中线总干渠管理单位根据年度水量调度计划制订月水量调度方案，并于次月 10 日前将上月水量调度计划的执行情况报送国务院水行政主管部门。雨情、水情出现重大变化，月水量调度方案无法实施的，应当及时进行调整。

年度调度计划的执行情况应定期通报相关水行政、环境保护和交通运输主管部门。

## 4.1.4　水量应急调度

在丹江口水库、汉江、中线总干渠或受水区等发生可能危及供水安全的洪涝灾害、干旱灾害、水生态破坏事故、水污染事故、工程安全事故等突发事件时，通过水量应急调度，最大程度地减少突发事件的影响范围、程度及造成的损失，维护社会稳定。

中线一期工程所涉及的各级人民政府是应急工作的责任主体。

国家防汛抗旱指挥机构负责洪涝灾害和干旱灾害，环境保护主管部门负责水生态破坏事故和水污染事故，工程运行管理单位负责工程安全事故的应急处置工作，国务院其他有关部门在各自职责范围内做好上述应急事件处置的相关工作。

国家防汛抗旱指挥机构负责水量应急调度，国务院其他有关部门在各自职责范围内做好水量应急调度相关工作。有关流域和相关省（直辖市）的防汛抗旱指挥机构负责所辖流域和区域内水量应急调度。工程运行管理单位负责具体实施。

Ⅰ级由国家防汛抗旱总指挥部负责组织实施。

Ⅱ级由国家防汛抗旱总指挥部或其授权的部门负责组织实施。

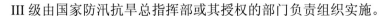

III 级由国家防汛抗旱总指挥部或其授权的部门负责组织实施。

IV 级由省级防汛抗旱总指挥部负责组织实施。

水量应急调度相关部门和单位应成立应急指挥机构，负责判别应急事件的级别、处置工作的启动、指挥协调、新闻发布和应急终止。

# 4.2　丹江口水库运行调度

## 4.2.1　基本资料

### 1. 丹江口水库入库系列

丹江口水库入库水量按 2010 年和 2030 年两个水平年计算，入库径流按实测资料并还原为天然径流后再扣除各规划水平年的上游耗水，系列为 1956 年 5 月~1998 年 4 月（以旬为时段）。

### 2. 汉江中下游需水及清泉沟、刁河需水

汉江中下游 1997 年基准年、2010 年水平年及 2030 年水平年需水量分别为 127.3 亿 m³、151.1 亿 m³、160.7 亿 m³。清泉沟主要为农业用水，2010 年水平年维持需水量 7 亿 m³，2030 年水平年考虑扩大灌溉范围（增加唐东灌区），年均需水 11 亿 m³。刁河灌区为农业用水，维持现状不变。汉江中下游与清泉沟、刁河灌区需水系列同为 1956 年 5 月~1998 年 4 月。

### 3. 受水区调蓄水库的来水过程

受水区各调蓄水库的入库径流过程为 1956 年 5 月~1998 年 4 月（以旬为时段），其过程均已还原，并按上游新的产汇流条件重新计算天然入库过程，扣除上游规划水平年的耗水即得水库入流过程。

## 4.2.2　丹江口水库运行调度原则

### 1. 泄洪设备运用方式

2003 年 10 月长江勘测规划设计研究院委托长江科学院进行了丹江口大坝加高工程水工整体模型试验。2004 年 5 月，长江科学院提交了《丹江口水利枢纽大坝加高工程 1：100 水工整体模型试验研究报告》。泄洪调度试验表明：中小流量宜采用深孔仅开启

远离自备电站尾水的 8～2 孔，可显著减轻对自备防汛电站的不利影响；大流量时以坝下冲刷深度较轻的泄洪方式运行，保证大坝安全。此外，泄洪运行时应密切注意闸门启闭顺序，防止水舌直接冲击在中隔墙或厂坝导墙上，为此溢流坝段设计时对 24 坝段边孔的侧墩体形进行了调整，以避免水流冲击电站厂房。根据试验研究成果，拟定深孔、表孔泄洪运用方式如下：

（1）先开深孔，再表孔。开启表孔顺序，先应用 14～17 坝段诸表孔，当遭遇 1 000 年一遇左右洪水 8～17 坝段泄洪能力不够时，才启用 19～24 坝段表孔。

（2）开启 19～24 坝段诸表孔的顺序应保证电厂（包括导水墙）的安全，并减少尾水渠回流淤积，二者不能兼顾时，首先保证电厂安全。

（3）运用深孔泄洪，应注意对自备防汛电厂安全运行的不利影响，其临近该电厂的部分深孔，不宜过早启用。

（4）深孔、表孔均不做局部启闭，采用一个孔全开、全关的方式调节泄量及库水位。

## 2. 防洪调度

在汛期，水库不发生洪水时，库水位不得超过防洪限制水位，防洪限制线为：5 月 1 日起，库水位逐渐降低，6 月 20 日降至 160 m，6 月 21 日至 8 月 20 日为 160 m，8 月 21 日至 9 月 1 日由 160 m 向 163.5 m 过渡，9 月 1 日至 9 月 30 日为 163.5 m，10 月 1 日至 10 月 10 日起可逐步充蓄至 170 m。发生洪水时，按既定的洪水调度原则调洪，洪水过后，库水位应消落至防洪限制水位，腾空防洪库容。

## 3. 兴利调度

加大供水区：当库水位达到防洪限制水位时，陶岔渠首按最大过水能力供水，清泉沟按需引水，如还有余水，水电站按预想出力发电。

保证供水区：防洪调度线以下，降低供水线以上（调度线 1），陶岔渠首按设计流量供水，清泉沟、汉江中下游按需水要求供水。

降低供水区：在降低供水线与限制供水线（调度线 2）之间，为使调水更加均匀，该区分为降低供水区 1 和降低供水区 2，陶岔渠首引水流量分别按 300 m³/s、260 m³/s 考虑。限制供水区：限制供水线（调度线 2）与极限消落水位之间的供水区，陶岔引水流量 135 m³/s。设置这一区域的目的是使特枯水年供水不遭大的破坏。

为体现水源区优先并兼顾北方供水区的需要，特枯水年份采取了以下措施：当丹江口库水位低于 150 m，来水大于 350 m³/s 时，下游按需水的 80% 供水，但下泄流量不小于 490 m³/s。

当库水位低于 150 m，且来水小于 350 m³/s 时，下泄流量按 400 m³/s 控制。

丹江口水利枢纽后期规模水库调度图见图 4.2.1。

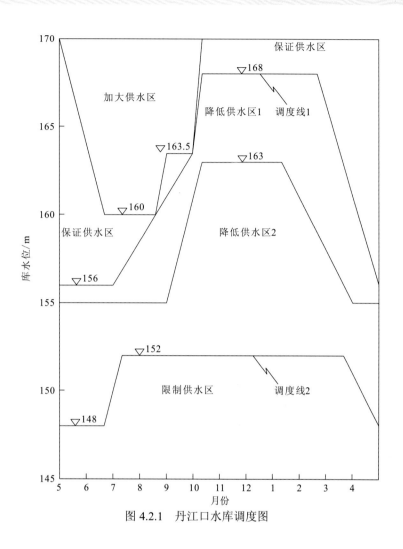

图 4.2.1 丹江口水库调度图

# 4.3 总干渠运行调度

## 4.3.1 总干渠水流控制

为了有效进行控制，总干渠上规划有 60 余座节制闸，并采用闸前常水位控制方式。因此，利用现代技术进行集控，保证总干渠对需水变化做出快速响应，满足实时供水要求，使丹江口水库可以按需调度，是保证北调水与当地水源联合运用的基本条件之一。典型的渠道节制闸控制系统如图 4.3.1 所示。

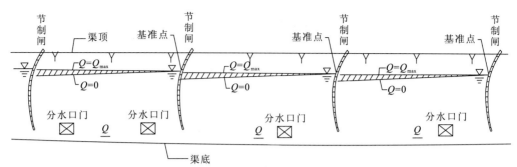

图 4.3.1　渠道节制闸控制系统示意图

$Q$ 为渠道过流流量；$Q_{max}$ 为渠道最大过流流量

## 4.3.2　总干渠供水调度

中线工程供水调度分为正常调度和非常调度两类：正常调度即按计划执行的日常供水调度；非常调度则为紧急情况或事故情况下的调度。

中线工程正常调度分两个步骤进行：确定供水计划；执行供水计划。

（1）确定供水计划。即确定各分水口门的供水量或供水过程。受水区用户可以根据当地水源情况拟定未来的需水计划，上报调度中心。调度中心根据收集的用户计划、丹江口水库的蓄水及预报来水，由水量配置模型安排各分水口门的供水计划。

（2）执行供水计划。根据各分水口门的供水计划，确定各渠段的输水流量；按总干渠的输水调度规则，拟定节制闸的启闭程序，调整各节制闸和分水闸的开度，将指令发送到各节制闸现地控制室执行，使分水口收到当天分配的供水量。

总干渠正常输水调度的闸门控制规则如下。

（1）节制闸调度规则。下游常水位运行方式要求渠段下游节制闸前的水位维持在某一允许范围内。选取各节制闸前的设计水位作为本渠段下游的常水位，调度过程中保持节制闸前的水位在设计水位附近。闸门调控过程中，按多级开启（或关闭）的操作方式将闸门开启（或关闭）到最终开度，保证水位波动在一定范围内，控制渠道水位下降速率不超过 0.15 m/h、0.30 m/d。

（2）分水闸的调度规则。分水口门的设计流量小于 10 m³/s 时，其分水流量的变化对总干渠的水位波动影响有限。因此，该类分水口门可以根据其分水要求开启（或关闭）分水闸。设计流量大于 10 m³/s 的分水口门，分水流量的改变必须分级调整。按多级开启（或关闭）的操作方式将分水闸开启（或关闭）到最终开度。

中线工程的非常调度情况有如下几个方面。

（1）渠道局部检修。当渠道局部段损坏或衬砌破坏，则可以采用水下施工的办法或其他措施进行检修，不停水，但渠道输水能力会受到一定影响。

（2）计划停水检修。若要停水对渠道实施检修。检修前需要制订详细的检修计划，

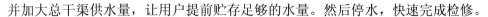

并加大总干渠供水量，让用户提前贮存足够的水量。然后停水，快速完成检修。

（3）突发事故。对各种突发事故进行研究和分析，制定相应的处理预案。发生重大事故后，应关闭事故段前后节制闸，对总干渠其他段按预案处理。当渠道发生事故后，关闭事故渠段前后的节制闸，同时打开本渠段的退水闸，尽快将渠段内的水退出，并实施检修。

# 第 5 章

## 中线工程效益

## 5.1 工程预期效益

南水北调中线工程的规划目标是解决华北地区城市的缺水问题，缓和城市挤占生态与农业用水的矛盾，基本控制大量超采地下水、过度利用地表水的严峻形势，遏制生态环境继续恶化的趋势。中线一期的工程任务定位为以城市生活、工业供水为主，适当兼顾生态与农业用水；设计多年平均调水 95 亿 $m^3$，其中向河南南阳引丹灌区供水约 6 亿 $m^3$，其余约 89 亿 $m^3$ 供北京、天津、石家庄、郑州等 20 多座大中城市和 100 多个县（市）的生活与工业用水。规划阶段从支撑可持续发展战略、保障经济社会发展、改善生态环境等方面分析了中线一期工程的综合效益。

### 5.1.1 支撑可持续发展战略

随着人口增长和经济社会的快速发展，我国水资源短缺矛盾日益严重，在许多地区已成为经济社会发展的制约因素。2000 年，我国出现了中华人民共和国成立以来最严重的干旱，严重影响了工农业生产和人民生活。在这场持续的大旱中，华北平原的旱情尤为严重，天津不得不紧急采取引黄济津措施来临时解决水供应问题。因此，如何以水资源的可持续利用保障经济社会的可持续发展是当前我国迫切需要解决的重大问题。

实施南水北调中线工程是解决北方地区资源性缺水问题的战略措施，通过在全国范围内合理配置水资源，将南方地区的水资源优势转化为经济优势，以水资源的优化配置支持北方缺水地区经济社会的可持续发展，从而支持全国经济社会的可持续发展。

### 5.1.2 保障经济社会发展

中线工程实施后，将对华北平原、汉江中下游地区和水库淹没区的经济社会发展产生深远影响。

### 1. 缓解华北平原区域性缺水状况

改善受水区生产条件，促进工业基地的建设和发展。受水区蕴藏着丰富的能源资源和矿产资源，是全国铁路、公路密度最大的地区之一，综合运输能力强，是理想的能源、原材料工业生产基地。中线工程实施后，水资源条件得到改善，将促进老工业基地的改造和发展，发挥传统工业的优势和潜力，促进生产力布局的合理调整，并建设、发展新的工业基地，实现区域经济持续、快速、健康发展。

改善城市供水条件，提高受水区人民生活质量。目前，受水区城市人均生活用水量低于发达国家水平，很多城市还低于全国平均水平，有的城市甚至不到全国城市人均用水量的三分之一。随着人口的增加、人民生活质量的提高，城市生活用水缺口还将扩大。中线工程实施后，为受水区提供优质水，提高城市居民的生活质量。

增强受水区农业发展后劲。华北平原具有发展农业的有利自然条件，是我国小麦、棉花、油料和烟草等多种经济作物的重要产区。由于城市用水不合理，挤占农业用水现象日趋严重，农业生产长期受干旱缺水的威胁和影响，农业优势得不到发挥。中线工程实施后，可不继续挤占农业用水，甚至可将原来城市挤占农业的水量转还给农业，解决农业用水不足问题，增强受水区农业发展后劲。

### 2. 为汉江中下游地区经济发展创造条件

丹江口大坝加高后，可提高汉江中下游的防洪标准，由现状遇 20 年一遇以上洪水就需分洪，提高到遇 1935 年洪水（约 100 年一遇）基本不分洪，江汉平原和武汉的安全得到保障。汉江中下游近期兴建兴隆水利枢纽、引江济汉工程、部分闸站改（扩）建等，可基本满足汉江中下游工农业、航运、生态环境等的用水需求。实施中线工程，采取上述工程措施后，不仅可以消除调水带来的不利影响，而且可以为本地区的经济社会发展创造条件，促进该地区经济社会的可持续发展。

### 3. 为丹江口水库周边地区脱贫解困带来机遇

丹江口大坝加高，将增加水库淹没移民 24.95 万人，淹没耕园地 23.43 万亩，对库区经济发展会造成一定的不利影响。但是采取以外迁安置为主的方式，实行开发性移民措施，可以较好地解决移民安置问题，促进和改善水库周边地区与移民安置区的产业结构调整，有利于库区经济社会的建设和发展。通过合理规划和妥善安排，可以从根本上解决丹江口库区长期以来遗留的老移民问题，有利于库区尽早摆脱贫困状态。

## 5.1.3  改善生态环境

缺水不仅影响经济社会发展和环境质量，而且影响人民身体健康和社会安定。中线工程实施后，受水区将减少对地下水的开采，大大改善受水区的水环境，将为受水区经济、社会和环境协调发展创造良好的条件。

丹江口大坝加高后，可提高汉江中下游的防洪能力，增加河道枯水期泄流量，改善枯水期水质；但水库淹没和移民将给环境带来一定的不利影响。

## 5.2 工程实际效益

### 5.2.1 调水量逐年提升，达效明显加速

自 2014 年 12 月中线一期工程通水以来，总干渠输水规模逐渐增加，从 2014~2015 年总供水量 18.66 亿 $m^3$ 逐步增至 2019~2020 年分水口门和退水闸总供水量 86.22 亿 $m^3$（含生态补水量 24.03 亿 $m^3$），首次超过中线一期工程规划的分水口门多年平均供水规模 85.4 亿 $m^3$，标志着工程运行 6 年即实现了达效。在不考虑生态补水条件下，北京和天津自 2015~2016 年实际供水量已超分水水量，多年平均分水口门供水量 9.83 亿 $m^3$ 和 9.34 亿 $m^3$，分别达中线一期工程分配水量的 78%和 98%，且北京将中线北调水存蓄到密云水库，提高了首都供水保障能力；河南和河北用水指标逐年增加，2019~2020 年两省分水口门供水量（不含生态补水）约占中线一期分配水量的 60%。一期工程各省（直辖市）历年分水口门和退水闸供水量统计见表 5.2.1。南水北调中线一期工程历年城镇供水量和生态补水量如图 5.2.1 所示。

表 5.2.1  一期工程各省（直辖市）历年分水口门和退水闸供水量统计表  （单位：亿 $m^3$）

| 水量 | | 河南 | 河北 | 天津 | 北京 | 小计 |
|---|---|---|---|---|---|---|
| | 规划水量 | 35.9 | 30.4 | 8.6 | 10.5 | 85.4 |
| 供水量 | 2014~2015 | 7.38 | 0.83 | 3.34 | 7.11 | 18.66 |
| | 2015~2016 | 13.45 | 3.57 | 9.12 | 11.05 | 37.19 |
| | 2016~2017 | 17.11 | 7.32 | 10.41 | 10.32 | 45.16 |
| | 2017~2018 | 24.05 | 22.42 | 10.43 | 12.1 | 69.00 |
| | 2018~2019 | 24.23 | 22.37 | 11.02 | 11.53 | 69.15 |
| | 2019~2020 | 29.96 | 36.51 | 12.91 | 6.84 | 86.22 |
| | 合计 | 116.18 | 93.02 | 57.23 | 58.95 | 325.38 |

注：表中各省（直辖市）供水量包括生态补水量。

图 5.2.1　南水北调中线一期工程历年城镇供水量和生态补水量

## 5.2.2　受水区居民生活用水质量大幅提高

丹江口水库水质优良。通过浪河口下、坝上、丹江口水库中心、陶岔等主要断面的监测数据分析，综合评价各月水质，它们均达到 I～II 类。根据输水总干渠水质监测断面陶岔、姚营、程沟、方城、沙河南、兰河北、新峰、苏张、郑湾、穿黄前、穿黄后、纸坊河北、赵庄东南、西寺门东北、侯小屯西、漳河北、南营、侯庄、北盘石、东淢、大安舍、北大岳、蒲王庄、柳家佐、西黑山、霸州、王庆坨、天津外环河、惠南庄、团城湖等 30 个断面的监测数据，综合评价各月水质，它们为 I～II 类，稳定在 II 类以上。

由于中线调水水质优良，在沿线城市生活用水中的比重越来越大，北调水占受水区配置后城市各类水源总供水量的比例高达 60% 以上，极大地改善了居民的生活用水品质。北京自来水硬度由通水前的 380 mg/L，降为通水后的 120～130 mg/L，河北 400 多万人告别了高氟水、苦咸水的历史。

## 5.2.3　有效保障受水区供水安全

### 1. 为实施国家战略提供可靠的水资源

黄淮海流域总人口 4.4 亿人，生产总值约占全国的 35%，在国民经济格局中占有重要地位。截至 2022 年 7 月中线一期工程累计向黄淮海流域调水超 500 亿 m³，缓解了该区域水资源严重短缺的问题，为京津冀协同发展、雄安新区建设、黄河流域生态保护和高质量发展等重大战略的实施及城市化进程的推进提供了可靠的水资源。

## 2. 优化了受水区的水资源配置格局

中线一期工程通水后,北京、天津、石家庄等北方大中城市基本摆脱了缺水制约,有力保障了京津冀协同发展、雄安新区建设等重大国家战略的实施。北京北调水占主城区供水量的 70% 以上,实现了本地水与外调水相互调剂,输水线路"一纵一环"的新格局。天津北调水已成为 14 个市辖区居民的供水水源,实现了引江水和引滦水双保障。河南 37 个市县已用上北调水,其中郑州中心城区自来水 80% 以上为北调水,以南水北调中线工程、引黄工程等供用水工程为基础,打造了"一纵三横,六区一网"多功能现代水网。河北石家庄、邯郸、保定、衡水等城市的主城区北调水供水量占到 75% 以上,部分城市全部用上北调水,构筑了"一纵四横,引江水、黄河水、本地水三水联调"新格局。

## 3. 北调水已成受水区城市供水的主力水源

对 2019 年 6 月调研收集的资料进行分析、统计,受水区县、市、区行政区划范围内水厂总数为 430 座,北调水受水水厂 251 座,其中河南 89 座,河北 138 座,北京 20 座,天津 4 座。北调水受水水厂供水能力占受水区总水厂供水能力的 81%。受水区北调水受水水厂情况详见表 5.2.2。

**表 5.2.2 受水区北调水受水水厂供水能力占总水厂供水能力的比例**

| 省(直辖市) | 水厂情况 | | | | 北调水受水水厂供水能力占比/% |
| | 总水厂 | | 北调水受水水厂 | | |
| | 座数 | 现状设计日供水能力/万 t | 座数 | 现状设计日供水能力/万 t | |
| --- | --- | --- | --- | --- | --- |
| 河南 | 127 | 1 091 | 89 | 956 | 88 |
| 河北 | 248 | 1 105 | 138 | 880 | 80 |
| 北京 | 20 | — | 20 | — | — |
| 天津 | 35 | 392 | 4 | 250 | 64 |
| 受水区 | 430 | 2 588(不含北京) | 251 | 2 086(不含北京) | 81 |

受水区供水结构发生较大变化,当地地表水受水资源衰减、一期工程通水、归还生态与农业用水等影响,向生产、生活的供水量呈现减少变化。受水区中线工程北调水逐步发挥重要作用。

经调查统计,受水区 2018 年城市总供水量 112.6 亿 $m^3$,其中当地地表水供水量约为 12.1 亿 $m^3$,占比 11%;地下水供水量为 34.9 亿 $m^3$,占比 31%;引黄供水量约为 3.3 亿 $m^3$,占比 3%;再生水利用量为 14.2 亿 $m^3$,占比 12%;中线工程北调水向生活、工业供水量 48.1 亿 $m^3$(不含生态补水量和刁河灌区等供水量,并折算至水厂断面),占比达到 43%,详见表 5.2.3。

表 5.2.3　2018 年受水区城市供水量

| 2018 年受水区 | 供水水源 | | | | | |
|---|---|---|---|---|---|---|
| | 地表水 | 地下水 | 引黄水 | 中线北调水 | 再生水 | 供水合计 |
| 实际供水量/亿 m³ | 12.1 | 34.9 | 3.3 | **48.1** | 14.2 | 112.6 |
| 占比/% | 11 | 31 | 3 | **43** | 12 | 100 |

## 5.2.4　有效遏制受水区地下水超采

河南受水区地下水位平均回升 0.95 m。其中，郑州局部地下水位最大回升 25 m，许昌局部地下水位最大回升 15 m，安阳局部地下水位最大回升 2.76 m，新乡局部地下水位最大回升 2.2 m。河北省受水区浅层地下水位平均回升 1.41 m；与 2019 年底相比，2020 年底浅层地下水位平均回升 0.52 m，深层地下水位平均回升 1.62 m。北京应急水源地地下水位最大升幅达 18.2 m，平原区地下水埋深与 2015 年同期相比平均回升 4.02 m，且地下水位呈持续回升趋势。天津受水区 2020 年与 2015 年同期相比，深层地下水水位累计回升约 3.9 m。

## 5.2.5　受水区生态环境明显改善

截至 2022 年 7 月，中线一期工程累计向受水区生态补水超 89 亿 m³，为河湖增加了大量优质水源，提高了水体的自净能力，增加了水环境容量，在一定程度上改善了河流水质。2018 年 9 月～2019 年 12 月，中线工程对滹沱河、滏阳河和南拒马河 3 条试点河段进行了生态补水，累计补水超过 12 亿 m³。试点河段补水期间，河流恢复了基本功能，水质得到了明显改善。2020 年将补水河湖扩展到 21 条（个），1～6 月中线工程为华北地区河湖补水 10.27 亿 m³。截至 2020 年 10 月，21 条（个）河湖 75 个水质监测断面中，Ⅲ 类及以上水质比例达到 49%。中线一期工程累计向白洋淀补水近 13 亿 m³，入淀水质由劣 Ⅴ 类提升至 Ⅱ 类。

## 5.2.6　汉江中下游治理成效显著

1. 四项治理工程成效

汉江中下游兴隆水利枢纽、引江济汉工程、部分闸站改（扩）建和局部航道整治四项治理工程均于 2014 年建成并投入运行，目前运行平稳，在供水、航运、发电、防洪、改善水环境等方面发挥了积极作用。

截至 2022 年 10 月，兴隆水利枢纽累计发电 20.38 亿 kW·h；控制范围内灌溉面积由建设前的 196.8 万亩增加到现状的 300 余万亩,灌溉水源保证率基本达到 100%;改善汉江航道 76 km,将 500 t 级航道提高至 1 000 t 级,累计通航船舶 81 356 艘次,实际载货量 4 012 万 t,货运量呈迅猛发展态势,航运效益显著。

截至 2023 年 4 月 27 日,引江济汉工程建成以来累计引水量突破 300 亿 m³,使汉江沙洋—武汉段流量有所增加,同时向长湖和东荆河补水,提高了长湖和东荆河水生态环境容量,并相机向荆州进行了生态补水。汉江下游 7 个人口密集的城区和 6 个灌区直接受益,惠及 645 万亩耕地和 889 万人口。引江济汉工程连通了长江和汉江航运,缩短了荆州与武汉间航程约 200 km,缩短荆州与襄阳间航程约 680 km;建成 9 年通航船舶 5.4 万艘次,船舶总吨 4 210 万 t。同时,引江济汉工程渠顶一侧建成限制性二级公路,极大方便了沿线人民群众的出行。此外,2016 年和 2020 年汛期,利用引江济汉工程实现长湖向汉江的撤洪,极大地缓解了长湖的防汛压力。

部分闸站改(扩)建工程恢复并改善了由中线调水引起的水位下降的各闸站的灌溉水源保证率,改善了沿岸农业灌溉供水条件。其中,东荆河倒虹吸工程将谢湾灌区 30 万亩农田灌溉调整为自流灌溉,使潜江自流灌溉面积达 90%以上。徐鸳口泵站承担着仙桃、潜江共 180 万亩农田的灌溉任务,多次在抗旱排涝的关键时刻发挥了重要作用。

局部航道整治工程的整治范围为丹江口至汉川 574 km 航道,建设规模为 IV 级航道,其中丹江口—兴隆段按照 500 t 级标准建设,兴隆—汉川段结合交通运输部门规划实施 1 000 t 级航道整治工程。通过局部航道整治和引江济汉工程连接长江航运,形成环绕江汉平原、内连武汉城市圈的千吨级黄金航道圈,通航条件改善明显,水运物流迅猛发展,有力助推了湖北社会经济的高质量发展。

### 2. 汉江中下游生态环境保护成效

水污染防治。截至 2018 年底,汉江中下游先后完成了襄阳、荆门、仙桃和武汉等市 31 座城镇污水处理厂的建设,污水处理规模合计约 206 万 t/d;实施了荆门东宝区革集河、竹皮河、老河口苏家河、南漳便河、沙洋龙滩河、襄阳青龙冲、黑清河、宜城黑石沟、钟祥长寿河等 19 个小流域的综合治理。随着治污措施的逐步落实,以及"水十条"的实施,汉江中下游水质总体向好,2017~2019 年付家寨、闸口、皇庄、仙桃等主要断面的各月水质稳定在 II~III 类,并以 II 类为主。

水生态保护。为加强汉江中下游水生生物保护,兴隆水利枢纽鱼道工程与枢纽主体工程同步建设,并于 2013 年 11 月完工,鱼类增殖放流站于 2014 年 12 月完工。2016 年起,连续开展鱼类增殖放流活动,制订了完整、可行的鱼苗采购、养殖、检疫、放流流程,并编制了《人工增殖放流管理制度》,增殖放流管理运行有序,效果良好。2015 年,湖北编制了《湖北省汉江干流丹江口以下梯级联合生态调度方案(试行)》,2018 年 6 月丹江口水库利用腾库迎汛的时机加大下泄流量,在崔家营—兴隆水利枢纽段营造了两次 3 天以上的涨水过程,较好地促进了汉江中下游产漂流性卵鱼类的自然繁殖。

水资源保护。丹江口大坝加高运行后,汉江中下游枯水流量有所增加,叠加引江济汉工程的补水作用,汉江中下游生态流量的保障程度有所提高。根据 2011 年 1 月~

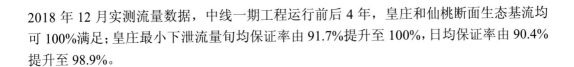

2018 年 12 月实测流量数据，中线一期工程运行前后 4 年，皇庄和仙桃断面生态基流均可 100% 满足；皇庄最小下泄流量旬均保证率由 91.7% 提升至 100%，日均保证率由 90.4% 提升至 98.9%。

## 5.2.7　丹江口水库生态环境得到保障

### 1. 水污染防治和水土保持

丹江口水库库区及上游水污染防治和水土保持规划实施以来，落实了一系列水污染防治和水土保持措施。2010 年以前进行了 690 个小流域治理和 53 个工业点源治理，建设了 19 个污水处理厂、8 个垃圾处理场、6 个生态农业区等。"十二五"计划期间，丹江口水库库区及上游污水和垃圾处置设施覆盖县级与水库周边重点乡镇，关停污染严重的企业 500 多家，取缔"十小"企业千余家，重污染企业基本关停或实现达标排放。"十三五"规划期间，实施工业污染防治项目 26 项，新增城镇污水处理能力 52 万 t/d，提高改造污水处理能力 65 t/d，新增垃圾和污泥处理能力 8 000 t/d，新增农村环境综合整治建制村 1 052 个，综合治理水土流失面积 3 210 km$^2$。丹江口水库库区及上游水污染防治和水土保持规划的实施，极大地促进了水源区的生态建设，使丹江口水库水质稳定维持在 I～II 类，主要支流天河、竹溪河、堵河、官山河、浪河和滔河等的水质基本稳定在 II 类，剑河和犟河水质分别由 IV～劣 V 类改善至 II～III 类，保障了南水北调中线工程的水源安全。

### 2. 水源保护区划分

2015 年，湖北和河南先后拟定了丹江口水库湖北辖区与河南辖区饮用水水源保护区划分方案，划定进行一、二级保护区和准保护区范围，并进行了水源保护区安全保障达标建设。河南省划定丹江口水库饮用水水源一、二级保护区总面积 300 km$^2$，在辖区内设立界标 52 个、交通警示牌 26 个、宣传牌 72 个，在保护区边界建设围网 4.6 万 m、禁航标志 6 000 m。湖北省将丹江口市第二水厂取水口上游 2 500 m 到丹江口水库与河南交界处 170 m 正常蓄水位以下水域划分为二级保护区，建设物理隔离栅 2 100 m，对取水口周边岸线环境进行了整治，对取水口周边 167 m 水位以下进行了清理，进行了裸露山体的绿化覆盖。

### 3. 水生态保护

为保护丹江口水库库区鱼类资源，2015 年 1 月完成了陶岔取水口闸前面积约 9 300 m$^2$ 的拦鱼网建设；拦鱼网的日常管理、维护和治理，以及闸上 150 m、闸下 300 m 管理范围内的禁渔等管理工作全面落实。2017 年 11 月，建成丹江口鱼类增殖放流站，2018 年 11 月正式运行。截至 2021 年 5 月，已实施 4 次人工增殖放流活动，放流四大家鱼、鳊类、鲂类、黄颡鱼、鳜类、鲴类等 13 个种类共计 275.75 万尾，在丹江口水库库区鱼类资源保护及水生态系统结构与功能恢复方面发挥了积极作用。

### 4. 生态补偿

2008 年，国家把南水北调中线工程水源区生态补偿纳入全国第一批重点生态功能区转移支付范围。中央财政在均衡性转移支付下进行国家重点生态功能区转移支付，初步建立了南水北调中线工程水源区的生态补偿机制。中线工程水源区生态补偿自 2008 年实施以来，涉及重点生态功能区和库区水环境、森林生态效益、湿地生态效益等方面，补偿范围不断扩大，资金不断增加，管理不断完善。截至 2017 年，湖北十堰累计获得生态补偿资金超过 60 亿元，主要用于丹江口水库库区农村民生、农村基础设施建设、污水处理和垃圾处理设施建设等社会公共事业。2014 年开始，北京对口帮助湖北十堰所下辖 9 个县（市、区）及神农架，支持精准扶贫、生态环保、公共服务、交流合作类项目的建设，十年来，累计对十堰投入资金 20.25 亿元，实施项目近 557 个，帮助十堰引进产业合作项目 52 个。生态补偿的实施为丹江口库区生态、经济社会的持续健康发展提供了强大支持。

## 5.2.8 汉江中下游防洪安全显著提升

丹江口大坝加高以后，充分发挥了拦洪削峰作用，有效缓解了汉江中下游的防洪压力。

2017 年 8 月 28 日开始，汉江流域发生了 6 次较大规模的降雨过程，最大入库洪峰流量 18 600 m³/s，水库实施控泄，出库流量最大为 7 550 m³/s，削峰率 59%，拦蓄洪量约 12.29 亿 m³，汉江中游干流皇庄水位最大降低 2 m 左右，避免了蓄滞洪区的运用，有效缓解了汉江中下游的防洪压力。

2021 年汉江再次遭遇明显秋汛，8 月 21 日开始，汉江上中游连续发生 8 次较大规模的降雨过程，受其影响，丹江口水库出现 7 次 10 000 m³/s 以上量级的涨水过程。汉江上游干支流控制性水库群拦蓄洪水总量约 145 亿 m³，其中丹江口水库累计拦洪约 98.6 亿 m³。通过水库拦蓄，平均降低汉江中下游洪峰水位 1.5～3.5 m，缩短超警天数 8～14 d，避免了丹江口以下河段超保证水位和杜家台蓄滞洪区的分洪运用。10 月 10 日 14 时，丹江口水库首次蓄至 170 m 正常蓄水位，汉江秋汛防御与汛后蓄水取得双胜利。

## 5.3 小结

南水北调中线一期工程建成通水以来，运行平稳，达效快速，基本实现了规划目标，综合效益显著。中线工程向沿线郑州、石家庄、北京、天津等 20 多座大中城市和 100

多个县（市）自流供水，并利用工程达效前总干渠富余输水能力相机向受水区河流生态补水，有效解决了受水区城市缺水问题，遏制了地下水超采和生态环境恶化的趋势。汉江水源区水生态环境保护成效显著，中线调水水质常年保持 I～II 类。丹江口大坝加高和汉江中下游四项治理工程在供水、航运、发电、防洪、改善水环境等方面发挥了积极作用，实现了"南北两利"。

# 第二篇

# 中线一期工程总体设计

# 第 6 章

---

# 水 源 工 程

## 6.1 丹江口大坝加高工程

### 6.1.1 工程建设过程

汉江丹江口水利枢纽是我国 20 世纪 50 年代开工建设、规模巨大的水利枢纽工程，位于湖北丹江口汉江干流上，初期工程具有防洪、发电、航运和灌溉等综合利用效益，是开发治理汉江的关键工程。

1958 年 4 月，中共中央政治局决定兴建丹江口水利枢纽工程，水利电力部随即下达设计任务书。1958 年 6 月，中共湖北省委受中央委托会同水利电力部及中共河南省委审查批准了长江流域规划办公室提出的《丹江口水利枢纽设计要点报告》，同年 9 月正式开工兴建。批准的工程规模为水库正常蓄水位 170 m（吴淞零点，下同），死水位 150 m；枢纽布置为河床混凝土溢流坝、坝后式水电站、河床混凝土坝，两岸以土石坝与岸边连接。水电站装机 735 MW。右岸预留通航建筑物位置，暂不兴建。工程开工后，根据国民经济发展需要，水电站装机容量增至 900 MW，通航建筑物工程同期兴建，采用升船机方案。

20 世纪 60 年代，开始研究并决定丹江口水利枢纽分期建设。长江流域规划办公室根据上级批准的初期规模，于 1965 年 5 月上报了《汉江丹江口水利枢纽续建工程初步设计报告》，拟定初期工程水库正常蓄水位 145 m，坝顶高程 152 m，后期规模水库正常蓄水位仍为 170 m。水利电力部审查后，为较充分利用水资源，湖北省人民委员会、水利电力部、长江流域规划办公室于 1965 年 8 月联合向国务院请示，建议将初期规模坝顶高程和水库正常蓄水位提高 10 m，即坝顶高程 162 m，水库正常蓄水位 155 m。1966 年 6 月，国务院批复同意该方案。此后，丹江口水利枢纽初期规模按批复的方案进行设计与施工。

初期工程 1967 年 7 月大坝开始拦洪，11 月下闸蓄水，1968 年 10 月第一台机组发电，

1973 年底丹江口水利枢纽初期工程全部建成。其中，河床混凝土坝水下部分按后期规模兴建，两岸混凝土坝及土石坝按初期规模建设。1975 年国家计划委员会根据湖北、河南两省用电需要，为尽量多蓄水发电，批准将丹江口水利枢纽正常蓄水位提高到 157 m。

丹江口水利枢纽初期工程运行三十多年，发挥了巨大的作用，取得了显著的经济效益及社会效益。由于国民经济的发展，特别是华北缺水局面日益紧迫，需要实施南水北调中线工程以补充华北地区水资源的不足。根据《南水北调中线工程规划（2001 年修订）》的审查意见，将水库正常蓄水位从 157 m 提高至 170 m，相应增加库容 116 亿 m³，需要加高丹江口大坝。大坝加高后，工程任务调整为防洪、供水、发电、航运等综合利用，通过优化调度，可提高汉江中下游防洪能力，扩大防洪效益，近期（2010 年水平年）可调水量 95 亿 m³，后期（2030 年水平年）可调水量 120 亿～130 亿 m³。

丹江口大坝加高工程已于 2013 年 8 月通过蓄水验收，南水北调中线一期工程也于 2014 年 9 月全线通过通水验收，2014 年 12 月丹江口水利枢纽正式向北方供水。

## 6.1.2　坝轴线及主要建筑物形式

### 1. 坝轴线

丹江口大坝加高工程在初期工程的基础上进行加高，各建筑物轴线除右岸土石坝改线另建、左岸土石坝尖山段坝轴线局部调整及左坝端向左延伸 200 m 外，其余轴线均与初期工程相同。丹江口大坝加高工程，正常蓄水位 170 m，土石坝坝顶高程 176.6 m，为满足挡水要求，结合地形条件在左坝头、董营两处增设副坝。

（1）右岸土石坝坝轴线。根据坝区范围内地质条件差别不大的特点，着重从地形、地貌等方面考虑，拟定了三条比较坝线（即上坝线、中坝线、下坝线）。经综合比较，推荐采用下坝线。

（2）左岸土石坝坝轴线。左岸土石坝在初期左岸土石坝基础上，通过坝下游培厚加高，加高后土石坝坝轴线平行后移，距初期工程坝轴线 40.1 m。左坝肩于王大沟向上游弯转，再沿原糖梨树岭公路延伸，延伸长度为 200 m。

（3）左坝头副坝轴线。根据地形条件，以均质土坝自油库宿舍沿铁路外侧上行约 200 m 后横穿铁路与高地相接，坝轴线长为 190 m。

（4）董营副坝轴线。董营副坝位于河南邓州杏山董营以西约 1 km 的丹唐分水岭的低洼处，根据地形条件选择轴线长度最短的坝线作为副坝轴线。

### 2. 主要建筑物形式

河床部位挡水建筑物为混凝土坝，两岸为混凝土联结坝段及土石坝。河床混凝土坝初期工程为宽缝重力坝，两岸联结混凝土坝初期工程为实体重力坝。

初期工程左岸土石坝除左联坝段为黏土心墙土石坝外，其余均为黏土斜墙土石坝。

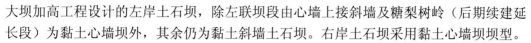

大坝加高工程设计的左岸土石坝，除左联坝段由心墙上接斜墙及糖梨树岭（后期续建延长段）为黏土心墙坝外，其余仍为黏土斜墙土石坝。右岸土石坝采用黏土心墙坝坝型。

水电站厂房为坝后式厂房，初期工程已按大坝加高运用要求完建。

通航建筑物仍然采用初期工程的形式，即上游采用垂直升船机过坝，下游为斜面升船机，两机之间设中间渠道进行联结。

## 6.1.3  枢纽工程布置

### 1. 大坝布置

丹江口大坝加高工程的枢纽布置与初期工程布置相比变化不大。左岸土石坝下游面贴坡培厚坝顶加高，左坝肩向左延长 200 m；混凝土坝在初期工程的基础上下游贴坡培厚坝顶加高；河床泄洪表孔堰顶抬高至高程 152 m，右岸土石坝改线新建，水电站厂房装机容量及布置无变化；通航建筑物由初期的 150 t 升船机扩建为 300 t 升船机，其总体布置不变。在丹江口水库上游库区内离陶岔渠首枢纽约 3.5 km 处，布置董营副坝，土坝最大坝高为 3.5 m，全长 256 m。离左岸土石坝坝头约 200 m 处，穿铁路时布置一副坝，最大坝高 5 m，全长 190 m。

大坝加高工程挡水建筑物总长 3.442 km，其中混凝土坝长 1 141 m，坝顶高程在初期工程的基础上加高 14.6 m 至 176.6 m，混凝土坝最大坝高 117 m（厂房坝段 27 坝段）；土石坝坝顶高程 176.6 m，坝顶设 1.55 m 高混凝土防浪墙，右岸土石坝长 877 m，最大坝高 60 m，左岸土石坝长 1 424 m，最大坝高 70.6 m。各挡水建筑物加高工程布置如下。

混凝土坝分为 58 个坝段。右岸联结混凝土坝为初期工程的 7～右 13 坝段，总长 339 m，升船机从 3 坝段通过；河床混凝土坝由泄洪深孔坝段、堰顶溢流坝段及水电站厂房坝段组成。8～13 坝段为深孔坝段，长 144 m，位于河床右部，设有 11 个 5 m×6 m 深孔；14～24 坝段为溢流坝段，长 264 m（其中 18 坝段为非溢流坝），位于河床中部，设有 20 个 8.5 m 宽的表孔；此外，19～24 坝段表孔泄洪时，为避免挑流水舌冲击左岸厂房端墙及尾水平台，在 24 坝段溢流面左侧自闸墩尾部起设置向右偏转 7°的边墙，使挑射水舌偏离厂房。25～32 坝段为厂房坝段，长 174 m，在河床左部，水电站引水钢管设在 26～31 坝段；左岸联结混凝土坝为初期工程的 33～44 坝段，前缘长度 220 m。加高工程除右 11～右 13 坝段只用新建右岸土石坝的上游挡土墙，不需加高外，其余坝段均需在下游坝面加厚坝体和加高坝顶；溢流坝堰顶高程需由 138 m 抬高至 152 m，深孔及引水钢管已按后期要求施工，无须改造。左岸联结段坝顶高程 176.6 m，坝线向下游转弯。

右岸土石坝放弃原有坝线，沿下游新坝线新建，左端与右岸混凝土坝下游坝面在右 5、右 6 坝段的分缝处垂直正交，坝顶高程 176.6 m，最大坝高 60 m，为黏土心墙、砂卵石坝壳坝型。

左岸土石坝右端与左联混凝土坝段上游坝面正交连接，左接糖梨树岭。左岸土石坝由初期坝顶高程 162 m 加高至 176.6 m，加高 14.6 m，坝线向左延长 200 m，最大坝高 70.6 m。左岸土石坝原为黏土斜墙和黏土心墙土石混合坝，大坝加高部分采用黏土斜墙接原黏土心墙或黏土斜墙，延长段采用黏土心墙，将砂砾石料作为坝壳填筑料。

左坝头副坝以均质土坝自油库宿舍沿铁路外侧上行约 200 m 后横穿铁路与高地相接，过铁路留通道，当发生 1 000 年一遇洪水时，对通道进行临时封堵。

董营副坝位于河南邓州杏山董营以西约 1 km 的丹唐分水岭的低洼处，地形平坦，周边地势开阔，坝高 3.5 m，采用当地材料均质坝。

左右岸土石坝均设永久性上坝公路，左岸由坝下游王大沟路经糖梨树岭左侧上坝，右岸由坝下游武警路经蔡家沟南岸上坝，路面宽 10 m。

左坝端的糖梨树岭上，初期工程设有一条通往上游驳运码头的铁路，路基高程 172.5 m，须设副坝，为保留驳运码头，设有过坝措施。

初期工程完建后，增建了防汛备用电源电厂，包括 2×800 kW 和 2×20 MW 两座电厂，大坝加高时，2×800 kW 电厂被拆除，2×20 MW 电厂的引水钢管做了加固。

初期工程河床混凝土坝，高程 100 m 以下坝体已按正常蓄水位 170.0 m 规模的坝体断面设计、施工。泄洪深孔、坝后厂房、水电站输水管道及垂直升船机的主要土建工程均已按大坝加高的要求建成。大坝加高时，无水下工程，施工期间基本不影响枢纽的正常运用。

## 2. 坝顶布置

河床坝段（包括岸边的 6、7 和 33 坝段）除溢流坝段外，坝顶总宽一般为 30.0 m，溢流坝段闸墩向上游悬出，坝顶宽 34.0 m，7～32 坝段坝顶设置一台 5 000 kN 门式起重机，更换两台 4 000 kN 门式起重机，用来启闭溢流坝平板闸门、深孔事故检修门及水电站进口检修门，门机轨距 16.0 m，在 7、18、25 和 32 坝段坝顶各设有闸门门库一个。坝顶所有门槽、门库及其他孔洞顶部均设盖板保护。坝顶下游侧为双车道公路，路面宽 7.0 m，下游人行道宽 2 m。在下游人行道与公路面之间，设置坝顶照明。门机供电电缆槽设在门机轨道与公路之间。

两岸混凝土坝坝顶宽 10～30 m，一般宽 10～12 m，坝顶中部为双车道公路，上下游侧为人行道，在上游人行道的下游侧设有坝顶照明电杆。

坝顶上下游侧均装设栏杆。为运行方便，所有工作、管理用房均布置在坝顶公路下。

左右岸土石坝坝顶宽参照碾压式土石坝设计规范，兼顾坝顶双车道交通的要求，取 10 m。在坝顶上游端设置 1.55 m 高，1.2 m 宽的 L 形钢筋混凝土防浪墙，墙身断面尺寸按稳定和抗倾覆要求拟定。其底部与黏土心墙相连，以防渗漏。底板表面高出坝顶 0.2 m，兼作人行道。

### 3. 坝顶高程

**1）混凝土坝坝顶高程**

坝顶高程由水库蓄水位、浪高、波浪中心线至水库静水位的高度及安全超高之和而定。波浪要素按安德列也夫公式计算，并按官厅公式进行复核，根据各种运用条件计算的坝顶高程，以校核洪水条件下最高，考虑公式的适用范围和便于与土石坝接头，最终选定混凝土坝坝顶高程为 176.6 m。此外，右 7～右 13 和 44 坝段坝顶高程根据土石坝挡土要求确定。

**2）土石坝坝顶高程**

坝顶高程由水库静水位与坝顶超高而定，即坝顶高程＝水库静水位+坝顶超高。风浪要素、波浪爬高按莆田试验站公式计算；不计地震时安全超高分别采用 1.5 m（正常情况）、0.7 m（非常情况）。计入地震时还应包括地震产生的坝顶沉陷与地震涌浪高度，其数值经综合考虑，分别采用 1.5 和 1.0 m。控制坝顶高程条件为设计洪水位，相应坝顶高程为 177.87 m，考虑坝顶预留竣工后的沉降超高，坝顶计算高程取 178.0 m。在坝顶上游设 1.55 m 高防浪墙，设计坝顶高程定为 176.6 m，与混凝土坝同高。

### 4. 廊道布置

初期工程于混凝土坝上游侧布设一条纵贯全坝的基础灌浆廊道，宽 2.5 m，高 3.0～3.15 m。大坝加高工程将右岸基础灌浆廊道出口的横向廊道（在右 6、右 7 坝段横缝处）改为基础灌浆廊道。加高后由于右岸土石坝轴线调整，原右 7 坝段下游面将位于土石坝坝坡内，为此，该坝段的基础廊道采用混凝土回填，左岸 43、44 坝段横缝处基础廊道出口延伸至加高坝体内。

大坝加高工程在 162.0 m 高程向上加高，为控制加高坝体扬压力，各坝段在 162.0 m 高程增设一条纵向排水廊道，宽 1.5 m，高 2.25 m。为防止左右岸非溢流坝段贴坡混凝土在结合面形成渗压力，于左右岸非溢流坝段初期坝趾附近的新浇混凝土内各增设一条纵向排水廊道，其底宽 1.5 m，高 2 m。

大坝加高工程中，原初期工程的电梯间、交通竖井及吊物和检修竖井均向上接高。

由于大坝加高后，溢流坝段溢流堰顶高程需加高，原 159 m 高程的电缆兼观测廊道在溢流坝段予以取消，其余部分仍留作观测用，另在坝顶公路下 170.00 m 高程重新布置一条纵向电缆、观测廊道，宽 1.5 m，高 4.25 m，并分隔成上下两层，上层为电缆廊道（宽 1.5 m，高 2.0 m），下层为观测廊道（宽 1.5 m，高 2.5 m），电缆廊道全长 662 m，位于 7～35 坝段，观测廊道贯通整个大坝，廊道内布置引张线和精密导线，进行变形观测。

## 6.1.4 主要建筑物

枢纽工程加高主要是对初期挡水建筑物进行加高和对通航建筑物进行改建。挡水建筑物除右岸土石坝因改线另做和左岸土石坝左端延长段不在初期工程上面加高外，其余都在初期工程上进行加高和改建。根据挡水要求，混凝土坝坝顶需加高 14.6 m，大坝下游坝体贴坡加厚，加厚尺寸根据坝体结构稳定应力、新加坝体构造要求等确定。

### 1. 混凝土坝

混凝土坝结构按 6 个坝段设计，分别为右联混凝土坝段（7～右 13 坝段）、深孔坝段（8～13 坝段）、溢流坝段（14～24 坝段）、厂房坝段（25～32 坝段）、左联混凝土坝段（33～44 坝段）、通航建筑物坝段。

### 2. 两岸土石坝

两岸土石坝坝顶高程 176.6 m，上游坝坡 1：2.75～1：2.5，下游坝坡 1：2.5～1：2.25，顶宽 10 m，上设 1.55 m 高防浪墙，上游为混凝土护坡，下游采用混凝土格栅和草皮组合护坡。

### 3. 水电站厂房

水电站厂房包括引水建筑物、主厂房、副厂房、主变压器场地、安装场、尾水渠、操作管理大楼、开关站及厂外场地等，初期工程均按后期运用要求设计并建成。水电站装机 6 台，单机容量 150 MW，总装机容量 900 MW。

引水建筑物包括进口拦污栅和压力钢管，布置在厂房坝段的 26～31 坝段；主厂房位于 25～31 坝段后面，安装场位于主厂房左侧、32 坝段下游；操作管理大楼紧邻安装场，在 33 坝段后面；厂坝平台为主变压器场地，并布置有上游副厂房，在尾水平台布置有下游副厂房，开关站边缘距主厂房 300～400 m，位于左岸芭茅沟处。

### 4. 通航建筑物

升船机初期工程按 150 t 级规模设计，自 1973 年 11 月建成并投入运行以来，运行情况良好，主要运行参数及指标均达到初期设计要求，升船机初期工程的基础按照 2×150 t 级方案一次建成，设备则分期兴建。过坝方式为铁驳船干运，其他船湿运。承船厢有效尺寸干运为 34 m×10.2 m，湿运为 28.0 m×10.2 m×1.4 m。

大坝加高工程按 300 t 级规模扩建，过坝方式及总体布置不变，承船厢有效尺寸干运为 34 m×10.2 m，湿运为 28 m×10.2 m×1.4 m，大坝加高工程对土建部分进行加高改造，重点是设备改建，无技术难题。

升船机布置在右岸二、三级阶地和马家湾河漫滩的沿江狭长地带，采用垂直升船机与斜面升船机两级联合运行的形式。建筑物全线在平面上呈一折线，上段为垂直升船机

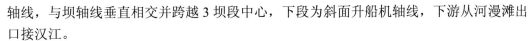

轴线，与坝轴线垂直相交并跨越3坝段中心，下段为斜面升船机轴线，下游从河漫滩出口接汉江。

上游垂直升船机与水库相连，下游为下水式斜面升船机接下游引航道，垂直升船机与斜面升船机之间有中间渠道可供错船。升船机全线长 1 093 m，从上游到下游依次由上游导航、防护建筑物、垂直升船机、中间渠道、斜面升船机和下游引航道等 6 个主要部分组成，另有外港等附属设备。

通航建筑物需改建的部分主要有：垂直升船机承重支墩的墩身、墩帽加高、扩大；斜面升船机上下游斜坡道延长，相应的轨道梁重建；改造驼峰系统及绳道；改建升船机机房；扩建外港；近期增设 3 艘港作轮；金属结构及机电设备重建或改建。

扩建后的升船机推轮过坝时，年单向通过能力为 96.2 万 t；推轮不过坝时，年单向通过能力为 140 万 t。

### 5. 库区副坝

#### 1）董营副坝

董营副坝地处丹江口水库上游库内区，位于河南邓州杏山董营以西约 1 km 的丹唐分水岭的低洼处，南起张泉北，向北延伸。丹唐分水岭岗顶平坦，宽度一般在 100 m 以上，周围地势开阔，呈低岗宽沟的地貌景观。丹唐分水岭地面高程多为 178～180 m，最低垭口处高程在 175.0 m 左右，副坝坝轴线长 256 m，最大坝高 3.5 m。

#### 2）左坝头副坝

丹江口水库左岸土石坝左坝头往左有一条地方铁路从丹江口水利枢纽码头通往市区，属于货运铁路，铁路高程在 172.2 m 左右，在正常蓄水位 170 m 情况下，基本上可以运用，当水位超过 1 000 年一遇洪水位 172.2 m 时，为了保护铁路及铁路内侧的居民和建筑物，需设置一副坝。副坝采用均质土坝，坝轴线沿铁路外侧延伸约 200 m，在铁路路基最窄处横穿铁路，过铁路部分设置闸口进行处理。

## 6.2 陶岔渠首改建

陶岔渠首枢纽工程是丹江口水库的副坝，也是南水北调中线输水总干渠的引水渠首，初期工程于 1974 年建成，并承担引丹灌溉任务。南水北调中线一期工程建成后，该枢纽担负向北京、天津、河北、河南等省（直辖市）输水的任务，是南水北调中线工程的重要组成部分。由于丹江口大坝加高，陶岔渠首老闸已经不能满足南水北调中线总干渠的引水要求，必须改扩建。

## 6.2.1 闸址、闸线选择

### 1. 闸址

陶岔老闸闸址位于河南淅川陶岔汤山、禹山之间的垭口地带,工程区以垄岗地貌为主,地面高程一般在 170～185 m,汤山、禹山为溶蚀残山,山顶高程分别为 259 m、294 m。工程区主要地层为中奥陶统、白垩系—古近系及第四系。中奥陶统岩性为中厚层及厚层状灰岩;白垩系—古近系岩性为砾岩,砾石成分为灰岩;第四系为下更新统、中更新统粉质黏土及初期工程开挖弃土。

初期工程于 1969 年 1 月动工,1974 年 4 月建成,工程运行情况良好,满足初期工程的设计要求。丹江口大坝加高后,正常蓄水位抬高至 170 m,陶岔渠首枢纽闸址区地形条件仍满足加高后的运用要求。经分析仍采用陶岔老闸闸址。

### 2. 闸线选择

陶岔渠首枢纽工程设计中,以现陶岔老闸为基础,在上、下各选择了一条闸线进行陶岔渠首枢纽的闸线比较。其中,上闸线位于初期工程上游约 70 m 处,中闸线位于初期工程处,下闸线位于初期工程下游约 70 m 处。

在地形地质条件方面,上、中、下三条闸线,基岩顶板线依次抬高,即下闸线基岩顶板线最高,中闸线次之,上闸线最低,下闸线较为有利。三条闸线岩溶均较发育,但程度有所不同,下闸线较好,但下闸线构造相对发育。从坝肩及基础防渗来看,三条闸线均无可靠防渗依托,没有本质差别。

在挡水建筑物规模方面,上闸线轴线长度最长,中、下闸线相近。

在工程建设条件方面,三条闸线的工程建设条件除老闸利用方式不同以外没有本质差别,而老闸利用则分两种情况:①建水电站时,下闸线可将老闸作为施工围堰,上、中闸线则需全部拆除,其利用程度较低;②不建水电站时,下闸线可将老闸作为施工围堰,中闸线可利用部分闸底板,上闸线利用程度最低。

经综合分析认为,即使不考虑老闸利用,中、下闸线仍优于上闸线,而且在新建工程中适当考虑利用老闸可进一步节约工程投资。因此,无论是否建水电站,上闸线劣势明显。对于建水电站方案,下闸线的工程建设条件优于上、中闸线。在坝线、坝型比选中,对中、下闸线分别比较了土石坝和重力坝四种工程布置方案。

#### 1)布置方案

方案一:中闸线土石坝方案。在初期工程的基础上,闸孔规模不变,并利用老闸底板和部分闸墩对水闸进行改造加高,将引水涵管向下游延长;引水闸两侧及其涵管顶在原土石坝基础上加高培厚并向两岸延长,土石坝基础采用混凝土防渗墙截断覆盖层,并在墙底进行帷幕灌浆。加高后陶岔渠首枢纽坝顶高程 176.6 m,栏杆顶高程为 177.8 m,轴线长 262 m。引水闸上下游设检修门,中部设弧形工作门,进口设拦污栅。

方案二：中闸线重力坝方案。与方案一的主要区别在于将引水闸涵管上部及两侧的土石坝坝型改为混凝土重力坝，清除两岸山体岩石上的覆盖层，大坝直接落在弱风化基岩上，坝基做防渗帷幕灌浆。方案二轴线长 266 m。

方案三、方案四：下闸线土石坝、重力坝方案。下闸线上的两个方案均在老闸下游约 80 m 处重建，其引水闸规模根据总干渠调水要求，经水力计算选用 3×7 m×6.5 m（孔数×孔宽×孔高），闸室段总宽 31 m。与中闸线设计方案相比，除引水闸的布置不同外，下闸线的土石坝、重力坝方案的布置与中线的土石坝、重力坝布置没有本质差别，但由于下闸线两岸基岩上的覆盖层厚度较小，故下闸线的重力坝方案坝体高度小，覆盖层挖除量小。方案三轴线长 269 m，方案四轴线长 265 m。

**2）坝线、坝型选择**

从工程投资、建筑物安全运行风险、施工条件、对周围建筑物的影响等方面综合比较，陶岔渠首枢纽工程选择下闸线重力坝方案。

**3）加水电站方案研究**

陶岔渠首枢纽工程的主要任务是为南水北调中线工程引水，工程布置必须满足引水要求，同时应具有其作为丹江口水库副坝的挡水功能。南水北调中线工程陶岔渠首枢纽设计引水流量 350 m³/s，加大流量 420 m³/s。渠首上游丹江口水利枢纽正常蓄水位 170 m，死水位 150 m；渠首下游在设计引水流量的情况下，水位为 149.08 m（147.38 m，85 高程），在加大引水流量的情况下，水位为 149.91 m（148.21 m，85 高程）。陶岔渠首枢纽工程在运用期间，引水流量较大，上、下游水位差较大，具备装机的条件。

加水电站方案在下闸线重力坝方案基础上进行，由于下闸线左岸下游 80 m 左右有抽水泵站需保留，左岸地形无条件外扩。可研设计就水电站的位置比较了闸室布置在右岸、厂房布置在渠道中间及厂房布置在右岸、闸室布置在渠道中间两种方案。考虑到水电站建筑物建基高程较低，布置在岸边工程量较大，且在运行期间一般情况为通过水电站向下游供水，为便于水流衔接，推荐闸室布置在右岸、厂房布置在渠道中间布置方案。

**4）建水电站与否选择**

陶岔渠首枢纽工程考虑修建水电站后，总投资为 73 200 万元，较不建水电站的总投资 37 552 万元，增加 35 700 万元。电站装机容量为 50 MW，单位千瓦投资为 7 147 元，水电站经济指标较好，而且修建水电站后有利于开发性移民经济发展和稳定，故陶岔渠首枢纽工程建设方案推荐采用建水电站方案。

## 6.2.2 陶岔渠首枢纽工程设计

### 1. 工程布置

推荐布置方案坝顶高程 176.6 m，防浪墙顶高程 177.8 m，轴线长 265 m，共分 15 个坝段。其中,1～5 坝段为左岸非溢流坝,1～3 坝段宽均为 16 m,4、5 坝段宽均为 17 m,轴线长 82 m;6 坝段为安装场坝段,坝段宽度为 31 m,轴线长 29 m;7、8 坝段为厂房坝段,7 坝段宽 16 m,8 坝段宽 19 m,轴线长 35 m。9、10 坝段为引水闸室段,各段宽均为 15.5 m,轴线长 31 m;11～15 坝段为右岸非溢流坝,除 11 坝段宽为 16 m 外,其余均为 18 m,轴线长 88 m。

### 2. 主要建筑物

**1)挡水坝**

挡水坝自左岸至右岸依次分为 15 个坝段,左岸 1～6 坝段、右岸 11～15 坝段为非溢流坝,左右岸非溢流坝以横缝分为各自独立的结构,其基本剖面均为三角形,上游面直立,下游面坡比 1∶0.7,坝顶宽 6 m,设上游人行道及防浪墙、下游人行道及栏杆。坝体下部设基础灌浆廊道。

**2)引水闸**

引水闸布置在渠道中部右侧,比较的孔口数量为 2 孔和 3 孔。从操作运用的灵活性和适应性出发,采用 3 孔闸,孔口尺寸为 3×7 m×6.5 m(孔数×宽×高)。引水闸边孔为整体式结构,中孔孔中分缝。每段宽 15.5 m,墩厚 2.5 m,孔口宽 7 m,闸总宽 31 m。闸室顺水流向长 38.0 m,引水闸闸底板厚 3.0 m,底板顶高程 140 m,底板上游段设基础灌浆廊道。闸室上游面与左右岸非溢流坝上游面在同一平面内,闸室顶宽 24.6 m,上游侧设交通通道,宽 6 m,交通通道下游设门机,门机下游侧设工作闸门启闭机房。闸后设消力池,消力池顺水流向长 6 m,宽 36 m,池底段高程 139.5 m,采用透水底板形式,底板厚 1.5 m,底板设两排间排距 2 m 的排水孔和长 5 m 的锚筋,消力池后设尾坎,坎高 1.5 m,坎顶高程 141 m,与原渠道底相接。

**3)水电站建筑物**

水电站采用河床径流式水电站,安装 2 台 25 MW 灯泡贯流式水轮发电机组,装机容量为 50 MW。厂房左侧设有安装场。水电站厂房部分包括引水渠、进水口、拦污栅、检修闸门、主厂房、副厂房、尾水平台、事故工作闸门及尾水渠。水电站厂房机组段长 35.00 m,安装场长 31.00 m,总长 66.00 m。厂房宽度为 62.20 m,坝顶平台宽 18.00 m,主厂房净宽 17.50 m,副厂房净宽 6.90 m,尾水平台宽 9.7 m。进厂公路由厂房下游进入,进厂公路与引水渠和尾水渠宽 35 m,分别以 1∶3.5 和 1∶5.5 的坡与渠道连接。厂房内安装有 2 台灯泡贯流式水轮发电机组及 125/32 t 桥式起重机。尾水平台上设有 1 台半门式起重机,用于起吊事故工作闸门。副厂房地理信息系统(geographic informaton system,GIS)室内设有 5 t 桥式起重机,以满足 GIS 封闭开关的安装和检修的使用要求。主变压器设在副厂房 150.70 m 高程,并通过轨道经尾水平台至安装场进行检修。

**4）交通桥移址重建**

原陶岔老闸下游有一交通桥，距闸轴线约 100 m，由于引水闸下游出水渠要求，需要拆除重建。

### 3. 基础处理

**1）基础开挖**

坝基两岸需挖除上覆的黏性土层。覆盖层右岸厚 0～13 m，左岸厚 0～11 m。覆盖层永久开挖边坡坡比为 1∶4.0～1∶3.5，临时开挖边坡坡比为 1∶1.5。左岸重力坝基础位于中奥陶统第三层灰岩上，基岩顶板高程为 140～170 m，岩体构造裂隙较发育，建基面选在基岩面以下 2 m 左右。左右岸坡基础均无不利的缓倾角夹层，边坡稳定及抗滑稳定性均较好。由于岩层走向与坝轴线近于平行，倾角较陡，不存在顺层开挖和边坡稳定问题。坝基开挖边坡坡比为 1∶0.3。

**2）一般地质缺陷处理**

大坝等主要建筑物基础地质缺陷的处理一般采用开挖、混凝土回填及灌浆等措施。对其他地段出露的断层，主要采用混凝土塞处理，混凝土塞深度一般按破碎带宽度的 1.5 倍控制。此外，对于地基中出现的宽大裂隙，根据具体情况采用补充开挖、加补固结灌浆孔等措施进行处理。

### 4. 渗控设计

坝基及两岸一定范围采用帷幕灌浆防渗，重力坝段以外的两岸基岩顶面高程以上、设计水位以下的覆盖层区域采用混凝土防渗墙。大坝上游—老闸段灰岩出露带的岩溶发育范围采用混凝土封闭。坝基及上游一定范围内揭露的岩溶洞穴采用混凝土回填。

# 第7章

## 总干渠工程

## 7.1 总体设计目的与作用

### 7.1.1 总体设计目的

中线一期工程调水量 95 亿 $m^3$，输水总干渠全长约 1 432 km，各类建筑物近 1 800 座；设计单位包括：长江勘测规划设计研究院（2021 年 6 月更名为长江设计集团有限公司），北京、天津、河北、河南四省（直辖市）的水利设计院。由于参加设计工作的单位众多，为统一开展中线一期工程勘测设计前期工作，便于沿线各有关设计单位统一设计原则、设计标准、技术条件，有效控制总投资，协调工程建设进度，衔接各系统之间的专业接口，有必要开展南水北调中线一期工程总体设计工作。

为了贯彻落实党中央、国务院对南水北调工程提出的各项指示精神，按照中线工程 2010 年通水至北京、天津的总目标，2003 年 2 月 21～22 日水利部在北京召开 2003 年南水北调工程前期工作会议，明确长江勘测规划设计研究院为南水北调中线工程设计技术总负责单位。同时，明确了 2003 年中线工程前期工作的重点是：一期工程总干渠总体设计，拟开工的单项工程前期工作及一期工程可行性研究。其中，中线一期工程总干渠总体设计是保证相应工作顺利完成的关键。作为南水北调中线工程设计技术总负责单位，长江勘测规划设计研究院完成了南水北调中线一期工程总干渠的总体设计。

### 7.1.2 总体设计的作用

总干渠总体设计包括总干渠总体布置、机电系统总体设计、施工总体设计三大部分。此外，还有各类（概算、拆迁占地、不同类型单项建筑物等）技术设计大纲。总体设计以《南水北调中线工程规划（2001 年修订）》《南水北调中线一期工程项目建

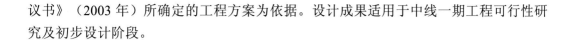

议书》（2003 年）所确定的工程方案为依据。设计成果适用于中线一期工程可行性研究及初步设计阶段。

## 7.1.3　总干渠总体布置的作用

### 1. 确定输水线路定线原则

在输水线路方案确定之后，需要对总干渠线路进行具体布置，长江勘测规划设计研究院在总干渠总体布置过程中，综合考虑工程安全、水质保护、自流输水、技术经济、减少迁占、建筑物布置、输水线路尽量顺直等方面的因素，拟定了中线总干渠定线原则。各设计单位在总干渠线路的布置中均参照了定线原则，特别是在大量的局部线路比选过程中，总干渠定线原则是一个主要依据。统一确定总干渠定线原则对输水线路全线优化起到关键作用。

### 2. 计算总干渠水面线

总干渠水面线包括设计水面线和加大流量水面线。总干渠总体设计中，根据控制点水位，对总干渠水头进行了优化分配，确定了总干渠全线设计水面线。总干渠设计水面线是渠道和建筑物设计的重要条件。加大流量水面线以总干渠全线均通过加大流量为条件，按恒定非均匀流公式从下游向上游推算。加大流量水面线是确定渠堤和建筑物侧墙顶部高程的重要依据，也是建筑物设计的重要依据。

### 3. 确定总干渠分段流量规模

总干渠分段流量根据北调水源与当地水源（地表水、地下水）长系列（1956 年 4 月～1998 年 4 月）逐旬联合调度调节计算结果确定。其中，陶岔渠首设计流量 350 $m^3/s$，加大流量 420 $m^3/s$；进北京、天津均为设计流量 50 $m^3/s$，加大流量 60 $m^3/s$。总体设计所确定的总干渠分段流量规模用于确定渠道和建筑物的断面尺寸。

### 4. 统一建筑物分类布置原则

中线总干渠建筑物种类多，数量庞大。为了使建筑物布置和设计更加规范化，并起到控制各类建筑物布置数量的作用，须制订统一的建筑物规模和类型原则。

（1）建筑物规模原则。河渠交叉点以上流域面积大于 20 $km^2$ 时，其跨河建筑物划为河渠交叉建筑物。凡交叉点以上汇流面积小于 20 $km^2$ 的河流，与总干渠交叉建筑物称为左岸排水建筑物。总干渠与现有灌溉渠道交叉，若灌溉渠道设计流量大于 0.8 $m^3/s$，则布置渠渠交叉建筑物。对于设计流量小于 0.8 $m^3/s$ 的灌溉渠道一般通过调整渠系或井灌解决。总干渠与已建、在建、拟建的乡级以上公路交叉均设公路桥梁，公路与桥梁之间，视具体情况适当设置人行桥梁。这些原则有效地控制了建筑物的数量和规模。

（2）建筑物类型原则。根据河道水位、河底高程、渠道水位、渠底高程等条件，河渠交叉建筑物分为7类，分别为梁式渡槽、涵洞式渡槽、渠道暗渠、渠道倒虹吸、河道倒虹吸、排洪涵洞、排洪渡槽。左岸排水一般布置河穿渠工程，分为排水渡槽和排水倒虹吸或涵洞。渠渠交叉建筑物采用渡槽、暗渠或倒虹吸从总干渠上部或下部通过。建筑物类型原则对各类建筑物都规定了严格的布置条件，保证全线各建筑物按统一的标准选型，使得建筑物布置规范化，提高了建筑物的设计质量。

## 7.1.4　机电系统总体设计的作用

### 1. 供电系统

需要结合沿线的电网条件及用电负荷的具体需求，确定供电系统的电压等级和接线方案。在可行性研究推荐方案的基础上，重点解决总干渠开关站和专用输电线路的设置、系统电源引入、电压等级选取、具体供电方案的确定、各开关站规模的确定、主要电气设备选择、分期实施的确定等重大问题。

### 2. 通信系统

作为南水北调中线一期工程的基础设施和自动化调度系统的支撑平台，通信系统需为施工期、运营期的多业务系统在各级管理机构和现地闸站之间数据、图像、语音等信息的传输与交换提供相应的通信接口及传输通道，以保障工程调度和行政管理的需要。建设一套技术先进、安全可靠、性能完善的工程专用通信系统就是必然的选择。为了保证全线通信系统的功能统一，接口一致，对南水北调中线一期工程通信系统的传输系统的结构、程控交换系统的汇接方式、时钟同步系统及综合监测管理系统的组网方式等进行总体设计。

### 3. 自动化控制系统

为提高全线输水调度的准确性，缩短供水的响应时间，加强全线各控制站间的流量调节手段，在全线建立一套闸站自动化控制系统，与水量调度系统等其他业务系统协同工作，进行统一的调度控制和运行管理，以实现全线水量的动态调度、控制、监视和运行反馈。对自动化控制系统的总体结构、调度管理模式、控制方式、基本功能、网络结构等进行总体设计。

## 7.1.5　施工总体设计的作用

在对各段的控制性项目施工工期分析的基础上，结合总干渠工程分段规划，拟定了中线一期工程总干渠施工进度计划。

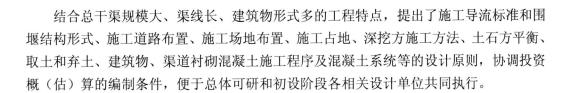

结合总干渠规模大、渠线长、建筑物形式多的工程特点，提出了施工导流标准和围堰结构形式、施工道路布置、施工场地布置、施工占地、深挖方施工方法、土石方平衡、取土和弃土、建筑物、渠道衬砌混凝土施工程序及混凝土系统等的设计原则，协调投资概（估）算的编制条件，便于总体可研和初设阶段各相关设计单位共同执行。

## 7.2 总干渠线路布置

### 7.2.1 线路布置原则

根据线路方案研究结果，输水线路选择新开渠高线方案，并按如下原则确定线路布置[5]。

（1）有利于工程安全：选定线路既要有利于总干渠工程自身的安全，又要在工程失事时对周边地区不至于造成大的影响。

（2）有利于水质保护：尽量避开污染源，并布置在城市上游（便于取水）。

（3）利用自然条件尽可能自流输水：为便于受水区沿线大中城市自流供水，渠线尽可能布置于高处。

（4）优化技术经济指标：尽量实现挖填平衡，减少工程量和占地，节约工程投资。

（5）减少迁占：尽量避开居民点、工矿企业、煤田、重点文物及军事设施。

（6）有利于建筑物布置：穿越铁路、公路及河流时，尽量与之正交。

（7）尽量顺直：渠线转弯半径大于或等于 5 倍的设计水面宽。

### 7.2.2 分段线路布置

主干渠线路长 1 276.219 km。其中，陶岔—沙河南段长 239.085 km，沙河南—黄河南段长 234.748 km，穿黄工程段长 19.305 km，黄河北—漳河南段长 237.367 km，穿漳工程段长 1.022 km，漳河北—古运河段长 237.249 km，古运河—北拒马河中支段长 227.391 km，北拒马河中支—团城湖段（北京段）长 80.052 km。天津干线从河北西黑山开始，终点为天津外环河，线路长 155.531 km。各段线路具体布置如下。

1. 陶岔—沙河南段

本段线路起点位于陶岔渠首枢纽，桩号 0+000（分桩号 TS-0+000）；终点位于沙河南岸鲁山薛寨北，桩号 239+085（分桩号 TS-239+085），线路全长 239.085 km，其中渠道长 228.820 km，建筑物长 10.265 km。沿线经过河南南阳和平顶山的 8 个县（市、区），穿越大小河流 131 条。

**1）南阳段**

总干渠在该市经过淅川、邓州、镇平、方城 4 县（市）及卧龙、宛城 2 个城郊区，桩号 0+000～185+534（分桩号 TS-0+000～TS-185+534），线路长 185.534 km。渠线的总体走向由西南向东北，路线从河南南阳淅川境内陶岔渠首枢纽始（起点桩号 TS-0+000），利用已建的 4 km 长的引丹干渠，在肖楼渠线折向北，穿过九重岗地长约 9 km 的深挖方段后，在邓州姚营南过刁河后向北，经王营过堰子河，在冀寨西北过湍河，穿过半坡水库北端一直向东，在扁担张过严陵河。经镇平马庄渠线折向东，至南阳侯庄过潦河后沿东北向布置，于新店过白河。由大辛庄南过清河、从小齐庄穿潘河后基本沿东北行，跨过黄金河、脱脚河、草墩河后折向北，止于方城和叶县交界的三里河（TS-185+534）。

**2）平顶山上段**

总干渠在该市经过叶县、鲁山，桩号为 185+534～239+085（分桩号 TS-185+534～TS-239+085），线路长 53.551 km。线路过三里河经柳庄西折向西北，在孤山北过澧河，在梁山西北过沘河，最后到达本渠段终点薛寨北（桩号 TS-239+085）。

## 2. 沙河南—黄河南段

本段线路起点位于鲁山薛寨北，桩号 239+085（分桩号 SH-0+000），终点为河南荥阳新店东北，与穿黄工程段进口 A 点相接，桩号 473+833（分桩号 SH-234+748）。线路途经河南 3 市 11 个县（区），渠线总长 234.748 km。其中，渠道长 215.52 km，建筑物长 19.228 km，渠线穿过淮河和黄河两大流域，穿越大小河流 129 条。

**1）平顶山下段**

总干渠在该市经过鲁山、宝丰、郏县 3 县，桩号为 239+085～300+384（分桩号 SH-0+000～SH-61+298.6），线路长 61.299 km。渠道由鲁山薛寨北起点始，走正北方向，穿越沙河在北冷西北转向正北，经鲁山坡东侧绕过鲁山坡，走辛集西北和铁路之间，在交界铺穿越焦枝铁路，经宝丰城西过净肠河，沿宝丰北环路北向东至史营东转东北方向，在大边庄过北汝河，经郏县西北至西安良向东止于郏县和禹州交界的兰河。

**2）许昌段**

总干渠在该市经过禹州、长葛 2 个县级市，桩号为 300+384～354+327（分桩号 SH-61+298.6～SH-115+241.8），线路长 53.943 km。渠线过兰河后向东，在刘楼转向东北，绕过新峰山，穿过秦村南铁路及平禹铁路，在禹州后屯西穿过颍河，向东在井庄与孟坡之间穿过小南河，在狮子口穿过十字河，绕过禹州至马堂附近过石梁河，进入长葛境内，在芝芳西过小洪河，从陉山东侧绕过陉山，止于娄庄西。

**3）郑州段**

总干渠在该市经过新郑、中牟、管城回族、金水、中原和荥阳 6 个县（市、区），桩号为 354+327～473+833（分桩号 SH-115+241.8～SH-234+748），线路长 119.506 km。渠线过娄庄西后向东北，穿过沂水河，在新郑西北王老庄西过双洎河向北，至梨园（潮河绕岗线起点）转向正东，在李垌北过黄水河，在崔庄穿京广线，至赵郭李南渠线转向东北，沿大秦南、后龙王抵三官庙后，渠线转向西北，经宋庄至李家南转向西，于大湖再次穿京广铁路，至毕河（潮河绕岗线终点）然后折向西北，经郑州南郊十八里河至西郊金水河、贾鲁河、贾峪河、须水南过须水河、索河，在荥阳北前真后真之间过枯河，向西止于新店东北，与穿黄工程进口段 A 点相接。

### 3. 穿黄工程段

穿黄工程起自河南黄河南岸荥阳王村化工厂南的 A 点，桩号 473+833（分桩号 HH-0+000）；终点为河南黄河北岸温县马庄东的 S 点，桩号 493+138（分桩号 HH-19+305）。

2001 年起，基于过去大量的研究工作，穿黄工程过河线路集中到李线和孤柏咀线，过河建筑物形式集中到隧洞和渡槽两种形式；并在两条线路上分别就两种主要的建筑物形式进行了多方案的比较；从工程对黄河河势、生态与环境的影响，冲淤变化对工程的影响，以及从工程施工条件、运行风险、河段远景开发等方面综合考虑，推荐穿黄工程采用李线隧洞方案；考虑到穿黄工程运用灵活性和安全维护方面的需要，推荐采用双线过河方案。

穿黄工程沿渠线由南向北分为五部分：南岸连接明渠、过河建筑物、北岸河滩明渠、北岸连接明渠和南岸退水建筑物。

南岸连接明渠自南岸 A 点往西沿线切邙山，到达李村附近，渠线长度为 4 628.57 m。过河建筑物长度 4 707.90 m，包括进口建筑物、邙山隧洞、穿黄隧洞和出口建筑物，其中邙山隧洞、穿黄隧洞共长 4 250 m，采用盾构法施工。北岸河滩明渠长为 6 127.50 m，依次与新蟒河和老蟒河交叉。北岸连接明渠穿过青峰岭至 S 点，长度为 3 840.53 m。穿黄线路总长为 19 304.50 m。退水建筑物布置在南岸进口建筑物右侧，以隧洞穿过邙山到达黄河岸边。

### 4. 黄河北—漳河南段

本段线路起点位于穿黄工程出口 S 点，终点为安阳施家河东、河南和河北两省交界的漳河交叉建筑物进口，线路途经河南 4 地级市辖的 12 个县（市），渠线总长 237.367 km，渠线穿过黄河和海河两大流域，穿越大小河流 112 条。

#### 1）焦作段

总干渠在该市经过温县、博爱、焦作的 4 个区、修武，渠道起点由穿黄工程的出口北张羌北开始，在北冷西转向正北，于徐堡东过沁河，北行至聂东过大沙河，向东北过白马门河后转向东至恩村，过新月铁路和翁涧河进入焦作煤矿区，向东偏北过李河、山门河，避开采空区基本沿九里山断层走向，于大陆穿安大铁路，出煤矿区北上过纸坊河进入新乡段。

**2）新乡段**

总干渠在该市经过辉县、新乡北站、卫辉，该段起始于纸坊河，北上过峪河，于薄壁镇转向东过午峪河、王村河、刘店干河，至孟坟河沿京广铁路于大司马北过十里河，向东北在马林庄西穿沧河至该段终点。

**3）鹤壁段**

总干渠在该市经过淇县、鹤壁，该段起始于沧河，沿京广铁路于鲍屯过思德河，于夏庄过淇河，过淇滨大道后至汤阴县界内的快速通道。

**4）安阳段**

总干渠在该市经过汤阴县、安阳4个区、安阳县，该段起始于汤阴小盖族快速通道前10 m，向北沿京广铁路在段庄东穿永通河，在黄下扣过淤泥河，穿汤鹤铁路后，穿过汤河、姜河，仍沿京广铁路至下毛仪涧转向西偏北，在黄张过洪河，于北流寺跨安李支线铁路，后转向东北在史车东过安阳河，仍沿京广铁路至施家河东的漳河南岸，即该段终点。

## 5. 穿漳工程段

穿漳工程段包括两岸连接渠道和穿漳河倒虹吸，起点桩号 730+700（分桩号 ZZ-0+000），终点桩号 731+722（分桩号 ZZ-1+022）。

## 6. 漳河北—古运河段

本段线路以河北和河南交界处的漳河北为起点，桩号为 731+722（分桩号 ZG-0+000），沿京广铁路西侧的太行山东麓自南向北，经过河北邯郸、邢台、石家庄3市及所属11个县（市），至京石应急供水段起点为止，桩号为 968+971（分桩号 ZG-237+249），线路长 237.249 km，其中渠道长 222.604 km，建筑物长 14.645 km（含南沙河中心滩地渠道长 2.025 km）。渠线途经海河南系漳卫河和子牙河两大流域中上游地区，穿越大小河流114条，坡水区7处。

**1）邯郸段**

总干渠穿过漳河后进入邯郸段，桩号为 731+792～811+588（分桩号 ZG-0+000～ZG-79+866），沿北偏东方向至双庙东，在东武仕水库下游过滏阳河，于白村北穿牤牛河南支，向西绕过南城折向东北穿牤牛河北支、渚河南支进入邯郸西，于齐大坝上游与沁河交叉，在邯郸永年区吴庄南与洺河一支交叉，西北行穿越洺山，于台口西北穿越洺河，于邓上北进入邢台。本渠段途经磁县、复兴、邯郸市区和永年等 4 个县（市、区），全长 79.866 km。

**2）邢台段**

邢台渠段桩号为 811+588～903+449（分桩号 ZG-79+866～ZG-171+727），起始于洺河北岸邓上北，沿沙河飞机场西侧北行至高店北，穿南沙河后转东北行，至后留穿七里河后进入邢台区，沿西环路西侧北行，穿牛尾中支、西沙窝沟，至东良舍北穿白马河，至张夺东跨越小马河，于内丘县城西过李阳河，于北盘石南过泜河后转北行，在梁村村南跨越午河后进入石家庄。此段渠道经过沙河、邢台西郊、邢台市区、内丘和临城等 5 个县（市、区），全长 91.861 km。

**3）石家庄段**

石家庄渠段桩号为 903+449～968+971（分桩号 ZG-171+727～ZG-237+249），起始于午河北岸梁北，北行至南焦穿南焦河，于南邢郭南穿沛河，于西高西北穿槐河（一），于上庄南穿槐河（二），于井下东北穿潴龙河，于南吴会北穿北沙河，于西龙贵西穿洨河，于永壁西南穿金河。在台头北沿石家庄防洪大堤西侧北行，至方台南折向东北，穿过防洪堤进入石家庄郊区。在石桥西穿石太铁路（一），在石桥北穿石太铁路（二），于田家庄西古运河枢纽前京石应急供水段起点止。该段途经高邑、赞皇、元氏、鹿泉、石家庄西郊 5 个县（市），全长 65.522 km。

### 7. 古运河—北拒马河中支段

本段线路起点位于石家庄西郊田庄以西古运河暗渠进口前的终点，起点桩号 968+971（分桩号 GB-0+000），终点至河北、北京交界处，终点桩号为 1196+362（分桩号 GB-227+391）。途经 12 个县（市），渠线总长 227.391 km，其中建筑物长 26.444 km，渠道长 200.947 km。渠线位于海河南系的子牙河和大清河两大流域的中上游地区，穿越大小河流 96 条，坡水区 31 片。

**1）石家庄段**

石家庄渠段桩号 968+971～1026+373（分桩号 GB-0+000～GB57+402），自古运河暗渠进口前起，渠线依次穿过 107 国道复线、古运河和石太高速公路，于河北经贸大学北穿滹沱河，之后，渠线沿京广铁路西侧东北行，在大寨西穿磁河，经新乐城西，于中同穿沙河（北）。于北大岳北穿朔黄铁路后，进入保定境内。本段线路经过石家庄西郊、正定、新乐 3 个县（市），全长 57.402 km。

**2）保定段**

保定市段桩号 1026+373～1196+362（分桩号 GB57+402～GB-227+391），线路起自

朔黄铁路北，沿京广铁路西侧北上，于中管头西穿孟良河、漠道沟，于支曹穿唐河。经唐县城西折向东北，进入低山丘陵区，于顺平县北部穿放水河、曲逆河中支、曲逆河北支、蒲阳河，在满城马家店东建雾山（一）隧洞，在尉公北建雾山（二）隧洞，后穿界河。经抱阳山西沟，在吴家庄北建吴庄隧洞，于荆山北跨漕河、岗头隧洞，至西黑山北设分水口门向天津干线输水。西黑山以北经釜山隧洞，穿瀑河、中易水河，在西市西建西市隧洞。于易县城西穿北易水河，绕过易县县城，线路拐向东，穿马头沟、坟庄河，在西武山北建下车亭隧洞。之后，渠线进入拒马河冲积扇平原，在八岔沟东穿南拒马河，在赵家铺南穿北拒马河南支，在西疃穿北拒马河中支进入北京。本段线路经曲阳、定州、唐县、顺平、满城、徐水、易县、涞水、涿州等 9 县（市），全长 169.989 km。

### 8. 北拒马河中支—团城湖段（北京段）

本段线路南起与河北相接的北拒马河中支南，起点桩号 1196+362（分桩号 BT-0+000），向北穿山前丘陵区、房山西北关，经羊头岗过大石河，从黄管屯南穿京广铁路，向东在万科长阳天地东南侧过小清河主河道，然后在距小清河左堤 150 m 处，平行小清河左堤向东北方向至高佃西，折向东穿过高佃至大宁水库副坝下游斜穿永定河，在丰台卢沟桥附近出永定河左堤继续向东，在老庄子东北总干渠拐向西北，经晓月苑小区，自西南向东北方向穿越丰台铁路编组站后，沿京石高速公路南侧往东，在大井西穿京石高速公路，在岳各庄环岛拐弯往北进入西四环快速路下，穿过新开渠、五棵松地铁站、永定河引水渠，直至终点团城湖，桩号 1276+414（分桩号 BT-80+052），全长 80.052 km。

### 9.天津干线

天津干线选定的线路方案西起河北保定徐水区西黑山，总干渠桩号 1120+520（分段桩号 XW-0+000），终点为天津外环河出口闸，桩号 XW-155+531，全长 155.531 km，其中，河北境内 131.515 km（保定 76.107 km，廊坊 55.408 km），天津境内 24.016 km，途经河北徐水、容城、新城、雄县、固安、霸州、永清、安次和天津武清、西青、北辰共 11 个区（县）。

## 7.3  总干渠水力设计

### 7.3.1  输水形式

中线输水总干渠采用明渠与局部管道相结合的输水形式[4-6]。具体方案为：陶岔渠首—北拒马河中支段采用明渠方案，北京段、天津干线采用管涵方案。

### 1. 陶岔渠首—北拒马河中支段

总干渠的陶岔渠首—北拒马河中支段采用明渠自流输水。为保证水质安全，总干渠与沿线河流、公路、铁路、现有灌溉渠道等均按立交布置交叉建筑物，封闭输水。此段干渠全长 1 196.167 km。其中，明渠渠道长 1 102.742 km，建筑物长 93.425 km。

### 2. 北京段

北京段采用管涵加压输水方案。运用方式：小流量（$Q \leqslant 20 \text{ m}^3/\text{s}$）管涵自流，大流量利用泵站加压，增加水头差。北京段全长 80.052 km。

### 3. 天津干线

天津干线采用无压接有压全自流箱涵输水。天津干线全长 155.531 km。

## 7.3.2　总干渠分段流量

总干渠分段流量根据北调水源与当地水源（地表水、地下水）长系列（1956 年 4 月～1998 年 4 月）逐旬联合调度调节计算结果确定。

在满足供水要求的前提下，为使工程规模合理，总干渠渠道在通常设计流量标准基础上，增加了加大流量。各渠段加大流量按长系列调节计算得到的总干渠各段逐旬供水流量过程中出现的最大流量确定，按保证率为 80%～90% 的流量（由大到小排频）确定渠段设计流量。总干渠主要控制段流量规模及相应段长系列供水过程中大于等于设计流量出现的时段数统计见表 7.3.1。

表 7.3.1　中线一期工程总干渠主要控制段流量表

| 控制段 | 设计流量/(m³/s) | 加大流量/(m³/s) | 长系列中大于等于设计流量的时段数/个 | 占长系列时段总数的比例/% |
|---|---|---|---|---|
| 陶岔渠首 | 350 | 420 | 318 | 21 |
| 穿黄工程 | 265 | 320 | 178 | 12 |
| 进河北 | 235 | 265 | 10 | 0.66 |
| 西黑山分水口 | 50 | 60 | 213 | 14 |
| 进北京 | 50 | 60 | 201 | 13 |

注：长系列调节计算总时段数为 1 512 个。

通过长系列调节计算得到的总干渠分段流量共计 70 余段，为便于工程分段设计，在基本不增加工程量的前提下，将流量规模相近段进行合并，并适当取整。总干渠各分段流量规模见表 7.3.2。

表 7.3.2　一期工程总干渠分段流量规模表

| 序号 | 渠段起止地点 | 起止点桩号/m | 渠道流量/（m³/s） | | 备注 |
|---|---|---|---|---|---|
| | | | 设计 | 加大 | |
| 1 | 陶岔—宋营 | 0+000～80+338 | 350 | 420 | — |
| 2 | 宋营—徐庄 | 80+338～107+085 | 340 | 410 | — |
| 3 | 徐庄—四家营 | 107+085～214+310 | 330 | 400 | — |
| 4 | 四家营—孟坡 | 214+310～338+084 | 320 | 380 | — |
| 5 | 孟坡—三官庙 | 338+084～396+939 | 310 | 370 | — |
| 6 | 三官庙—贾寨 | 396+939～429+942 | 300 | 360 | — |
| 7 | 贾寨—郑湾泵站 | 429+942～440+934 | 290 | 350 | — |
| 8 | 郑湾泵站—茹寨 | 440+934～456+373 | 270 | 330 | — |
| 9 | 茹寨—黄河南岸（A 点） | 456+373～474+171 | 265 | 320 | — |
| 10 | 穿黄段 | 474+171～493+476 | 265 | 320 | — |
| 11 | 黄河北岸（S 点）—苏蔺 | 493+476～536+556 | 265 | 320 | — |
| 12 | 苏蔺—老道井 | 536+556～611+555 | 260 | 310 | — |
| 13 | 老道井—三里屯 | 611+555～659+284 | 250 | 300 | — |
| 14 | 三里屯—南流寺 | 659+284～714+209 | 245 | 280 | — |
| 15 | 南流寺—漳河南 | 714+209～730+843 | 235 | 265 | — |
| 16 | 漳河段 | 730+843～731+865 | 235 | 265 | 河南、河北界 |
| 17 | 漳河北—郭河 | 731+865～782+112 | 235 | 265 | — |
| 18 | 郭河—南大郭 | 782+112～838+108 | 230 | 250 | — |
| 19 | 南大郭—田庄 | 838+108～969+154 | 220 | 240 | — |
| 20 | 田庄—永安（泵） | 969+154～982+756 | 170 | 200 | — |
| 21 | 永安（泵）—留营（泵） | 982+756～1029+659 | 165 | 190 | — |
| 22 | 留营（泵）—中管头 | 1029+659～1034+913 | 155 | 180 | — |
| 23 | 中管头—郑家佐 | 1034+913～1103+279 | 135 | 160 | — |
| 24 | 郑家佐—西黑山 | 1103+279～1120+663 | 125 | 150 | — |
| 25 | 西黑山—吕村 | 1120+663～1133+983 | 100 | 120 | — |
| 26 | 吕村—三岔沟 | 1133+983～1194+629 | 60 | 70 | — |
| 27 | 三岔沟—北拒马河 | 1194+629～1196+505 | 50 | 60 | 河北、北京界 |
| 28 | 北拒马河—南干渠 | 1196+505～1257+762 | 50 | 60 | — |
| 29 | 南干渠—团城湖 | 1257+762～1276+557 | 30 | 35 | — |

续表

| 序号 | 渠段起止地点 | 起止点桩号/m | 渠道流量/（m³/s） | | 备注 |
|---|---|---|---|---|---|
| | | | 设计 | 加大 | |
| 30 | 天津干线渠首（西黑山）—二号渠西 | XW0+000（1120+663）～XW87+007 | 50 | 60 | XW 为天津干线分段桩号 |
| 31 | 二号渠西—得胜口 | XW87+007～XW122+611 | 47 | 57 | — |
| 32 | 得胜口—子牙河 | XW122+611～XW148+850 | 45 | 55 | — |
| 33 | 子牙河—外环河 | XW148+850～XW155+331 | 20 | 24 | — |

天津干线大部分渠段均位于河北境内，根据规划并经河北、天津协商，天津干线向沿线保定、廊坊地区供水，最大流量约 5 m³/s，多年平均水量约 1.2 亿 m³（口门水量）。

## 7.3.3 水面线设计

### 1. 控制点设计水位

在确定总干渠设计水面线时，须先确定若干控制点水位。控制点水位根据总干渠沿线地形条件、建筑物形式、建筑物长度、分段流量规模等因素经技术、经济比较确定，陶岔渠首设计水位为 147.38 m，黄河南岸（$A$ 点）设计水位为 118.0 m，黄河北岸（$S$ 点）设计水位为 108 m，北京和河北分界点北拒马河中支南岸设计水位为 60.3 m。总干渠主要控制点水位见表 7.3.3。

表 7.3.3 总干渠主要控制点水位（85 高程）

| 控制点名 | 桩号 | 设计水位/m |
|---|---|---|
| 陶岔渠首 | 0+000 | 147.38 |
| 河南沙河南岸 | 239+423 | 132.37 |
| 黄河南岸（$A$ 点） | 474+171 | 118.00 |
| 黄河北岸（$S$ 点） | 493+476 | 108.00 |
| 漳河南岸 | 730+843 | 92.19 |
| 漳河北岸 | 731+865 | 91.87 |
| 北拒马河中支南岸 | 1196+505 | 60.30 |
| 北京团城湖 | 1276+557 | 48.57 |
| 西黑山 | 1120+663 | 65.27 |
| 天津外环河 | XW-155+531 | 0.00 |

## 2. 特征水面线

### 1）设计水面线

总干渠明渠段设计水面线根据各控制点水位及水头分配结果，从上游至下游分段推求。从陶岔渠首起，按明渠均匀流分段逐一扣除渠道沿程损失、每座建筑物分配的水头，且下一个控制断面处推算的水位与控制水位相匹配，然后以该水位为起点，继续向下游推算，直至明渠段终点北拒马河中支。设计水面线反映了总干渠的水头分配状况，规定了各点的设计水面高程。按照设计水面线，可以根据流量，确定各渠段明渠和建筑物的过水断面尺寸与各断面底部高程。

### 2）加大流量水面线

在各渠段及各建筑物的过水断面尺寸和底部高程按设计水面线确定之后，以恒定非均匀流公式推算渠道过加大流量时的水面线。加大流量水面线的计算方法如下：根据设计水面线确定的渠道和建筑物过水断面尺寸，按总干渠全线均为加大流量的条件，以恒定非均匀流计算方法，从北京加压泵站前池水位 59.9 m 逐段推算上游断面水位，直至总干渠起点陶岔闸下游，获取总干渠加大流量水面线。水面线计算中因公路桥墩、铁路桥墩、上排水槽墩及渠道渐变连接段等的局部水头损失部位多但数值较小，将其影响在渠道粗糙系数取值中综合考虑。

总体布置提出了总干渠全线的设计水面线和加大流量水面线，可作为各单项工程的设计依据。局部段水面线可适当优化调整，但主要控制点的水位不能变动。各控制点水位见表 7.3.3。

### 3）渠道及建筑物水力设计

（1）渠道断面设计。输水明渠采用分段棱柱体渠道，利用设计水面线的水位按明渠均匀流设计过水断面尺寸和渠底高程，用加大流量水面线确定的水位确定明渠的堤顶或第一级马道高程。

（2）有压输水建筑物。对于渠道倒虹吸（或其他有压输水建筑物），按加大流量和加大流量水面线计算过水断面尺寸，同时按设计流量和设计水面线计算过水断面尺寸，两者中取大值。

（3）无压输水建筑物。对于无压输水建筑物（渡槽、暗渠、隧洞等），按设计流量和设计水面线确定过水断面尺寸，其侧墙和两岸连接渠道的顶部高程应同时满足加大水位和堤外防洪要求。

## 7.4　建筑物分类及布置

中线总干渠共布置各类建筑物近 1 800 座,包括河渠交叉建筑物、左岸排水建筑物、渠渠交叉建筑物、路渠交叉建筑物、控制工程、隧洞工程、泵站共 7 类。每一类又分为不同的建筑物形式。总体设计中根据各类建筑物的特点,统一了建筑物分类[4-6]及其布置原则。

### 7.4.1　河渠交叉建筑物

总干渠跨越河流,河渠交叉点以上流域面积大于 20 km$^2$ 时,其跨河建筑物划为河渠交叉建筑物。交叉形式可分为:梁式渡槽、涵洞式渡槽、渠道暗渠、渠道倒虹吸、河道倒虹吸、排洪涵洞、排洪渡槽等七种,全部为立交。前四种形式需占用总干渠水头,后三种不占用总干渠水头。各类建筑物布置条件如下。

(1)梁式渡槽:当渡槽梁底高程高于河道校核洪水位 0.5 m 以上时,布置梁式渡槽。梁式渡槽槽身不挡水。

(2)涵洞式渡槽:在通过河道设计标准洪水时,上部渡槽输送渠水,下部涵洞宣泄河道洪水,槽身部分挡水。挡水高度考虑上游允许壅水高度和河道通过校核洪水时渡槽自身的安全需要。

(3)渠道暗渠:当河底高程高于渠道水位时,布置暗渠。暗渠水位以上净空应满足相关规范的要求,以保证暗渠内水流为无压流自河底穿过。

(4)渠道倒虹吸:当河、渠水位条件限制不适合作上述三种形式,且河道流量很大或泥沙问题不宜实施河穿渠工程时,均可采用此种形式。渠道倒虹吸的埋深需考虑河道冲刷影响。

(5)河道倒虹吸:河流常遇洪水洪峰流量小于或相当于渠道设计流量,且河流泥沙条件允许采用河道倒虹吸时,可选此种形式。

(6)排洪涵洞:河道设计流量较小,且河道常遇洪水位能满足洞内净空不小于 0.5 m时,可建排洪涵洞。排洪涵洞的主要设计内容与河道倒虹吸相似,区别在于常遇洪水时,排洪涵洞是无压流,而河道倒虹吸为有压流。

(7)排洪渡槽:河道设计流量较小,且渡槽梁底高程能满足高于渠道加大水位 0.5 m时,可采用此种形式。排洪渡槽与梁式渡槽的主要设计内容基本一样。

根据以上原则及河道防洪影响评价结论,陶岔渠首—北拒马河中支段共布置河渠交叉建筑物 155 座。其中,梁式渡槽 17 座,涵洞式渡槽 9 座,渠道倒虹吸 92 座,渠道暗渠 6 座,排洪涵洞 8 座,排洪渡槽 6 座,河道倒虹吸 17 座。

### 7.4.2　左岸排水建筑物

河渠交叉点以上汇流面积小于 20 km$^2$ 的河流,其跨渠建筑物称为左岸排水建筑物。左岸排水建筑物一般布置河穿渠形式，将河水排到河道下游，一般不占用总干渠水头，根据其与总干渠的相对高程分为上排水和下排水。少数左岸排水建筑物布置为渠穿河工程，占用总干渠水头。

（1）上排水的建筑物。上排水的建筑物的形式为渡槽，渡槽梁底高于渠道加大水位0.5 m以上。其设计条件还应兼顾堤顶维护公路的畅通，并应考虑与跨渠桥梁的结合。

（2）下排水的建筑物。下排水的建筑物的形式包括倒虹吸、涵洞和暗渠，不符合布置上排水条件的，均布置下排水。

（3）渠穿河工程。不便于布置为河穿渠工程的，布置为渠穿河工程，需要占用渠道水头。建筑物形式可根据河渠交叉建筑物布置原则选取。

左岸排水建筑物根据排水分区图布置，大部分为独立设置。一些集流面积较小，且又有条件合并的，合并后设排水建筑物或并入相近的交叉河流。

根据以上原则，陶岔渠首—北拒马河中支段共布置左岸排水建筑物468座，其中河穿渠工程460座（上排水88座，下排水372座），渠穿河工程7座（渠道倒虹吸5座，渠道暗渠1座，涵洞式渡槽1座），1处为河道改道工程。

## 7.4.3　渠渠交叉建筑物

总干渠与现有灌溉渠道交叉时，对于设计流量大于0.8 m³/s的灌溉渠道，需布置渠渠交叉建筑物，渠渠交叉建筑物可用渡槽、暗渠或倒虹吸从总干渠上部或下部通过，且均不占用总干渠水头。对于设计流量小于0.8 m³/s的灌溉渠道一般通过调整渠系或并灌解决。

根据以上原则，陶岔渠首—北拒马河中支段共布置渠渠交叉建筑物133座，其中渡槽52座，倒虹吸74座，涵洞7座。

## 7.4.4　路渠交叉建筑物

（1）铁路交叉建筑物。铁路交叉建筑物有渠道暗渠、渠道倒虹吸、铁路桥三种形式，前两种形式占用渠道水头，后一种不考虑水头损失。陶岔渠首—北拒马河中支段共布置铁路交叉建筑物41座，其中铁路桥25座，渠道倒虹吸5座，渠道暗渠11座。

（2）公路交叉建筑物。总干渠与已建、在建、拟建的乡级以上公路交叉均设公路桥梁，渠道两岸之间的交通视具体情况适当设置桥梁。公路桥梁的设计标准根据公路等级的不同分为2级：公路—I级、公路—II级（折减公路—II级也归入此等级）。桥梁总数严格控制，具体桥位根据实际情况进行合理调整。桥墩、柱选型考虑尽量减少阻水影响，一般按不超过总过水面积的5%控制。陶岔渠首—北拒马河中支段共布置公路交叉建筑物736座，其中公路—I级106座，公路—II级（含折减公路—II级）630座。

## 7.4.5　控制工程

控制工程包括分水口门、节制闸（保水堰井）、退水闸（溢流堰）、出口闸、排冰闸。

### 1. 分水口门

分水口门的作用是向供水目标供水，其设置原则如下：

（1）供水主要目标为总干渠沿线城市用水；

（2）为保证供水、便于管理，分水口门不宜设置太多；

（3）尽量结合现有供水工程，并充分利用现有水库、洼淀进行调蓄；

（4）适当考虑行政区划和水系。

按照上述原则和各省（市）城市供水规划，综合考虑当地地形、水资源状况、现状供水工程及城市发展规划布局，经与各省（市）协商，确定分水口门的数量和位置。陶岔渠首—北拒马河中支段共布置分水口门 71 座，北京段 7 座，天津干线 10 座。

### 2. 节制闸（保水堰井）

为调节总干渠水位，配合退水，总干渠上必须适当布置节制闸。节制闸的具体位置根据节制闸所控制渠段范围内分水口门前的水位运用要求，结合控制运行，并考虑退水要求设置。为便于管理和节省投资，节制闸一般结合河渠交叉建筑物设置。结合设置的节制闸的水头损失含在相应建筑物水头损失内。总干渠明渠段设节制闸 59 座（间隔大约20 km）。其中，为保证天津干线正常引水，在西黑山专设节制闸 1 座。为保证天津干线在不同工况下均处于有压输水状态，分段设保水堰井，共设置单独保水堰井 8 座。

### 3. 退水闸（溢流堰）

为确保总干渠安全，满足检修要求，总干渠在重要建筑物、高填方渠段及重要城市的上游，根据需要设置退水闸（溢流堰）。退水时退水闸所在渠段的前后节制闸关闭，根据退水要求，退水闸门采用全开或局部开启的方式，将渠道中的水退出总干渠，进入附近的天然河道。退水闸设计流量为所处渠段设计流量的 50%。从有利于工程运用、管理和确保大型交叉建筑物的安全考虑，退水闸一般布置在大型交叉建筑物或节制闸的上游；根据退水条件，退水闸一般设在总干渠的右岸一侧。陶岔渠首—北拒马中支段共布置 51 座退水闸，平均约 24 km 一座。除磁河古道、曲逆河中支和瀑河退水闸单独设计外，其余均与大型交叉建筑物联合布置。天津干线设置 3 座溢流堰。

### 4. 出口闸

在总干渠及天津干线末端各专设一座出口闸。

### 5. 排冰闸

根据总干渠沿线冰情的危害程度，在黄河北—北拒马河段内的大型交叉建筑物进口布置排冰闸，将冰排出渠道以外。陶岔渠首—北拒马中支段共布置排冰闸 26 座，其中 20 座布置在退水闸旁边，6 座单独设置，天津干线设置 1 座排冰闸。

## 7.4.6 隧洞工程

总干渠在穿越山丘高地时，采用隧洞形式。考虑运行维修条件，隧洞一般采用双洞布置。根据隧洞围岩（土）条件分为单衬隧洞和双衬隧洞两种。

（1）单衬隧洞。隧洞单层衬砌，直接用于输水运用，按无压隧洞设计，城门洞形断面，为普通钢筋混凝土结构。在古运河—北拒马河中支段共有 7 个此类隧洞。

（2）双衬隧洞。隧洞双层衬砌，圆形断面。内衬为预应力钢筒混凝土管（prestressed concrete cylinder pipe，PCCP），为预应力结构，用于承受内部水压力，外衬与围岩接触，承受外部水压力和岩体作用力，为普通钢筋混凝土结构。在北京段（北拒马河中支—团城湖段）共有 2 个此类隧洞。

## 7.4.7 惠南庄泵站

根据总体设计，当输水流量 $\geq 20 \text{ m}^3/\text{s}$ 时，为满足北京段管道输水对水头的要求，在北拒马河暗渠末端，设置惠南庄泵站加压。

## 7.4.8 各类交叉建筑物统计

中线一期工程总干渠总长 1 432 km，与沿线大量江、河、沟、渠、公路、铁路相交，布置各类交叉建筑物、控制建筑物、隧洞、泵站等，总计 1 796 座，详见表 7.4.1。

表 7.4.1 总干渠工程各类建筑物统计表

| 建筑物形式 | 陶岔—沙河南段 | 沙河南—黄河南段 | 穿黄工程段 | 黄河北—漳河南段 | 穿漳工程段 | 漳河北—古运河段 | 古运河—北拒马中支段 | 北京段 | 天津段 | 合计 |
|---|---|---|---|---|---|---|---|---|---|---|
| 河渠交叉建筑物 | 30 | 32 | 3 | 37 | 1 | 29 | 23 | 4 | 5 | 164 |
| 左岸排水建筑物 | 101 | 99 | 0 | 72 | 0 | 91 | 105 | 0 | 1 | 469 |
| 渠渠交叉建筑物 | 43 | 11 | 2 | 22 | 0 | 26 | 29 | 0 | 0 | 133 |
| 铁路交叉建筑物 | 3 | 11 | 0 | 17 | 0 | 8 | 2 | 0 | 0 | 41 |
| 公路交叉建筑物 | 142 | 157 | 7 | 150 | 0 | 149 | 131 | 1 | 0 | 737 |
| 控制工程 | 30 | 35 | 2 | 37 | 3 | 49 | 51 | 12 | 23 | 242 |
| 隧洞工程 | 0 | 0 | 0 | 0 | 0 | 0 | 7 | 2 | 0 | 9 |
| 泵站 | 0 | 0 | 0 | 0 | 0 | 0 | 0 | 1 | 0 | 1 |
| 合计 | 349 | 345 | 14 | 335 | 4 | 352 | 348 | 20 | 29 | 1 796 |

按建筑物类型分，河渠交叉建筑物（交叉断面以上集水面积在 20 km² 以上）共有164 座，左岸排水建筑物（交叉断面以上集水面积小于 20 km²）有 469 座，渠渠交叉建筑物有 133 座，铁路交叉建筑物有 41 座，公路交叉建筑物有 737 座，控制工程有 242座，隧洞工程有 9 座，泵站 1 座。

按分段统计各类建筑物，陶岔—沙河南段有 349 座，沙河南—黄河南段有 345 座，穿黄工程段有 14 座，黄河北—漳河南段有 335 座，穿漳工程段有 4 座，漳河北—古运河段有 352 座，古运河—北拒马河中支段有 348 座，北京段（北拒马河中支—团城湖段）有 20 座，天津段（西黑山分水闸—天津外环河出口闸段）有 29 座。

# 7.5　输水明渠设计要点

## 7.5.1　渠道布置

### 1. 渠道纵坡

总干渠纵坡[4-6]主要根据地形条件、水头分配情况而定。经技术经济比较，各段渠道纵坡如下：陶岔—沙河南段为 1/25 000～1/25 500，沙河南—黄河南段为 1/23 000～1/28 000，黄河北—漳河南段为 1/20 000～1/29 000，漳河北—古运河段为 1/16 000～1/30 000，古运河—北拒马河中支段为 1/16 000～1/30 000。

### 2. 渠道横断面形式

中线总干渠明渠段均采用梯形断面。根据总干渠沿线各渠段水位、渠底高程与地面高程的相对关系，将各渠段横断面形式[4-6]分为全挖方断面、全填方断面、半挖半填断面三种类型。

#### 1）全挖方断面

当渠道沿线地面高程高于渠道加大水位加上超高时，渠道横断面形式为全挖方断面。全挖方断面，第一级马道的高程等于渠道加大水位加上相应的超高。第一级马道以下的断面采用单一边坡，以上每增高 6 m 设一级马道；第一级马道宽一般为 5 m，兼作运行维修道路。以上各级马道宽度，土渠段一般取为 2 m，石方段一般取为 1～1.5 m，特殊地段经论证可适当加宽。对于全挖方断面，为了防止渠外地面坡水流入渠道内，在左岸开口线外设置防护堤（埝），在右岸开口线外局部段设置防护堤（埝），防护堤外侧布置 4 m 宽的防护林带（不设置防护堤段为 8 m 宽），林带外布设截流沟，截流沟外 1 m 设置保护围栏；全挖方渠段两岸自开口线外至保护围栏处的保护范围宽各 13 m。

**2）全填方断面**

当渠线经过地段的地面高程低于渠底高程时，渠道横断面为全填方断面。对于全填方断面，其过水断面采用单一边坡，堤顶高程取下列三项计算结果的最大值：①渠道加大水位加上安全超高；②堤外设计洪水位加上相应的超高；③堤外校核洪水位加上相应的超高。全填方渠段堤顶兼作运行维护道路，顶宽 5 m，堤外坡自堤顶向下每降低 6 m 设一级马道，宽取 2 m；渠道两岸沿填方外坡脚线向外设置林带，林带宽度为 4～8 m，防护林带外缘设截流沟，截流沟外 1 m 处设置保护围栏；全填方渠段两岸自外坡脚线至保护围栏处的保护范围宽各 13 m。

**3）半挖半填断面**

当渠线所经过地段的地面高程介于渠底高程和堤顶高程之间时，渠道横断面为半挖半填断面。对于半挖半填断面，其过水断面采用单一边坡，其堤顶高程、堤顶宽度、填方段外坡布置形式、自填方外坡脚线至保护围栏处的保护范围宽、防护林带及截流沟的布设方式均和全填方断面相同。

### 3. 渠道挖填布置特征表

陶岔渠首—北拒马河中支段全长 1 196.167 km，其中全挖方段长 464.299 km，全填方段长 62.221 km，半挖半填段长 576.223 km，建筑物长 93.425 km。各渠段的全挖方段、全填方段、半挖半填段的累计长度及纵向建筑物的累计长度如表 7.5.1。

表 7.5.1　渠道挖填布置特征表

| 序号 | 分段 | 分段长度/km | 渠道类型 | 长度/km | 占分段渠段长度的比例/% | 备注 |
|---|---|---|---|---|---|---|
| 1 | 陶岔—沙河南段 | 239.085 | 全挖方 | 74.64 | 31.22 | 最大挖深为 47 m |
| | | | 全填方 | 20.483 | 8.57 | 最大填高为 14 m |
| | | | 半挖半填方 | 133.697 | 55.92 | — |
| | | | 建筑物 | 10.265 | 4.29 | — |
| 2 | 沙河南—黄河南段 | 234.748 | 全挖方 | 112.732 | 48.02 | 最大挖深为 38 m |
| | | | 全填方 | 13.625 | 5.80 | 最大填高为 22 m |
| | | | 半挖半填方 | 89.163 | 37.98 | — |
| | | | 建筑物 | 19.228 | 8.19 | — |
| 3 | 穿黄工程段 | 19.305 | 全挖方 | 4.629 | 23.98 | 最大挖深为 60 m |
| | | | 全填方 | 4.017 | 20.81 | 最大填高为 9 m |
| | | | 半挖半填方 | 5.535 | 28.67 | — |
| | | | 建筑物 | 5.124 | 26.54 | — |

| 序号 | 分段 | 分段长度 /km | 渠道类型 | 长度 /km | 占分段渠段长度 的比例/% | 备注 |
|---|---|---|---|---|---|---|
| 4 | 黄河北—漳河南段 | 237.367 | 全挖方 | 84.026 | 35.40 | 最大挖深为 39.7 m |
| | | | 全填方 | 6.671 | 2.81 | 最大填高为 13.0 m |
| | | | 半挖半填方 | 129.973 | 54.76 | — |
| | | | 建筑物 | 16.697 | 7.03 | — |
| 5 | 穿漳工程段 | 1.022 | 全挖方 | — | — | — |
| | | | 全填方 | — | — | — |
| | | | 半挖半填方 | — | — | — |
| | | | 建筑物 | 1.022 | 100.00 | — |
| 6 | 漳河北—古运河段 | 237.249 | 全挖方 | 102.072 | 43.02 | 最大挖深为 29.57 m |
| | | | 全填方 | 8.331 | 3.51 | 最大填高为 17.36 m |
| | | | 半挖半填方 | 112.201 | 47.29 | — |
| | | | 建筑物 | 14.645 | 6.17 | — |
| 7 | 古运河—北拒马河中支段 | 227.391 | 全挖方 | 86.200 | 37.91 | — |
| | | | 全填方 | 9.093 | 4.00 | 最大填高为 15.0 m |
| | | | 半挖半填方 | 105.654 | 46.46 | — |
| | | | 建筑物 | 26.444 | 11.63 | — |
| | 总计 | 1 196.167 | 全挖方 | 464.299 | 38.82 | — |
| | | | 全填方 | 62.220 | 5.20 | — |
| | | | 半挖半填方 | 576.223 | 48.17 | — |
| | | | 建筑物 | 93.425 | 7.81 | — |

## 7.5.2　渠道断面水力要素确定

### 1. 渠道断面水力计算

总干渠纵坡主要根据地形条件、水头分配情况而定。梯形断面边坡系数根据边坡稳定需要确定，其底宽和水深则根据实用经济断面确定。

### 1）实用经济断面计算

根据梯形渠道实用经济断面与水力最优断面的关系，结合渠道规模及边坡稳定条件，确定实用经济断面的宽深比。

**2）渠道设计水深**

根据以上计算结果综合考虑总干渠沿线的地形地貌、渠线布置、施工要求与总干渠输水安全等因素，拟定各渠段的设计水深。

**3）渠道底宽计算**

根据总干渠沿线渠道各段流量、纵坡、边坡系数、粗糙系数及设计水深，按明渠均匀流公式计算各个渠段的渠道底宽，并将计算出的底宽结果按 0.5 m 进阶取整后，作为渠道的设计底宽，然后依次复核渠道的过流能力。

总干渠沿线各大渠段渠道设计水深与底宽见表 7.5.2。

**表 7.5.2　总干渠渠道分段设计水深与底宽统计表**

| 分段 | 设计流量/（m³/s） | 设计水深/m | 设计底宽/m |
| --- | --- | --- | --- |
| 陶岔—沙河南段 | 350～320 | 8.0～7.0 | 10.5～25.5 |
| 沙河南—黄河南段 | 320～265 | 7.0 | 13.0～26.0 |
| 穿黄工程段 | 265 | 6.0～6.8 | 8.0～12.5 |
| 黄河北—漳河南段 | 265～235 | 7.0 | 7.0～29.0 |
| 穿漳工程段 | 235 | 7.0～6.0 | — |
| 漳河北—古运河段 | 235～220 | 6.0 | 14.0～26.5 |
| 古运河—北拒马河中支段 | 220～50 | 6.0～3.8 | 7.0～26.5 |

注：表数据范围对应从前到后的趋势。

## 2. 堤顶或第一级马道高程确定

**1）渠道超高**

渠道超高指为满足渠道安全输水而需要的渠岸高程与加大水位的差值。超高按式（7.5.1）计算：

$$\Delta h = \frac{h}{4} + 0.2 \tag{7.5.1}$$

式中：$\Delta h$ 为渠道超高，m；$h$ 为渠道加大水深，m。当计算所得的 $\Delta h$ 小于 1.5 m 时，取计算值；当计算所得 $\Delta h$ 大于或等于 1.5 m 时，取 $\Delta h = 1.5$ m。

**2）一级马道、堤顶高程**

挖方渠道一级马道高程按式（7.5.2）计算：

$$Z_岸 = Z_加 + \Delta h \tag{7.5.2}$$

式中：$Z_岸$ 为挖方渠道的一级马道高程，m；$Z_加$ 为渠道加大水位，m；$\Delta h$ 为渠道超高［按

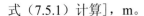

式（7.5.1）计算]，m。

填方渠道堤顶高程除按式（7.5.2）计算外，还需满足堤外防洪要求，即满足式（7.5.3）和式（7.4.4）的要求：

$$\nabla_{顶}=H_{设}+1.0 \tag{7.5.3}$$

$$\nabla_{顶}=H_{校}+0.5 \tag{7.5.4}$$

式中：$H_{设}$为渠堤外设计洪水位，m；$H_{校}$为渠堤外校核洪水位，m。

**3）堤外洪水位和堤顶防护高程**

为防止河道洪水漫溢，进入渠道，总干渠防洪标准与相邻河道交叉建筑物的洪水标准相同。一般小型河道的总干渠防护堤按 50 年一遇洪水设计，200 年一遇洪水校核。大型河道范围内的总干渠防护堤按 100 年一遇洪水设计，300 年一遇洪水校核。

# 7.5.3　渠道衬砌与防渗设计

## 1. 防渗设计

**1）防渗布置**

为降低渠道过水表面粗糙系数，防止杂草丛生影响过水能力，防止输水期间涌浪对渠道表土造成掏刷及保证工程安全运行，总干渠全渠段过水表面采用混凝土衬砌，衬砌范围为一级马道以下的过水断面渠底和边坡，对于填方渠段护至堤顶，对于挖方渠段护至一级马道。对于土质较好、渗透系数小于 $i\times10^{-5}$ cm/s（$i=1\sim5$）、地下水位高于渠道水位的全挖方渠段，一般不进行专门防渗处理；对于中强渗漏、全填方、膨胀土等特殊渠段，加设复合土工膜。南阳段部分地下水位较高的膨胀土渠坡未设土工膜防渗。总干渠陶岔渠首—北拒马河中支段衬砌形式统计见表 7.5.3。

表 7.5.3　陶岔渠首—北拒马河中支段衬砌形式统计表

| 渠道分段 | 衬砌累计长度/km | | | |
| --- | --- | --- | --- | --- |
| | 混凝土衬砌 | 混凝土衬砌+全断面土工膜 | 渠坡喷混凝土、渠底现浇混凝土 | 小计 |
| 陶岔—沙河南段 | 2.73 | 225.04 | 1.05 | 228.820 |
| 沙河南—黄河南段 | — | 215.520 | — | 215.520 |
| 黄河北—漳河南段 | — | 218.061 | 2.804 | 220.865 |
| 漳河北—古运河段 | 76.235 | 131.556 | 14.813 | 222.604 |
| 古运河—北拒马河中支段 | 46.018 | 141.154 | 13.775 | 200.947 |
| 合计 | 124.983 | 931.331 | 32.442 | 1 088.756 |

**2）防渗措施**

根据《渠道防渗工程技术规范》（SL 18—2004）有关规定，并从耐久性及增加其与土层间的摩擦系数等方面考虑，防渗土工膜选用强度高、均匀性好的双面复合土工膜，规格为 600 g/m²。复合土工膜膜厚 0.3 mm（276 g/m²），双面土工布采用规格大于 150 g/m² 的长纤土工织物。

渠底防渗土工膜压在坡脚齿墙下，渠坡防渗土工膜顶部高程与衬砌顶部高程相同，并压在封顶板下，采用矩形或三角形压边。铺设方向由下游向上游顺序，上游边压下游边，土工膜采用焊接方式连接，焊接宽度为 10 cm。

## 2. 混凝土衬砌设计

**1）一般土质渠段**

采用现浇混凝土衬砌，混凝土强度等级为 C20，抗渗等级为 W6；陶岔—白马河段（桩号 0+000～848+695）渠道混凝土抗冻等级为 F100，白马河—北拒马河中支段（桩号 848+695～1196+362）抗冻等级为 F150。渠坡混凝土衬砌厚度一般为 10 cm，渠底混凝土衬砌厚度为 8 cm；分缝距离一般为 4～5 m。衬砌板填缝材料分两部分，临水的止水填缝材料采用聚硫密封胶，与其配套的下部填缝材料为闭孔塑料泡沫板。

**2）潮河绕岗段**

潮河绕岗线部分渠段，因为渠基及渠坡多为砂层，且地下水位高，渠坡不稳定，该段渠坡衬砌采用 M7.5 浆砌石贴坡式挡墙、M10 水泥砂浆抹面，渠底采用现浇混凝土衬砌。

**3）煤矿采空区**

对于禹州煤矿采空区渠段，为较好地适应地基变形，采用预制混凝土块衬砌，衬砌分缝宽度调整为 2.5 m。

**4）石质渠段**

石质渠段采用渠坡喷射混凝土衬砌、水泥砂浆抹面，喷射混凝土衬砌厚度 10～12 cm，水泥砂浆抹面厚度 2 cm。渠底采用现浇混凝土衬砌，一般厚度为 8 cm（古运河—北拒马河段为 15 cm），渠底衬砌板下铺设 10 cm 砂垫层找平。

# 7.5.4 渠道防冻胀设计

## 1. 设计分段

渠道防冻胀设计按《水工建筑物抗冰冻设计规范》（SL 211—2006）和《渠系工程

抗冻胀设计规范》（SL 23—2006）的要求进行。对于标准冻深大于 10 cm 的渠段，进行渠道的设计冻深和冻胀量计算，当渠道的设计冻胀量大于 1 cm 时，需采取抗冻胀措施，各渠段冻胀量计算成果如下。

陶岔—黄河南段：总干渠沿线标准冻深均小于 10 cm，黄河以南渠道不需要采取专门的防冻胀措施。

黄河北—漳河南段：当完建期地下水位低于渠底时，选取坡脚作为最大冻胀量的计算点；当地下水位高于渠底时，选取溢出点以上 0.5 m 处作为计算点。运行期则直接把最低蓄水保温水位以上 0.5 m 处作为计算点。经计算，阴坡最大冻胀量为 9.88 cm，阳坡最大冻胀量为 7.3 cm。

漳河北—古运河段：选择渠坡两侧底部和渠底中心 3 个部位计算工程设计冻深，并将 3 个部位的大值作为抗冻胀措施的设计依据。经计算，阴坡最大冻胀量为 12.49 cm，阳坡最大冻胀量为 10.41 cm。

古运河—北拒马河中支段：冬季最易破坏的部位是最低蓄水保温水位至设计水位处，选取渠坡设计水位处（阴坡、阳坡，下同）、渠坡底部、渠底中心作为设计冻胀量的计算点。经计算，阴坡最大冻胀量为 17.38 cm，阳坡最大冻胀量为 14.76 cm。

计算结果表明：陶岔—黄河南段沿线标准冻深均小于 10 cm，因此陶岔—黄河南段不需要进行抗冻胀设计。黄河北—北拒马河中支段沿线标准冻深采用气温条件相邻近的气象台（站）的多年冻深平均值。其标准冻深值均大于 10 cm，需要进行抗冻胀设计。

### 2. 防冻胀措施

#### 1）黄河北—漳河南段

本渠段采用渠坡全防冻、渠底不防冻的设计方案，防冻措施为设置保温板。

保温板厚度以计算值为依据，同时兼顾施工技术要求及强度要求等。计算的聚苯乙烯板保温厚度为 2.0～4.0 cm，考虑到中线工程的安全和施工等因素，聚苯乙烯保温板采用三种厚度，黄河以北—纸坊河以南厚度为 2.5 cm，纸坊河以北—山庄河以南厚度为 3 cm，山庄河以北—漳河以南厚度为 4 cm。保温板的铺设范围为从渠底至加大水位以上 50 cm 的渠坡。为了提高渠道衬砌的抗冻性，均采用现浇混凝土弧形坡脚。

#### 2）漳河北—古运河段

本段总干渠需要采取防冻胀措施的渠段长 185.035 km，不需要采取防冻胀措施的渠段长 37.590 km。地下水位低于渠底需要采取防冻胀措施的渠段及地下水位高于渠底的膨胀土渠段采用保温板保温措施，其累计长度为 147.986 km，换填砂砾料渠段长 37.049 km。本段采用全断面防冻，保温板厚度阳坡为 3～4 cm，阴坡为 3～5 cm，底板为 3～5 cm；置换砂砾料厚度阳坡为 9～31 cm，阴坡为 18～43 cm，底板为 20～35 cm。

**3）古运河—北拒马河中支段**

本段渠道需设防冻措施的渠段长 152.912 km，其中需铺设保温板的渠段长 108.744 km，换填砂砾料的渠段长 44.168 km。采用全断面防冻，保温板厚度阳坡为 3～6 cm，阴坡为 3～7 cm，渠底为 3～6 cm；换填砂砾料厚度阳坡为 21～39 cm，阴坡为 25～60 cm，渠底为 25～46 cm。

## 7.5.5 渠道排水设计

### 1. 排水方案

总干渠全线采用混凝土衬砌，为防止地下水扬压力对衬砌板的破坏，需根据总干渠的衬砌形式、地下水位的变化等综合情况，确定各渠段防止扬压力破坏的工程措施。主要采取如下三类排水方案。

**1）方案一：暗管集水，地下水自流外排**

部分高地下水位渠段距离天然河沟较近（2 km 左右），可利用河沟外排地下水。排水系统由纵横向集水暗管和排水管组成。在渠道两侧设置纵向集水暗管，垂直于渠道水流方向每隔 10 m 设一横向排水管，与渠底中央纵向排水管连接，将渗入的地下水通过排水管外排入相应河沟。

**2）方案二：集水井集水，地下水抽排**

抽排系统由集水井、水泵、集水暗管、连通管组成。在渠道一级马道以外一侧设置集水井，通过自动控制的抽排系统，将地下水排至渠道内。若地下水水质不符合要求，则将水排至渠道外。

**3）方案三：渠坡设暗管集水，逆止式集水箱自流内排**

在渠道两侧坡脚混凝土板下设暗管集水，每隔一定距离设一逆止式集水箱，当地下水位高于渠内水位时，地下水通过排水暗管汇入集水箱，逆止式排水阀门自动开启，由集水箱的出水管将地下水排入渠内，降低地下水位，减小扬压力；反之，阀门关闭。因出水管与渠底有一定的高差，避免了出水管的淤积。当地下水水质符合要求时，可采用此方案。

### 2. 分段布置

**1）陶岔—沙河南段**

陶岔—沙河南段需进行排水处理的渠段累计长 169.322 km，地下水水质符合要求。

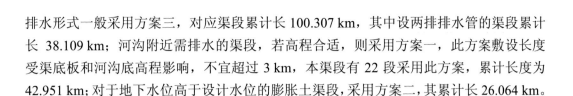

排水形式一般采用方案三，对应渠段累计长 100.307 km，其中设两排排水管的渠段累计长 38.109 km；河沟附近需排水的渠段，若高程合适，则采用方案一，此方案敷设长度受渠底板和河沟底高程影响，不宜超过 3 km，本渠段有 22 段采用此方案，累计长度为 42.951 km；对于地下水位高于设计水位的膨胀土渠段，采用方案二，其累计长 26.064 km。

### 2）沙河南—黄河南段

沙河南—黄河南段累计长 59.105 km。沙河南—黄河南段地下水水位高于渠道设计水位的有 6 段，累计长 16.639 km，根据地下水质状况选用内排与抽排相结合的方案二和方案三。

### 3）黄河北—漳河南段

黄河北—漳河南段累计长 54.026 km。由于焦作段地下水埋藏较浅，且处于市区下游，地下水易受污染。为此，桩号 HZ-30+715～HZ-38+356 段采用方案二。

黄河北—漳河南段地下水水位高于渠道设计水位的有 3 段，累计长 5.005 km。为保证地下水高于或等于渠道设计水位的渠段安全运行，选用内排与抽排相结合的方案二和方案三。

### 4）漳河北—古运河段

邢台北掌煤田改线段、南沙河南岸渠段、白马河南岸渠段，因渗水量大，从安全角度考虑，采用方案二。石家庄西郊深挖方渠段，因地下水质超过地面水 Ⅲ 类标准，属 Ⅳ 类水，地下水不能入总干渠，采用方案二。抽水外排渠段邢台段长 11 653 m，石家庄段长 8 091 m。

其他地下水位高出总干渠渠底，且地下水水质满足要求的一般渠段，采用方案三，内排渠段长度 24.269 km。非膨胀土渠段自流外排长度 10.144 km，膨胀土渠段自流内排长度 8.143 km。

### 5）古运河—北拒马河中支段

通过对本渠段地下水位的调查分析与预测，共有 36.715 km 的渠段地下水位高出渠道设计渠底，占该渠段长度的 16.1%，其中有 6.719 km 的渠段地下水位高出渠道设计水位。地下水环境评价结果表明，沿线地下水水质均良好，不影响总干渠水质，均可排入总干渠。

由于需要进行排水设计的渠段基本为挖方和深挖方段，排水渠段大部分无天然沟壑，无自流外排条件，故桩号 GB-196+996～GB-197+746 段地下水外排入东留召沟，桩号 GB-90+199～GB-96+199 段 6 km 渠道及磁河河滩渠段右侧地下水采用方案二排水；拒马河河滩渠段采用方案三与方案二相结合的方式排水，其他渠段采用方案三排水。

总干渠陶岔渠首—北拒马河中支段排水形式统计见表 7.5.4。

表 7.5.4　陶岔渠首—北拒马河中支段排水形式统计表

| 渠道分段 | 排水形式累计长度/km | | | | | |
| --- | --- | --- | --- | --- | --- | --- |
| | 自流外排 | 抽排至渠内 | 内排＋抽排 | 抽排至渠外 | 内排 | 小计 |
| 陶岔—沙河南段 | 42.951 | 27.123 | — | — | 99.248 | 169.322 |
| 沙河南—黄河南段 | — | — | 16.639 | — | 59.105 | 75.744 |
| 黄河北—漳河南段 | — | — | 5.005 | 7.642 | 54.026 | 66.673 |
| 漳河北—古运河段 | 18.287 | — | — | 19.744 | 24.269 | 62.300 |
| 古运河—北拒马河中支段 | 0.750 | 2.026 | 11.286 | — | 29.706 | 43.768 |
| 合计 | 61.988 | 29.149 | 32.930 | 27.386 | 266.354 | 417.807 |

## 7.5.6　运行维护道路设计

### 1. 运行维护道路布置

为了便于总干渠的运行管理和维修，需布设运行维护道路。总干渠左右岸均布设运行维护道路，其中左岸为泥结碎石路面，右岸为沥青路面。路面布置在左右岸挖方渠道一级马道和填方渠道堤顶。

总干渠穿越大型河流、铁路时，视地形、道路条件在渠外修绕行或过水路面和漫水桥，使维护道路连通。运行维护道路从跨渠公路桥、渡槽及铁路桥涵下通过时，若净空不满足行车要求，则设上下坡道，从跨渠建筑物上面穿过。

### 2. 路面设计

左岸挖方渠道的一级马道和填方渠道的堤顶路面按泥结碎石路面设计，右岸挖方渠道的一级马道和填方渠道的堤顶路面按沥青路面设计。绕行道路一般按沥青路面设计，有过水要求时按混凝土路面设计。

#### 1）沥青路面设计

沥青路面宽 4 m，采用 5～6 cm 厚沥青面层，土渠段路基为 20 cm 厚 3∶7 灰土，石渠段基层为碎石，厚 15 cm。

全渠段临渠侧和半挖半填、填方段背渠侧设置混凝土路缘石，路缘石厚 15 cm，高 35 cm，其中 20 cm 埋入路面以下。挖方渠道路面坡向背渠侧，路面积水排入一级马道排水沟内；填方、半挖半填渠道路面坡向背渠侧，背渠侧路缘每 50～60 m 设置 100 cm 宽的排水口排除路面积水。

#### 2）泥结碎石路面设计

泥结碎石路面宽 4.0 m，采用 15～20 cm 厚泥结碎石面层，下铺 20 cm 厚稳定土基层。

路面布置与沥青路面相同。

### 3）混凝土路面设计

混凝土路面宽 5.0 m，采用厚 20 cm 的 C20 混凝土，基础为厚 20 cm 的 3∶7 灰土。

为了防止运行维护道路上下游河床冲刷，在过水路面上下游采用 50 cm 厚浆砌石护坡。参照有关规定，上游护砌段前齿深取 2 m，下游护砌深按计算的冲刷深度控制，上下游边坡坡度均取 1∶1。

## 7.5.7　渠坡防护设计

### 1. 渠坡防护范围

渠坡防护是指挖方渠道一级马道以上坡面和填方渠道背水坡面的防护。防护措施为坡面排水与植物护坡相结合的坡面防护。

### 2. 坡面排水设计

#### 1）坡面排水沟布置

坡面上设置横向与纵向排水沟：横向排水沟与渠道水流方向垂直，设置在坡面和马道上，间距 50~60 m；纵向排水沟与渠道水流方向平行，设置在各级马道上靠近坡脚的一侧，并与横向排水沟相沟通。

总干渠左右堤外坡的雨水最后排入外河道，内坡的雨水经一级马道进入总干渠。

#### 2）排水沟设计

一级马道上的横向入渠排水沟采用预制钢筋混凝土圆管，为了防止管内淤积和马道上车辆荷载破坏，以 5% 的纵坡将管道向渠内侧倾斜埋入马道以下，坡脚侧圆管顶埋深 0.35 m；圆管以集水坑与纵向排水沟连接，集水坑的长、宽、深均为 0.3 m，渠内侧圆管底与衬砌顶板相连。预制钢筋混凝土圆管内径 26 cm，壁厚 3 cm。其他排水沟采用现浇混凝土矩形槽，断面尺寸为 0.3 m×0.3 m，壁厚为 10 cm。

### 3. 护坡设计

渠道坡面按工程地质条件可分为石坡和土坡，填方段按渠外洪水情况可分为渠外有洪水和无洪水，按水文地质条件可分为地下水位以上和地下水位以下。对于不同情况的坡面，分别采用不同的防护措施。

（1）特殊土（湿陷性黄土、膨胀岩土）边坡采用 C15 现浇混凝土框格护砌，格内底部采用填土植草护坡。

（2）根据石渠段坡面地质条件的不同采取不同的防护措施，岩石较为完整的内坡，为防止碎石滑入渠道内，采用 5 cm 厚喷射混凝土固坡。对于风化严重的岩石破碎渠段，采用喷混凝土、打锚杆、挂钢筋网的措施，喷混凝土厚度 10 cm，锚杆采用直径为 18～22 mm 的 II 级钢筋，挂网钢筋采用直径为 6 mm、间距为 20 cm 的 I 级钢筋网。

（3）河滩地的渠道外坡采用干砌块石护砌，护砌范围为渠外设计洪水位加 0.5 m 超高，坡顶用浆砌石封顶，下部设浆砌石脚槽。干砌块石厚 30 cm，其下为 10 cm 碎石垫层，封顶宽 1 m，高 0.4 m，脚槽宽 0.4 m，高 0.5 m。

（4）一般土渠段采用草皮护坡或混凝土六角框格与草皮护坡相结合的方式。

## 7.5.8　渠外保护带设计

### 1. 防护堤

总干渠左堤既要满足渠内水位的要求，又要满足左堤外侧洪水位的要求，在挖方渠段及外水位控制的填方渠段，总干渠左岸设置防护堤。

**1）洪水标准**

防护堤设计标准与相邻建筑物标准相同，河渠交叉处为 100 年一遇洪水设计，300 年一遇洪水校核；左岸排水交叉处防护堤为 50 年一遇洪水设计，200 年一遇洪水校核。

**2）堤顶高程**

防护堤堤顶高程由外水位控制，取渠外设计洪水位加超高 1 m、渠外校核洪水位加超高 0.5 m 两者中的大值。不受外水控制的渠段，防护堤高度按 1 m 设计。

**3）布置及形式**

（1）构造防护堤。对于没有外水位控制或外水位控制的防护堤堤顶高程低于标准堤的挖方渠段，防护堤采用构造防护堤断面。构造防护堤断面为堤高 1 m，堤顶宽 1 m，边坡坡度 1∶1.5。

（2）挖方渠道。挖方渠道防护堤布置在渠道开口线以外 1～2 m 处，挖方渠道无渠外洪水位要求时，左岸设置构造防护堤；挖方渠道有渠外洪水位要求时，若按渠外洪水位确定的防护堤高度小于 1.0 m，设置构造防护堤，若大于 1.0 m，按渠外洪水位确定的防护堤堤顶高程布置防护堤。防护堤堤顶宽度为 1.0～3.0 m，内外边坡坡度均为 1∶2。

（3）半挖半填渠道。由外水位控制的半挖半填渠道防护堤应与总干渠渠堤结合布置，分以下两种情况：①防护堤高程与内水要求的渠堤高程之差小于或等于 2 m 时，直接在渠堤上加筑防护堤，堤顶宽 5 m，内外边坡与渠道过水断面边坡相同；②防护堤高程与内水要求的渠堤高程之差大于 2 m 时，在渠堤外侧加筑防护堤，堤顶宽 3 m，内外边坡坡度均为 1：2.0。

### 2. 截（导）流沟

为排除总干渠外地面的坡水，疏通串流区和总干渠截断的原有排水通道，需在渠外设置截流沟或导流沟。截流沟仅拦截雨水，防止坡水进入渠道；导流沟不仅拦截雨水，而且具有疏通当地排水沟网的作用。截（导）流沟一般布置在渠道防护林带外侧。

截流沟一般按构造设计，按深 1 m、底宽 1 m、边坡坡度 1：1.5 的梯形断面设计。在截流沟穿过道路或河堤时，采用埋设钢筋混凝土涵管形式。导流沟一般将 5 年一遇不淹地、20 年一遇不淹村作为设计标准。挖方渠道的截（导）流沟采用土工膜防渗。

### 3. 防护林带

为防止泥沙、尘土及一些废物随风进入总干渠并污染水质，美化和保护总干渠，在总干渠两侧布置防护林带。

防护林带布置在挖方渠道开口线或填方渠道外坡脚线外侧，每侧宽度为 8 m。根据"因地制宜、适地适树、经济美观"的原则，选择树种，主要选择冬季不落叶或少落叶树种。

### 4. 保护围栏

为保证总干渠封闭式管理，在截流沟外侧设保护围栏，保护围栏采用金属网，每 2 m 设一混凝土柱（断面尺寸为 0.3 m×0.3 m），柱高 3 m，其中深入地下 1 m，柱间用金属网连接，金属网高 2 m。

## 7.6　机电系统总体设计

### 7.6.1　供电系统

在 1995 年可行性研究阶段供电系统接线方案的论证中提出了 220 kV、110 kV、35 kV 等共 6 种供电接线方案，经比较、论证，初步推荐以 10 座 110 kV 降压（降压至 35 kV）变电站为中心的总干渠专用供电网接线方案。

1996 年经过对总干渠途经地区的电网电源情况的多次调研，结合负荷点的性质和运行方式，对南水北调中线工程供电系统接线方案进行了更为深入的研究，同时长江勘测规划设计研究院（现为长江设计集团有限公司）与重庆大学联合对供电方案的可靠性进行了研究，拟定了 110 kV、35 kV、10 kV 专用供电网络和分散供电网络两种类型的共 5 个接线方案，初步推荐 35 kV 专用供电网络。

《南水北调中线一期工程项目建议书》和《南水北调中线一期工程总干渠总体设计》两次的审查意见指出，针对全线供电系统，总干渠供电 35 kV 专网供电的设计及系统结构是可行的。对项目建议书的审查意见是："基本同意初拟的总干渠供电方案，拟在沿线分布设置 35 kV 开关站和架空配电线路构成专用供电系统，电压等级为 35 kV，电源分别引自沿线所在地区变电所。但北京段的泵站用电负荷较大，应补充相关电气设计内容"。对总体设计的审查意见也基本同意总干渠设 35 kV 专用供电网络的供电方式。

《南水北调中线一期工程总干渠可行性研究供电系统专题报告》和《南水北调中线一期工程可行性研究总报告》是在上述基础上对一期工程总干渠供电系统设计的深化，经过设计研究，明确南水北调中线工程总干渠供电系统采用以 35 kV 中心开关站和沿线专用输电线路构成的供电网络为主，个别大型泵站采用 110 kV 变电站供电的方案。35 kV 中心开关站的输配电网络是在总干渠沿线根据输电距离和负荷分布等情况设置 13 个 35 kV 中心开关站，从中心开关站所在地区的电力系统中引 1 或 2 回 35 kV 电源线路接至每个中心开关站的母线上，再由中心开关站母线引出 2 回 35 kV 线路分别向干渠的上下游两侧辐射，在干渠负荷点处设降压变电站向负荷供电。北京段采用 10 kV 公网分散供电的方案，惠南庄大型泵站设泵站 110 kV 变电所专门供电。天津段采用 10 kV 公网分散供电的方案。可行性研究重点解决总干渠 35 kV 中心开关站和专用输电线路的设置、系统电源引入、电压等级选取、具体供电方案的确定、各开关站规模的确定、主要电气设备的选择、分期实施的确定等重大问题等。

2005 年 9 月《南水北调中线一期工程可行性研究总报告》的审查意见为，基本同意总干渠供电设计原则和负荷等级划分原则，基本同意沿总干渠以 35 kV 为主供电、天津段就近引接 10 kV 电源、惠南庄泵站采用 2 回 110 kV 电源、北京段就近引接 10 kV 电源的供电系统方案。

## 1. 供电系统总体设计方案

南水北调中线一期工程从丹江口水库引水，向北京、天津调水，并沿途向河南、河北供水，其输水干渠包括主干渠和天津干渠两部分，主干渠全长 1 276.219 km，天津干渠长 155.531 km。干渠沿线设有分水口门、节制闸、退水闸、事故检修闸和加压泵站等用电建筑物共计 269 处。总干渠供电系统的设计是为了满足干渠上主要用电设施的用电需要，以确保干渠输水的安全、稳定、可靠。渠道上主要的控制设施，如节制闸、退水闸、分水口门、事故检修闸和加压泵站等，是干渠供电系统的主要供电对象。

南水北调中线一期工程供电系统采用专用 35 kV 中心开关站接线方案，即总干渠沿线架设 35 kV 专用输电线路，沿线均布 13 个区域 35 kV 中心开关站的方案。每个中心开关站从所在电力系统的 35 kV 系统引 1 或 2 回 35 kV 电源线路，再沿 35 kV 专用输电线路向渠道上下游分别供电 40~65 km，沿线每个负荷点处均各设置 1 座 35 kV/0.4 kV 降压变电所。在相邻两个中心开关站供电范围交界处的 35 kV/0.4 kV 降压变电所内，设置 35 kV 联络开关。正常运行情况下，每个 35 kV 中心开关站及其供电范围内的 35 kV 线路、35 kV/0.4 kV 降压变电站，自成一个独立输配电网络；当相邻中心开关站失去电源时，或 35 kV 输电线路发生故障时，切除故障部分后，合上 35 kV 联络开关，使相邻中心开关站之间电源互为备用。

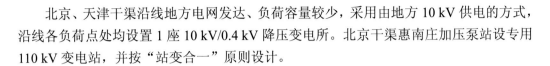

北京、天津干渠沿线地方电网发达、负荷容量较少，采用由地方 10 kV 供电的方式，沿线各负荷点处均设置 1 座 10 kV/0.4 kV 降压变电所。北京干渠惠南庄加压泵站设专用 110 kV 变电站，并按"站变合一"原则设计。

### 2. 35 kV 输电线路

35 kV 输电线路采用以架空线路为主，局部电缆的方式。在每个供电区域内，35 kV 输电线路均从地区电源变电所 35 kV 母线引接并架设到各中心开关站，然后从中心开关站沿干渠向上下游两侧辐射，在每个需供电的闸站负荷点"π"接或"T"接进 35 kV 降压变电站。

沿渠道全线分段架设的 35 kV 架空输电线，每段的起终点为各中心开关站和降压站，各站间输电线长度不等，长度为几千米至十几千米，各段用电设备容量亦有较大差异。正常运行时，线路输送容量为 1 200～3 300 kW。作互为备用运行时，线路需承担邻站负荷，输送容量为 2 800～4 600 kW。

### 3. 中心开关站

干渠 35 kV 供电专用网络共设置 13 个中心开关（变电）站，各开关（变电）站的进线电源均从所在地区的 110 kV 变电所中引接，中心开关（变电）站母线上同时引出 2 回 35 kV 线路，分别向渠道的南北侧辐射供电，辐射距离为 40～65 km（间距根据负荷大小和电压降计算确定），在 35 kV 供电专用网络覆盖段的各负荷点装设降压变压器。

中心开关（变电）站均与降压站相结合，在正常情况下，一般为一回电源，为保证供电的可靠性，特殊情况下，如穿黄分段供电引接两回电源。当中心开关站为一回电源进线时，其电气主接线只能选用单母线接线形式；当为二回电源进线时，可比较单母线及单母线分段两种接线形式。由于中心开关站 35 kV 出线回路数较少（3～4 回），而单母线接线又具有简单、方便、投资较省的优点，该接线形式更适合南水北调中线工程干渠供电的特点。现阶段，35 kV 中心开关站的电气主接线无论单、双电源均采用单母线接线的形式。

在 35 kV 母线上留有装设并联电容器装置、接地变压器、消弧线圈的开关柜的位置。各中心开关站配备 120 kW 的拖车电站，作为总干渠沿线检修类负荷的供电电源。

### 4. 降压变电站

干渠上控制性用电建筑物，如节制闸、分水闸和退水闸等的降压变电站采用"π"接方式与 35 kV 线路连接，其他负荷点的降压站可视负荷大小等具体情况采用"T"接或其他简化的接线方式。35 kV/0.4 kV 降压站的高压侧一般采用单母线接线形式，低压侧的接线为单母线或单母线分段，其联络开关上装设备用电源自动投入装置，能迅速恢复供电。末端 35 kV 负荷点降压变电站采用线路变压器组接线。

## 7.6.2 通信系统

### 1. 通信系统方案研究

南水北调中线一期工程设置调水工程自动化监控、水质监测、工程安全监测、运行维护、工程管理、综合办公、决策综合支持等自动化调度和信息管理系统。这些系统在各级管理机构与现地闸站之间有大量的数据、图像和语音等信息需要传输及交换，需要建设一套技术先进、安全可靠、性能完善，能很好满足调水工程自动化调度系统和信息管理系统各类信息传输和交换需求的工程专用通信系统。

长江勘测规划设计研究院从 20 世纪 90 年代起对南水北调中线一期工程全线通信系统展开了大量的前期研究工作。分别对国内已建的部分引水工程（如甘肃景泰川电力提灌工程、甘肃引大入秦工程、宁夏固海扬水工程、陕甘宁盐环定扬黄工程、北京京密引水工程、山西引黄入晋工程、山东引黄济青工程、东深供水工程）先后进行了调研，完成了《南水北调中线工程国内调研报告监控自动化、通信和供电部分（之一）》和《南水北调中线工程国内调研报告监控自动化、通信和供电部分（之二）》两份调研报告。1997 年还派遣有关技术人员对美国加利福尼亚州调水工程进行了考察和学习，完成了《加利福尼亚北水南调工程考察报告》。另外，还委托中国空间技术研究院、中国三江航天集团对以卫星为主的通信方案进行了研究，完成了《南水北调中线工程卫星通信网科研报告》，委托中国电子科技集团公司第五十四研究所对工程通信网监管系统进行了研究，完成了《南水北调中线工程通信网监管系统研究报告》，还聘请有关通信专家，对通信方案的研究进行了咨询。

在国内外调研、咨询和科研基础上，长江勘测规划设计研究院对南水北调中线工程总干渠全线通信方案进行了专题研究，完成了《南水北调中线工程通信方案研究专题报告》。专题研究对总干渠主干通信可能选用的光纤通信即准同步数字体系（plesiochronous digital hierarchy，PDH）和同步数字体系（synchronous digital hierarchy，SDH）传输方式、甚小口径天线终端（very small aperture terminal，VSAT）卫星通信、微波通信、公用网通信等通信方式进行了分析比较。光纤通信的优点是先进可靠，传输质量好、容量大，不易受干扰，可沿渠道敷设光缆和设置光通信中继站点，施工方便。微波通信具有技术较成熟，传输距离较远的优点。但微波通信传输容量没有光纤通信大，且易受大气影响，而且投资也较大。VSAT 卫星通信的优点是，通信覆盖面广，不受地理环境限制，受自然和人为因素影响小，便于安装开通，建站机动性强。但缺点是，信息传输时延较大，传输容量较小，且需支付卫星信道租用费。另外，也研究了利用公用网替代自建主干通信电路，组成一个公用网与自建区域网相混合的通信方案，此方案可较大减少一次性投资费用，但在使用中长期受公用网制约，租用的通信通道容量有限，不利于灵活组网，每年还需支付高昂的租用费，而且网络的安全性和可靠性也得不到有效保证。

通过对上述多种方案的技术经济研究、分析比较，并经水利部水利水电规划设计总院审批，确定了南水北调中线一期工程通信传输系统选用高带宽、高可靠性、组网灵活、传输质量高的 SDH 光纤通信方案。

### 2. 通信系统设计

南水北调中线一期工程通信系统由通信传输系统、程控交换系统、通信网时钟同步系统、通信网综合监测管理系统等组成。

长江勘测规划设计研究院在项目建议书、总体设计和可行性研究阶段，对通信传输系统的网络结构进行了深入研究。根据工程通信站点布置特点和光纤传输系统技术要求，又把通信传输系统分为主干通信传输网和区段通信传输网两部分。主干通信传输网担负各区段站点之间业务的长距离传输及电路的汇聚任务；而区段通信传输网则是在主干通信每个中继段内建立的一条区间传输电路，以负责每个区段内沿渠道各节制闸、退水闸、分水闸、泵站、管理处等通信站点的通信任务。

长江勘测规划设计研究院对 SDH 光纤通信传输网中主干通信采用链状线型、主干相切环、主干相交环等方案进行了进一步深化比选。最终选择了网络可靠性和系统冗余度最高，并能充分利用 SDH 光纤通信技术优势，具有自愈功能特点的主干相交环方案，即整个干线工程设计了五个 SDH 光纤通信大环，相邻环与环之间采用相交连接方式，组成一个互相交叉连接的环状网络结构。每个大环的设置考虑了地域分布、传输距离、环上节点数和北京—石家庄段先期开工等因素。一个大环布置在北京—石家庄段；一个大环布置在石家庄以南的河北段；在河南段布置两个主干环；在天津段布置一个主干环。

区段通信网络为环形拓扑结构，与主干通信环相交于主干通信环的相邻两节点。区段通信节点与主干通信这两个传输节点，以及区段通信光缆和主干通信光缆构成一个环形网络。

工程专用程控交换系统担负各级管理机构之间、各级管理部门对现地闸站之间的语音调度任务。程控交换系统设计采用了汇接方式的等级网络，局部采用星形连接。第一级由总公司、北京分公司、天津分公司、河南分公司、河北分公司及渠首分公司五个汇接局组成，通过光通信传输通道以 E1（2M）接口连接，形成多路由迂回网状网结构。第二级由各分公司内的各个管理处组成，各管理处作为端局。端局分别通过光通信传输通道以 E1（2M）接口与所属的汇接局星形连接（按各分公司汇接各分公司话务的管理原则），这一级为星形结构。

通信网时钟同步系统的任务是保证工程专用通信网内各通信设备之间的时钟同步，以提高通信传输质量。本工程时钟同步系统设计采用分布式多基准钟控制的混合同步组网方式。划分北京、河北、河南、渠首 4 个同步区，每个同步区设立区域基准钟（local primary reference，LPR），同步区内采用主从同步方式，在同步区间采用准同步的方式。

通信网综合监测管理系统是对工程通信网内各类通信设备及其配套设备进行实时监测和管理的一套计算机与数据通信系统。它使运行维护人员能准确掌握通信网内各设备的运行状态，提高管理维护能力。综合网管系统中心站设置在总公司，连接总公司内的各通信设备子网管进行数据采集、分析和管理。

## 7.6.3 自动化控制系统

总干渠沿线共计设有276个闸站点（其中包括分水闸阀88座、节制闸61座、出口闸2座、退水闸53座、倒虹吸出口控制闸60座；天津干线调节池、保水堰、分流井等控制站点7座；北京段1个加压泵站、3个连通阀和1个暗涵出口闸，共5个）。总干渠上没有调蓄水库，输水调度控制要求采用以供定需供水方式，全线要求最终按节制闸闸前区间水位控制方式运行，实行不间断供水。

为提高全线输水的快速性，缩短供水的响应时间，加强全线各控制站间的流量调节手段，在全线建立一套闸站自动化控制系统，与水量调度系统等其他业务系统协同工作，依据水量调度系统制订的调水指令，对全线总干渠所有节制闸、分水闸、退水闸、倒虹吸出口工作闸、加压泵站等进行统一的调度控制和运行管理，以实现全线水量的动态调度、控制、监视和运行反馈，在紧急情况下，闸站自动化控制系统按应急操作方案和操作程序，实现应急操作；通过建立水量调度和控制的一体化管控体系，满足水量调度控制的要求，完成中线一期工程的供水目标。

### 1. 系统任务

（1）闸站自动化控制系统和工程安全监测与管理系统、水质监测系统、工程防洪系统、综合调度决策会商系统、信息服务系统等其他各子系统协同工作，接收"实时水量调度"和"应急调度"下达的调度指令。

（2）按照闸前常水位控制方式，对总干渠调水进行集中、统一、实时、动态调节与控制操作，并将运行状况反馈给水量调度及闸站监控系统。

（3）总干渠控制流量、水位、闸门开度等运行信号的数据采集和处理。

（4）调水设备的控制与运行监视。

（5）引水闸、分水闸（阀）和泵站等供水量的计量、统计与管理。

（6）对全线输水异常情况（地震、洪水、渠道事故、水质污染等）的应急协调处理。

（7）全线闸站自动化控制系统设备的运行管理和维护。

### 2. 总体结构

根据总干渠监控站点点多线长的分布特点和工程分区域运行管理的要求，全线计算机监控系统采用分层分布式结构，分别设置调度中心层（含陶岔备用调度中心）、调度分中心层、现地控制层、管理处层。

调度中心层：全线计算机监控系统在位于北京的干线总公司内设1个调度中心。对总干渠的调水设施进行集中调度、监控和管理，并与综合管理信息系统进行数据通信。

在陶岔设置 1 个备用调度中心。

调度分中心层：系统在河南、河北、北京、天津四个区域的分公司内分别设置 4 个调度分中心。对所辖区段的调水设施进行集中调度、监控和管理，并与综合管理信息系统进行数据通信。

现地控制层：在总干渠沿线每座节制闸、分水闸（阀）、退水闸、倒虹吸出口工作闸、中心开关站等控制对象处均设有 1 个现地站；现地控制层仅对现地闸站进行控制。

管理处层：总干渠全线拟设 44 个管理处，分别用于对相应管辖区域内监控对象的管理和监视。管理处不参与对现地闸站的控制，只负责运行、监视、管理。

**3. 调度控制**

根据总干渠的调度原则和运行要求，闸站自动化控制系统分为集中调度监控和运行管理监视两大功能。总干渠调水运行的集中调度监控功能由调度中心（备用调度中心）、调度分中心、现地闸站分层分布实现；运行管理监视功能由调度中心（备用调度中心）、调度分中心、管理处分层分布实现。

**4. 控制方式**

调度中心调度控制方式有正常调度和非常调度，正常调度包括自动调度和手动调度。调度分中心调度主要有正常监视模式和特殊授权调度模式。

现地闸站控制方式包括远方、现地自动、手动、检修四种控制方式。

**5. 基本功能**

闸站自动化控制系统的基本功能包括数据采集、数据处理、数据记录、调节控制、远方操作、权限控制、数据通信、运行监视、培训管理、诊断维护、备用调度等。

调节控制包括节制闸、分水闸液压启闭机和退水闸固定卷扬启闭机的操作、控制、监视、保护和数据通信功能。

**6. 网络结构**

在系统总体层次结构的基础上，计算机网络逻辑结构如图 7.6.1 所示，计算机网络业务流程图如图 7.6.2 所示。

**1）横向结构划分**

根据系统安全、可靠性的要求，计算机网络系统横向按安全等级的不同划分为控制专网、业务内网和业务外网。业务内网级别高于业务外网，控制专网级别最高，三网互相物理隔离、功能独立，控制专网在设备布置和电路设计上均采用冗余策略，保证控制专网对计算机网络的特殊要求；其他两个网络采用星形结构。三张网承载的业务信息各不相同。

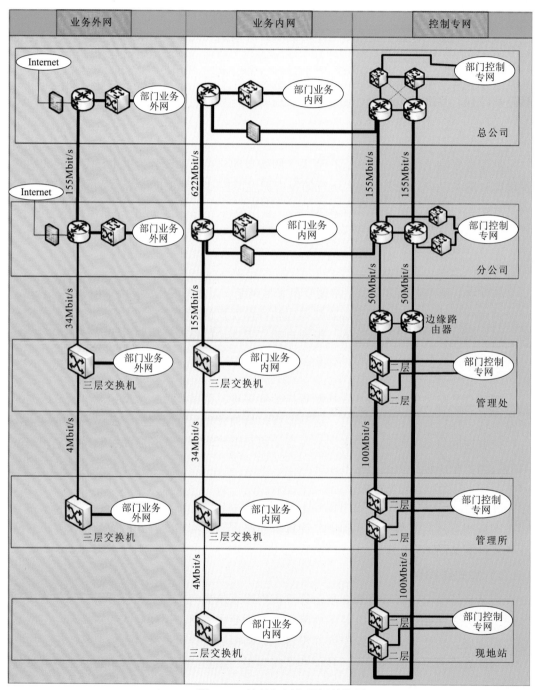

图 7.6.1　计算机网络逻辑结构图

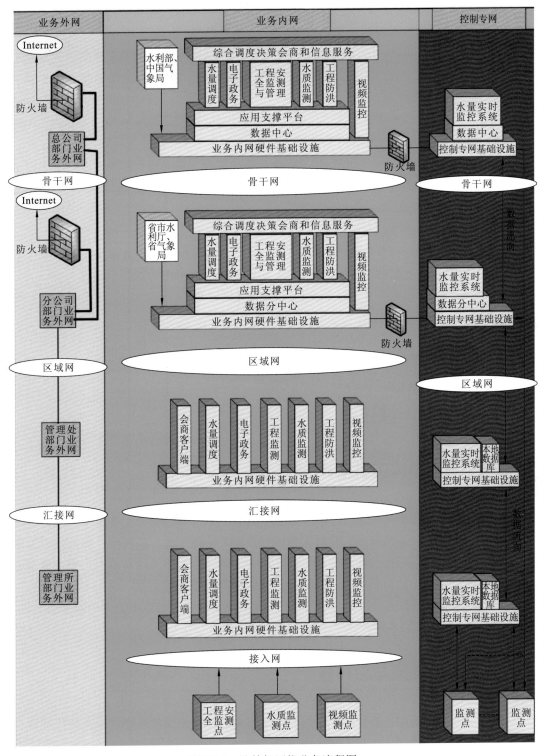

图 7.6.2 计算机网络业务流程图

控制专网主要承载水量实时监控系统的信息，等级最高，采用电路的冗余，骨干网采用 SDH 环形结构，区段网采用以太网环形结构。

业务内网主要承载本工程的业务系统，包括水量调度系统、工程安全监测与管理系统、水质监测系统、工程防洪系统、综合调度决策会商系统、信息服务系统、电子政务系统及视频监控系统等信息，业务内网利用多协议标签交换（multi-protocol label switching，MPLS）技术为上述各个应用系统划分不同的虚拟专用网络（virtual private network，VPN）确保各业务应用系统相互独立。

业务外网主要承载本工程的互联网服务，在总公司和分公司各设有 Internet 出口，对外提供 Internet 服务，包括 WWW、Mail、FTP 等服务。

**2）纵向结构划分**

南水北调计算机广域网络纵向由骨干网、区域网、接入网组成。通过骨干网实现总公司网络中心与各分公司网络分中心的互联互通；通过区域网实现各分公司网络分中心与其下属管理处的网络互联互通；通过接入网实现现地站网络的互联互通。

骨干网：总公司网络中心与 5 个分公司的网络分中心（包括备用网络中心）之间的互联网络。

区域网：各分公司网络分中心与其下属管理处之间的互联网络。

接入网：各管理处与其下属现地站之间的互联网络。

# 7.7 施工总体设计

## 7.7.1 总干渠施工进度计划

根据拟开工项目安排和中线一期工程项目建议书中的项目划分，将总干渠划分为陶岔—沙河段、沙河—黄河南段、穿黄工程段、黄河北—漳河段、漳河段、漳河—石家庄段、石家庄—北拒马河段、北拒马河—北京段、天津干渠段等 9 段和瀑河水库。穿黄工程是连接南北总干渠的重要纽带，是总干渠全线通水的控制性工程，施工工期 56 个月；各渠段内控制性工程的交叉建筑物的工期在 3.5 年内。按照满足总干渠全线通水的要求，初步拟定了中线一期工程总干渠的施工进度计划。

## 7.7.2 施工交通与总布置

对外交通充分利用已有公路，场内临时道路布置应与交叉建筑物的永久公路或现有公路相结合，以尽量减小道路工程量和道路占地。

施工营地根据工程规模、施工场地条件、有利于工程施工进行分段布置。施工营地内根据工程需要可布置汽车机械停放场、保养场、施工工厂、仓库、办公及生活区等。

（1）各交叉建筑物在工程区附近布置施工营地，以满足其施工要求。

（2）两交叉建筑物相距 2 km 以内，施工营地可合并布置于一处。

（3）两交叉建筑物之间的渠道长小于 5 km，渠道段不设施工营地，就近使用交叉建筑物的施工营地。

（4）两交叉建筑物之间的渠道长超过 5 km，可考虑分段设置施工营地，施工营地沿渠线两侧布置，优先布置在防护林用地范围内。

## 7.7.3　施工导流

考虑到导流工程规模、使用年限及失事后经济损失较小，经论证，导流建筑物一般由 4 级降低一级为 5 级，一般按 5 年一遇洪水标准进行设计，穿黄工程导流标准按 20 年一遇标准考虑，对于控制性工程或其他有特殊要求的交叉建筑物，其导流标准经综合分析比较后在上述标准的基础上适当加以提高。

## 7.7.4　工程施工

对岩土开挖分类标准进行了界定；提出了土石方平衡在基本要求、土方取土、土方开挖弃土和石方弃渣等方面的一般性原则，便于总干渠全线的设计口径一致。

### 1. 岩土开挖分类

渠道沿线地层中古近系—新近系软岩的岩土开挖分类界定如下。

（1）钙质胶结良好的为岩石。

（2）半胶结的为土和岩各 50%。

（3）无钙质胶结的为土。

### 2. 土石方平衡

土石方平衡及料场选择是渠道施工组织设计的重要内容之一，应根据总干渠挖方量大于填筑量的特点，做好填方利用及弃渣规划，满足技术可行、经济合理的要求。

**1）土石方平衡基本要求**

（1）优先考虑将开挖料作为填筑料，尽可能实现挖填平衡。

（2）总干渠沿线一般不考虑跨河调运。

（3）土方不宜考虑跨越较大的渠道和车流量较大的公路、铁路。

（4）两较大交叉建筑物的间隔过大时再分亚段。

（5）土石方的开挖、回填、运输、弃渣与取土均应满足环境保护和水土保持要求。

**2）土方取土要求**

（1）挖填渠段合格开挖料在本渠段作为利用方，填土不足部分考虑调运邻段挖方，仍不足时考虑沿渠道两侧就地取土。就地取土不便或土料不足时，经过经济、技术比较后选择集中取土或调运土方。

（2）在中、强膨胀土等不满足填筑技术要求的渠段，经过经济、技术比较后选择调运或从集中料场取土。

（3）就地取土厚度一般为 3 m 左右，渠道两侧取土宽度不宜超过 300 m（从渠堤两侧防护林排水沟外侧算起），表面 0.5 m 厚耕植土就近堆存，取土后把耕植土复原还耕。

**3）土方开挖弃土要求**

（1）集中弃土时，优先选择距离较近的凹地、沟谷、荒地、低洼地等集中堆放，堆放平均高度一般不超过原地面以上 15 m。

（2）总干渠两侧就地弃土，对于挖方渠段，弃土厚度宜为 3.0 m 左右，宽度不大于 300 m（从两侧排水沟向外侧算起）；对于半挖半填及全填方渠段，弃土首先弃于防护林区域，弃土顶部距渠堤顶部 1.0 m，不足部分可向外扩宽，扩宽弃土厚度宜为 3.0 m 左右，扩宽宽度不宜大于 300 m。

在后续可研设计和初步设计中，根据国家和地方土地保持新政策，从环境保护、水土保持、施工技术可行、经济合理等方面综合比较分析后，将沿渠道两侧就地弃土（渣）布置全部调整为集中弃土（渣）布置。

**4）石方弃渣要求**

硬岩石方开挖料，首先考虑利用石料。不能利用的石方开挖料，宜布置集中弃渣场进行堆放，集中弃渣场的要求与集中弃土场基本相同。

# 第8章

## 汉江中下游治理工程

### 8.1 兴隆水利枢纽

兴隆水利枢纽位于汉江下游湖北省潜江、天门境内，上距丹江口水利枢纽 378.3 m，下距河口 273.7 km，是南水北调中线汉江中下游四项治理工程之一，同时也是汉江中下游水资源综合开发利用的一项重要工程。

#### 8.1.1 工程选址

**1. 比较坝址的拟定**

兴隆水利枢纽是南水北调中线工程汉江中下游四项治理工程之一，工程的主要任务是灌溉和航运，其下游规划有引江济汉工程。因此，兴隆水利枢纽的坝址选择在库区现有主要灌区引水建筑物的下游和引江济汉工程出口的上游。根据《南水北调中线一期工程项目建议书》确定的兴隆水利枢纽坝址位置、引江济汉工程线路布置和库区两岸主要灌区引水闸现状，兴隆水利枢纽坝址的选择范围为上至兴隆闸、下至潜江高石碑镇约 5 km 的河段。

在《南水北调中线一期工程项目建议书》的基础上，通过实地勘察，在兴隆闸—高石碑段的偏中上游段选择了上下两个坝址作为比较坝址。两坝址相距约 1.1 km。

上坝址坝轴线位于汉江右岸兴隆一闸下游约 500 m 处，下距新修建的兴隆二闸约 200 m，坝轴线总长 2 270 m。下坝址坝轴线位于汉江右岸兴隆二闸下游约 950 m 处，下距引江济汉工程出口约 3 500 m，坝轴线总长 2 835 m。

**2. 比较坝址工程布置**

结合枢纽运用特点和坝址区地形、地质条件，参考长江中下游类似平原河道的建闸经验和有关研究成果，兴隆水利枢纽采用主体建筑物布置在河床，两岸河漫滩不设挡水堤坝的闸桥式布置形式，洪水期使两岸宽阔的滩地参与行洪。

兴隆水利枢纽上下两坝址相距仅约 1.1 km，地形、地质、水文特征、枢纽布置和施工导流条件基本相同，因此，两坝址采用相同的主体建筑物形式、规模和枢纽布置方案，所不同的只是上坝址河谷宽度稍窄，主体建筑物两岸连接交通桥的长度比下坝址略短。

两坝址枢纽布置基本格局为：主体建筑物集中布置在主河槽及左岸漫滩部位，自左至右依次布置通航建筑物（前缘长 47 m）、泄水建筑物（前缘总长 958 m）和水电站厂房（前缘总长 107 m），主体建筑物两侧为滩地过流段，上部设交通桥，连接主体建筑物与两岸堤防。施工导流均采用左岸滩地开挖明渠导流、一次土石围堰全年施工方案，枢纽主体建筑物集中在一期施工完成，二期直接在明渠截流戗堤上抛填土石料，填堵导流明渠。

### 3. 坝址综合比选

综合比较上下两坝址方案，并在深入分析超宽粉细砂河道河势演变规律的基础上，结合天然状况下左右高漫滩在中大洪水时参加行洪的特点，研究后创新性提出了"主槽建闸，滩地分流；航电同岸，稳定航槽"的枢纽布置技术。最终推荐下坝址方案，该坝址轴线位于汉江右岸兴隆二闸下游约 950 m 处，下距引江济汉工程出口约 3 500 m。同时，综合考虑坝址地形地质条件、枢纽布置和施工导流要求，推荐闸桥式枢纽集中布置方案。枢纽主体建筑物集中布置在主河槽及左岸低漫滩部位，两侧为滩地过流段，上部设交通桥，连接主体建筑物与两岸堤防。坝轴线总长 2 835 m（坝轴线与两岸堤防中心线交点的距离），自左至右依次为左岸滩地过流段（长 1 110 m）、通航建筑物段（长 47 m）、泄水建筑物段（长 958 m，其中含 20 m 门库段）、电站厂房段（长 107 m，含安装场）、右岸滩地过流段（长 613 m）。

## 8.1.2　枢纽布置

### 1. 枢纽布置方案选择

工程所在河段地处江汉平原，两岸滩地广阔，地势平坦，河床覆盖层厚度 45～70 m，具有二元结构特征，上层为黏土，下层为中细砂，抗冲性较弱，同时坝址河段顺直段较短，枢纽上下游均为弯道河段，坝址附近河道宽浅，心滩发育，主流变化频繁。因此，工程布置时必须考虑坝区河段河势变化与枢纽总体布置、水电站引水防沙、通航建筑物引航道泥沙淤积、泄水闸闸下河床冲刷、施工期明渠导流等问题，保障枢纽综合效益的长期、稳定发挥。

综合考虑坝址地形地质条件、枢纽布置和施工导流要求，在拟定闸桥式枢纽布置形式的基础上，研究、比较了方案 I（集中布置方案）和方案 II（分开布置方案）两个枢纽布置方案。两布置方案的泄水闸、船闸和水电站厂房均采用相同的形式与尺寸，主要

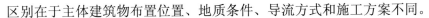

区别在于主体建筑物布置位置、地质条件、导流方式和施工方案不同。

经综合比较分析，方案 I 在地质条件、枢纽运行条件、施工条件和工程运行管理方面均较方案 II 有利，同时施工总工期可缩短半年。工程量和工程总静态投资：方案 I 土石方开挖工程量虽然增加较多，但土石方填筑、混凝土浇筑量、钢筋铺设及防渗工程量均较方案 II 有所减少，工程总静态投资比方案 II 减少 5 811.6 万元。将方案 I 作为枢纽布置推荐方案。

### 2. 推荐方案枢纽布置

兴隆水利枢纽总体格局为河槽和左岸低漫滩上布置泄水闸，紧邻泄水闸右侧布置水电站厂房，船闸布置在厂房安装场右侧的不过流滩地上，与安装场的间距为 80 m，为水电站厂房与船闸间的挡水坝段，鱼道位于船闸与水电站厂房之间。船闸与右岸汉江堤防之间、泄水闸与左岸汉江堤防之间则为滩地过流段，主体建筑物与两岸堤防之间采用交通桥连接。坝轴线自右至左依次为 741.5 m 的右岸滩地、47 m 的船闸段、80 m（含鱼道）的挡水坝段、112 m（含安装场）的水电站厂房段、19 m 的泄水闸右门库段、56 孔 953 m 的泄水闸段、19 m 的左岸门库段、858.5 m 的左岸滩地，坝轴线全长 2 830 m。

## 8.1.3　主要建筑物

兴隆水利枢纽由拦河水闸、船闸、水电站厂房、鱼道、两岸滩地过流段及其上部的连接交通桥等建筑物组成。

### 1. 泄水建筑物

兴隆水利枢纽为平原区低水头径流式枢纽，设计洪水流量大，汛期要求尽量降低水库洪水位，泄水建筑物选用开敞式平底闸形式。综合考虑坝址河床地形地质条件、下游尾水深度、枢纽布置条件和运用特点等因素，泄水闸设计过闸平均单宽流量约采用 19 $m^2/s$，拟定闸孔总净宽为 784 m，共布置 56 孔。

### 2. 通航建筑物

兴隆水利枢纽河段远期通航标准为 1 000 t 级，枢纽通航建筑物采用单线一级船闸，按与 III（3）级航道标准配套，确定设计代表船队为 1 顶 4 驳 4 000 t 级船队，闸室有效尺寸采用 180 m×23 m×3.5 m（长×宽×最小坎上水深）。

推荐方案船闸布置于汉江主河槽左岸滩地，船闸轴线与坝轴线垂直，左岸接滩地过流段和交通桥，右侧接泄水闸。船闸由上闸首、闸室、下闸首、上下游引航道及导航、靠船建筑物组成。

### 3. 水电站厂房

兴隆水利枢纽水电站为低水头河床径流式水电站，水头范围为 1.0～7.15 m。水电站装机容量 37 MW，安装四台贯流式水轮发电机组，单机容量 9.25 MW，机组安装高程 22.7 m，水轮机直径 6.00 m。

推荐枢纽布置方案水电站厂房布置于汉江主河槽右侧，轴线与坝轴线平行，前缘总长 107 m，左侧接泄水闸门库段，右侧设置长 20 m 的厂前区平台，接交通桥，与右岸堤防相连。进厂交通由右岸交通桥从安装场端部进入安装场卸货平台，卸货后经厂内桥机转运就位。

### 4. 两岸滩地过流段

主体建筑物两侧为滩地过流段，汛期参与行洪。滩地过流段过流面高程，综合考虑船闸最高通航水位时的运行条件、过流段防风浪要求及滩地行洪要求等因素后，拟定为 37.8 m，上空设交通桥，连接主体建筑物与两岸堤防。

考虑到流量集中和交通桥桥墩局部流态影响等因素，为确保枢纽安全，在滩地过流面设 50 cm 厚的干砌石护面，保护范围为交通桥轴线上游 50 m 至下游 75 m，其余部分则种植草皮进行护面。导流明渠回填段上下游坡面至堤顶 10 m 范围内以厚 50 cm 的干砌块石进行保护。

滩地过流段连接交通桥根据施工期设备运输和枢纽运行管理需要，并适当兼顾社会交通，按与三级公路配套设计，通行标准为汽-20、挂-100。

### 5. 鱼道

鱼道采用单侧竖导式，设置在水电站厂房右侧滩地上，进口位于水电站厂房尾水渠右侧。鱼道轴线与坝轴线垂直，距厂房安装场右边线 55.4 m。

## 8.2 引江济汉工程

引江济汉工程是南水北调中线一期工程中汉江中下游四项治理工程之一，项目实施后，可减免丹江口水库调水后对汉江中下游地区的不利影响。引江济汉工程的主要任务是向汉江兴隆以下河段补充因南水北调中线调水而减少的水量，同时改善该河段的生态、灌溉、供水和航运用水条件。

### 8.2.1 工程调水规模

引江济汉工程属调水工程，调入区（即汉江中下游干流供水区）需要调入的水量，在进行全面的水资源供需平衡分析后确定。工程的供水对象由汉江干流和东荆河两部分组成，故需首先分别确定各自的需水要求，再从整体上进行研究。

因进口长江水位和工程的需引水过程变幅均较大，很难将某一种工况作为干渠的设

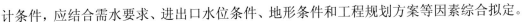

计条件，应结合需水要求、进出口水位条件、地形条件和工程规划方案等因素综合拟定。

经分析，所比选的线路均不具备仅靠自流引水完成工程任务的条件，渠首须增建泵站。因此工程的设计条件也相应由渠道自流设计条件（确定渠道断面）和泵站的设计条件（确定泵站规模）两部分组成。这两部分相互联系，存在多种组合，即工程任务中哪些可由渠道自流完成，哪些可由泵站提水完成难以确定。鉴于长江 5～9 月水位较高，自流条件较好，为尽量缩减汛期的抽水历时，初步将工程 5～9 月自流引水保证率达到 90% 作为渠道断面设计的初拟条件，泵站的设计条件为完成其余时段工程任务的要求。

### 1. 渠道设计流量

从渠道 5～9 月自流引水保证程度分析，并考虑汉江干流和东荆河灌区需水要求的不均衡性，工程的设计流量拟定为 $Q=350 \text{ m}^3/\text{s}$。

为尽可能利用干渠自流输水能力来增加中水流量的历时，渠道的最大流量拟定为 $Q=500 \text{ m}^3/\text{s}$。

### 2. 东荆河补水流量

因为东荆河补水仅考虑农业灌溉和城镇供水要求，所以其年内需水变幅很大。按缺水量进行设计代表年分析，选择 1960 年作为东荆河灌区设计代表年（$P=85\%$），据此确定东荆河补水设计流量为 100 $\text{m}^3/\text{s}$。同时，根据规范规定，加大系数取 1.1，故东荆河的补水加大流量确定为 110 $\text{m}^3/\text{s}$。

### 3. 泵站

泵站规模分恢复和改善两个层次进行分析，且对满足河道内水环境（2～3 月）用水、灌溉期（4～10 月）历时保证率和春灌期（4 月）保证率的三种情况取外包。经分析，泵站规模确定为 200 $\text{m}^3/\text{s}$，即考虑进口水位下降 2 m 的条件下，泵站规模按 200 $\text{m}^3/\text{s}$ 设计，基本可满足工程任务要求。鉴于三峡建成、运用后，"清水"下泄、河床下切导致的进口水位下降有一个观察和渐变的过程，如进口水位进一步下降，泵站及其配套的进水闸相应实施扩建即可，但现阶段应考虑在工程场地和布局问题上适当留有余地。

## 8.2.2　引水线路

### 1. 线路规划

引江济汉工程的线路关系到输水安全、经济和综合功能的发挥，故选线至关重要。据以往多年的研究成果，引江济汉干渠的位置已有共识，即处于长江上荆江河段与汉江兴隆河段之间。该区域地理位置较独特，从长江到汉江直线距离最短不过 50 km，具备得天独厚的引水条件。但其间隔有长湖和江汉油田，还有全国重点文物保护单位纪南城和楚汉古墓群，要尽可能避开。同时，干渠横穿江汉平原腹地—四湖上区，该区地形由西北向东南倾斜，正处于从丘陵向平原的过渡地带，故历来就有走长湖北还是长湖南，即高线还是低线的不同主张，如细分则还有走长湖北缘、南缘、穿湖和入湖之别。

对于工程的进出口而言，据以往多年的工作基础，进口主要集中在三处，即大埠街、龙洲垸和盐卡；出口主要集中在两处，即高石碑和红旗码头。

### 2. 线路拟定

可研阶段本着"广泛选取、周密设计、科学比选"的原则，充分听取并考虑了各方面的意见，针对三个进口（大埠街、龙洲垸、盐卡）和两个出口（高石碑和红旗码头），共初拟 9 条线路进行同等深度的比较，即高 I 线（原项目建议书推荐的高线）、高 II 线、龙高 I 线、龙高 II 线、低 I 线、低 II 线、利用长湖 I 线、利用长湖 II 线和盐高线。

经初步比选，不推荐红旗码头出口和高 I 线。因此，初拟的 9 条线路中尚剩 4 条需进一步比选，即高 II 线、龙高 I 线、龙高 II 线和盐高线。这 4 条线路的出口均为高石碑，属原项目建议书推荐的高线方案的局部调整线路。本阶段进行技术、经济比较，并考虑社会和环境等其他因素进行综合比选，推荐龙高 I 线。

### 3. 推荐线路

龙高 I 线进口位于荆州李埠龙洲垸，出口为高石碑。干渠沿东北向穿荆江大堤（桩号 772+100）、太湖港总渠，在荆州城北穿宜黄高速公路后向东偏北穿过庙湖、海子湖，走蛟尾北，穿长湖后港湖汊后，于高石碑入汉江。

龙高 I 线全长 67.1 km，渠底宽 60 m，设计水深 5.72～5.85 m，设计边坡坡比 1：4～1：2，沿线的主要建筑物有各类涵闸共 14 座，船闸 4 座，倒虹管共 20 座，跨渠公路桥 37 座，跨渠铁路桥 1 座，进口增建泵站 1 座（装机容量 6×2 100 kW），东荆河上兴建 3 座节制工程。

## 8.3 部分闸站改（扩）建

汉江中下游部分闸站改（扩）建的任务是对南水北调中线一期工程调水影响的闸站进行改（扩）建，恢复和改善供水条件。

### 8.3.1 改（扩）建项目的基本情况

#### 1. 需单项设计的改（扩）建项目

需进行单项设计的闸站改（扩）建项目共 31 处，其中汉江左岸 13 处，右岸 18 处。

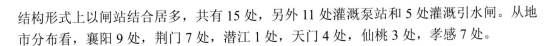

结构形式上以闸站结合居多，共有 15 处，另外 11 处灌溉泵站和 5 处灌溉引水闸。从地市分布看，襄阳 9 处，荆门 7 处，潜江 1 处，天门 4 处，仙桃 3 处，孝感 7 处。

### 2. 按典型设计的小型泵站改造项目

经上述分析，可进行典型设计的小型泵站改（扩）建项目共 154 处，总灌溉受益面积 108.2 万亩，总设计流量 158 m³/s。这些改（扩）建项目大都规模较小，泵站的安装高程较低，受调水影响程度不大，故改（扩）建方案较简单。从地市分布看，襄樊 25 处，荆门 36 处，孝感 45 处，武汉 48 处。

## 8.3.2　各闸站改（扩）建方案

### 1. 泽口闸、谢湾闸改（扩）建方案

闸站改（扩）建所涉及的 31 个单项设计的闸站中，投资和规模较大的是泽口和谢湾两个闸站。谢湾闸和泽口闸的改（扩）建方案综合考虑，共组合出以下四个方案。

方案一：泽口闸址处单独建泵站+谢湾从兴隆渠自流引水。

方案二：徐鸳口站址增建泵站+谢湾从兴隆渠自流引水。

方案三：泽口闸址处合建泵站+谢湾在泽口总干渠上增建二级泵站。

方案四：徐鸳口站址增建泵站+谢湾在泽口总干渠上增建二级泵站。

从工程管理、工程占地与移民拆迁、技术经济指标等方面进行比较分析：方案四工程占地和移民拆迁最少，这对保护当地宝贵的耕地资源、维护社会稳定非常重要；此外，泽口灌区徐鸳口泵站方案融自流、电灌于一体，调度比较灵活，可基本实现仙桃、潜江分灌区管理的要求。因此，推荐方案四，即谢湾增建二级泵站+泽口灌区徐鸳口站址处增建泵站方案。

### 2. 其他各闸站改（扩）建方案

其他 29 处需单项设计的闸站规模大小不一，位置也较分散，其改（扩）建方案也不尽相同。钟祥以上基本以灌溉泵站为主，其改（扩）建方案主要为更换水泵和进水池、泵房拆除重建、更换泵站机组、降低水泵安装高程等。钟祥至仙桃之间的改（扩）建项目中，泵站和引水闸兼而有之，除较大的谢湾闸和泽口闸外，其他各闸站的改（扩）建方案主要为降低闸底、扩宽闸孔、增建泵站、更换泵站机组、降低水泵安装高程等。仙桃以下的改（扩）建项目全部为闸站结合的形式，其改（扩）建方案需按涵闸和泵站分别考虑，灌溉低闸和灌溉泵站的引提水条件谁受影响即对谁进行改（扩）建，如两者都受到影响，则都进行改（扩）建。灌溉低闸的改（扩）建方案主要为降低闸底、扩宽闸孔等，灌溉泵站的改（扩）建方案主要为新建泵站、降低水泵安装高程等。

### 8.3.3 各闸站改（扩）建工程规模

#### 1. 谢湾灌区补充水源工程规模

考虑到谢湾闸大部分时间仍然可以自流引水灌溉，谢湾闸仍为谢湾灌区的主要水源工程，只是在引水能力不足时才考虑补充水源灌溉。首先对谢湾闸进行供需平衡计算，再对灌区缺水时段对应的需水过程进行统计分析，考虑连续三旬平均后，取年最大值进行频率分析，并适当修正，最后拟定谢湾灌区补充水源工程的设计流量为 $Q=20 \text{ m}^3/\text{s}$。

#### 2. 泽口灌区补充水源工程规模

按初拟的改（扩）建方案对灌区进行供需平衡分析，推求对应改（扩）建方案的工程规模，确定方法与谢湾闸基本类似。各方案工程规模复核结果如下：方案二徐鸳口泵站设计流量为 $Q=87 \text{ m}^3/\text{s}$，方案四徐鸳口泵站设计流量为 $Q=91 \text{ m}^3/\text{s}$。由于徐鸳口泵站两方案的设计流量相差较小，为便于方案比较，拟定徐鸳口泵站设计流量为 $Q=87 \text{ m}^3/\text{s}$。方案一泽口分建泵站设计流量为 $Q=105 \text{ m}^3/\text{s}$。方案三泽口合建泵站设计流量为 $Q=125 \text{ m}^3/\text{s}$。

#### 3. 其他各闸站工程规模

根据汉江闸站的现状，沿江的灌溉闸站可以分为三种类型，即涵闸、闸站结合、泵站。通过水量平衡分析确定各闸站规模。

通过复核，其他各闸站的原规模基本可满足取水要求，故绝大部分闸站的工程规模维持现状不变，仅个别项目规模发生变化。

### 8.3.4 工程布置与主要建筑物

#### 1. 谢湾闸、泽口闸

可研阶段经过多次现场勘察，并结合谢湾灌区、泽口灌区的实际情况，选用两闸联合改（扩）建方案。从改（扩）建工程量、工程投资、取水条件、运行管理等方面进行分析比较，推荐谢湾二级泵站+徐鸳口泵站方案。

#### 2. 襄阳

襄阳需改（扩）建荣河、芦湾、茶庵、龚家河、靠山寺、鲢鱼口等共 9 处泵站或单闸，其特点是泵站流量小、扬程高。针对各泵站存在引水渠引水能力不足、水泵机组吸出高度不适应调水后前池水位的问题，通过比较分析确定改（扩）建方案，一般采用降低引水渠底高程和进水池底板高程，更换水泵型号，主要建设内容包括新建或改建泵房、增建引水渠、改建前池等。

3. 荆门

荆门需改（扩）建皇庄、双河、中山、漂湖、沿山头、杨堤、迎河等 7 个项目，多为闸站结合形式。

4. 天门

天门有 4 个改（扩）建项目，为进水低闸、灌溉泵站。排水高闸均位于汉江干堤，闸站结合满足灌区灌溉、排涝需要，一般来说低闸引水（排水），高站（闸）排水，个别项目在高闸临江侧建有灌溉泵站。

5. 仙桃

仙桃有 3 个改（扩）建项目：泽口闸（前已述）、卢庙闸站和鄢湾闸站。建筑物灌排特点同天门。

6. 孝感

孝感有庙头、曹家河、杜公河、分水、龚家湾、杨林、郑家月等 7 个改（扩）建项目，泵站装机容量 2×130（郑家月）～3×630 kW（庙头）。改（扩）建方案基本上是拆除并重建引水低闸、新建差额流量泵站及疏浚引水渠。

## 8.4 局部航道整治

### 8.4.1 建设规模和标准

建设规模：IV（2）级航道，以维持原通航 500 t 级的航道标准。其中，丹江口水库—襄樊段与正在实施的航道整治工程标准一致，按 IV（3）级航道标准进行设计，双排单列二驳一推船队。

### 8.4.2 工程措施

丹江口水库—皇庄段（270 km），与已实施的整治工程一样，仍采取整治与疏浚相结合的整治原则。在已实施整治工程的基础上，缩窄整治线宽度，加长原有丁坝和加建丁坝，并对原有挖槽进行浚深。

皇庄—兴隆水利枢纽段（110 km），整治原则为"以整治和护岸（滩）为主，堵汊并流，束水归槽，控制河势"。工程措施主要为筑坝和护岸（滩）。

兴隆水利枢纽—高石碑段（3.5 km），按照"整治与疏浚相结合，以疏浚为主，整治为辅，固滩护岸、稳定航槽"的原则，采取疏浚、筑坝工程措施。

高石碑—岳口段（59.5 km），其整治原则为"以整治和护岸（滩）工程为主，稳定和缩窄中枯水河床，束水归槽"。工程措施主要为筑坝、护岸。

岳口—河口 206 km 河段，整治以疏浚为主，浚深枯水航槽。

## 8.4.3 整治方案和工程布置

由于兴隆水利枢纽与崔家营航电枢纽在总体规划阶段，已经准备建设，且建成日期与调水同步，故总体可研设计阶段扣除了崔家营航电枢纽、兴隆水利枢纽及已建王甫洲水利枢纽库区淹没的滩群。

### 1. 丹江口水库—皇庄段

丹江口水库—王甫洲段由 300 m 缩窄到 260 m，王甫洲—襄阳段由 350 m 缩窄到 280 m，襄阳—皇庄段由 480～500 m 缩窄到 300 m。

调水后二次整治工程的布置在各滩群原整治工程的基础上进行，对已建丁坝加长，增建部分丁坝，并对原有挖槽浚深。

本河段二次整治工程共建丁坝 159 座（其中加长 112 座、加建 47 座），长 32 805 m，浚深原有挖槽 22 处，长 40 158 m。

### 2. 皇庄—河口段

皇庄—岳口段主要以丁坝和护岸（滩）来体现规划的整治线，岳口—河口段主要为疏浚工程。推荐方案共建丁坝 104 座，长 33 562 m，新建、加固护岸（滩）21 处，长 31 650 m，挖槽 11 处，长 5 500 m。

## 8.4.4 整治建筑物

整治建筑物主要为筑坝、护岸（滩）、疏浚等。

# 第 9 章

---

# 总体设计关键技术问题

## **9.1** 设计技术标准的制定

南水北调中线一期工程总干渠全长 1 432 km，各类建筑物众多，且由多个设计单位承担设计工作。为了统一设计原则、标准、内容、方法及工作深度，协调各类建筑物接口。长江勘测规划设计研究院（现为长江设计集团有限公司）受南水北调中线干线工程建设管理局（以下简称中线建管局）委托，承担了南水北调中线一期工程总干渠初步设计技术规定编制工作。内容涉及：工程局部线路进一步比选、工程水文分析、工程勘察、物探、各类建筑物防洪标准、各类交叉建筑物选址、交叉建筑物选型、建筑物布置设计原则、相关的供电、金属结构安全监测、环境保护与水土保持、劳动卫生、节能设计、移民预征地等 41 本技术规定。各种技术规定目录清单汇总见表 9.1.1。

**表 9.1.1 南水北调中线一期工程总干渠初步设计技术规定目录一览表**

| 序号 | 名称 | 发布单位 | 发布日期<br>（年-月-日） |
|---|---|---|---|
| 1 | 《南水北调中线一期工程总干渠初步设计工程勘察技术规定（试行）》 | 中线建管局 | 2007-01-22 |
| 2 | 《南水北调中线一期工程总干渠初步设计工程测量技术规定（试行）》 | 中线建管局 | 2007-01-22 |
| 3 | 《南水北调中线一期工程总干渠初步设计物探技术规定（试行）》 | 中线建管局 | 2007-01-22 |
| 4 | 《南水北调中线一期工程总干渠初步设计水文分析计算技术规定（试行）》 | 中线建管局 | 2007-01-22 |
| 5 | 《南水北调中线一期工程总干渠初步设计安全监测技术规定（试行）》 | 中线建管局 | 2007-01-22 |
| 6 | 《南水北调中线一期工程总干渠初步设计河道倒虹吸技术规定（试行）》 | 中线建管局 | 2007-01-22 |
| 7 | 《南水北调中线一期工程总干渠初步设计渠道倒虹吸技术规定（试行）》 | 中线建管局 | 2007-01-22 |
| 8 | 《南水北调中线一期工程总干渠初步设计跨渠公路桥设计技术规定（试行）》 | 中线建管局 | 2007-04-30 |
| 9 | 《南水北调中线一期工程总干渠初步设计压力管道工程设计技术规定（试行）》 | 中线建管局 | 2007-04-30 |
| 10 | 《南水北调中线一期工程总干渠初步设计供电设计技术规定（试行）》 | 中线建管局 | 2007-04-30 |

| 序号 | 名称 | 发布单位 | 发布日期<br>（年-月-日） |
|---|---|---|---|
| 11 | 《南水北调中线一期工程总干渠初步设计经济评价技术规定（试行）》 | 中线建管局 | 2007-04-30 |
| 12 | 《南水北调中线一期工程总干渠初步设计消防设计技术规定（试行）》 | 中线建管局 | 2007-04-30 |
| 13 | 《南水北调中线一期工程总干渠初步设计通信系统设计技术规定（试行）》 | 中线建管局 | 2007-04-30 |
| 14 | 《南水北调中线一期工程总干渠初步设计计算机监控系统设计技术规定（试行）》 | 中线建管局 | 2007-04-30 |
| 15 | 《南水北调中线一期工程总干渠初步设计分水口门土建工程设计技术规定（试行）》 | 中线建管局 | 2007-06-01 |
| 16 | 《南水北调中线一期工程总干渠初步设计工程地质勘察技术要求（试行）》 | 中线建管局 | 2007-06-01 |
| 17 | 《南水北调中线一期工程总干渠初步设计钻探技术规定（试行）》 | 中线建管局 | 2007-06-01 |
| 18 | 《南水北调中线一期工程总干渠初步设计无压隧洞土建工程设计技术规定（试行）》 | 中线建管局 | 2007-06-01 |
| 19 | 《南水北调中线一期工程总干渠初步设计暗渠土建工程设计技术规定（试行）》 | 中线建管局 | 2007-06-01 |
| 20 | 《南水北调中线一期工程总干渠初步设计渠渠交叉建筑物土建工程设计技术规定（试行）》 | 中线建管局 | 2007-06-01 |
| 21 | 《南水北调中线一期工程总干渠初步设计明渠土建工程设计技术规定（试行）》 | 中线建管局 | 2007-09-10 |
| 22 | 《南水北调中线一期工程总干渠初步设计金属结构设计技术规定（试行）》 | 中线建管局 | 2007-09-29 |
| 23 | 《南水北调中线一期工程总干渠初步设计涵洞式渡槽土建工程设计技术规定（试行）》 | 中线建管局 | 2007-09-27 |
| 24 | 《南水北调中线一期工程总干渠初步设计节制闸、退水闸、排冰闸土建工程设计技术规定（试行）》 | 中线建管局 | 2007-09-27 |
| 25 | 《南水北调中线一期工程总干渠初步设计梁式渡槽土建工程设计技术规定（试行）》 | 中线建管局 | 2007-09-27 |
| 26 | 《南水北调中线一期工程总干渠初步设计水土保持设计技术规定（试行）》 | 中线建管局 | 2007-09-27 |
| 27 | 《南水北调中线一期工程总干渠初步设计环境保护设计技术规定（试行）》 | 中线建管局 | 2007-09-27 |
| 28 | 《南水北调中线一期工程总干渠初步设计左岸排水建筑物土建工程设计技术规定（试行）》 | 中线建管局 | 2007-09-27 |
| 29 | 《南水北调中线一期工程总干渠初步设计工程管理范围和土建设施设计技术规定（试行）》 | 中线建管局 | 2007-09-27 |
| 30 | 《南水北调中线一期工程总干渠初步设计施工组织技术规定（试行）》 | 中线建管局 | 2007-09-27 |
| 31 | 《南水北调中线一期工程总干渠初步设计报告编制和图纸印刷及编号技术规定（试行）》 | 中线建管局 | 2007-09-27 |
| 32 | 《南水北调中线一期工程总干渠初步设计概算编制技术规定（试行）》 | 中线建管局 | 2007-10-29 |
| 33 | 《南水北调中线 一期工程总干渠初步设计建设征地实物指标调查技术规定（试行）》 | 中线建管局 | 2008-04-18 |
| 34 | 《南水北调中线一期工程总干渠初步设计建设征地拆迁安置规划设计及补偿投资概算编制技术规定（试行）》 | 中线建管局 | 2008-04-18 |
| 35 | 《南水北调中线一期工程总干渠渠道设计补充技术规定（试行）》 | 中线建管局 | 2009-06-24 |
| 36 | 《南水北调中线一期工程总干渠填方渠道施工技术规定（试行）》 | 中线建管局 | 2011-03-14 |
| 37 | 《南水北调中线一期工程总干渠渠道水泥改性土施工技术规定（试行）》 | 中线建管局 | 2011-11-23 |
| 38 | 《南水北调中线一期工程总干渠填方渠道缺口填筑施工技术规定（试行）》 | 中线建管局 | 2013-04-22 |
| 39 | 《南水北调中线干线工程渠道混凝土衬砌施工防裂技术规定（试行）》 | 中线建管局 | 2013-04-23 |
| 40 | 《南水北调中线一期工程总干渠渠道膨胀土处理施工技术要求（试行）》 | 中线建管局 | 2010-12-28 |
| 41 | 《南水北调中线一期工程总干渠膨胀土（岩）渠段工程施工地质技术规定（试行）》 | 中线建管局 | 2014-08-12 |

## 9.2　局部线路比选与管涵设计

### 9.2.1　局部线路比选

#### 1. 总体线路方案

中线工程主要向华北平原供水，终点为北京、天津。输水总干渠线路跨越长江流域、淮河流域、黄河流域、海河流域，沿线经过河南、河北、北京、天津。总干渠线路的选择经历了几代人的艰辛努力和几十年的论证研究，由于总干渠沿线的地形、地质、水文气象等方面均存在一定差别，结合受水区分布和总干渠各段的区域地形条件，将总干渠分成黄河以南段线路、黄河以北段线路及天津干渠线路进行多种线路方案[6]的分析比较。

##### 1）黄河以南线路

黄河以南线路受陶岔渠首位置、江淮分水岭方城垭口和过黄河的适宜范围控制，根据地形条件及渠道水位，顺势布置，黄河以南渠线基本沿伏牛山、嵩山东麓，布置在唐白河及华北平原的西部，总的走向单一明确。

##### 2）黄河以北线路

黄河以北线路主要比较过利用现有河渠和新开渠两类方案，新开渠方案包括高线方案、低线方案和高低线方案；利用现有河渠方案包括利用卫河方案、利用滏阳河方案和利用文岩渠方案。根据历次比选，黄河以北选定高线方案。

##### 3）天津干渠线路

天津干渠线路曾研究过多种比选方案，其中有代表性的方案有民有渠方案、新开渠淀南线、新开渠淀北线、涞水—西河闸线，经过比选，天津干渠线路选用新开渠淀北线方案。

#### 2. 局部线路方案

局部线路比选是总干渠总体设计的一项重要内容。总干渠总的线路方案确定后，对中线总干渠全线线路进行了详细布置。在总干渠总体设计中，为寻求最优的输水线路，开展了大量的局部线路比选工作。其中，有代表性的比选线路有 17 段：陶岔—沙河南段 3 段，沙河南—黄河北段 1 段，黄河北—漳河南段 4 段，漳河北—古运河段 4 段，古运河—北拒马河中支段 2 段，北京段 1 段，天津段 2 段。这些比选，使得总干渠输水线路在确保工程安全、有利于水质保护、优化技术经济指标、减少迁占、有利于建筑物布置等方面得到进一步优化。以下仅简述其中 5 段重要的局部线路比选情况。

**1）潮河包嶂山渠段**

黄河以南需要穿过新郑包嶂山低丘，起点位于新郑梨园，终点位于郑州毕河西，属嵩山山脉边缘岗地地貌。山体以粉质壤土或粉细砂为主，因存在风沙和渠道渗漏风险问题，就该段线路主要比较了绕岗明渠与切岗隧洞两种方案，线路示意图见图9.2.1。

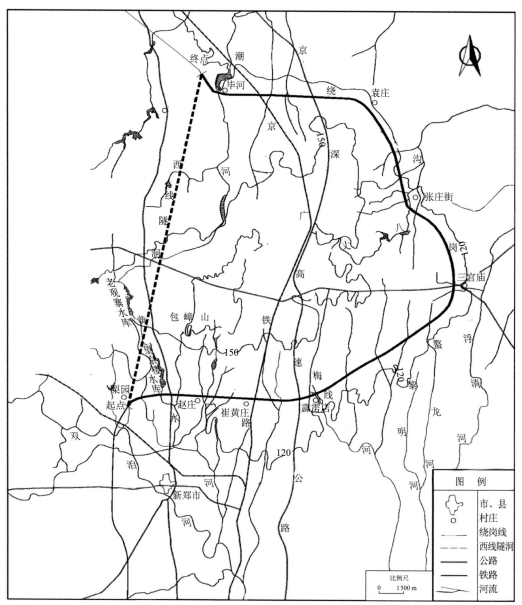

图 9.2.1　总干渠潮河段比较线路示意图

（1）绕岗明渠方案。

绕岗线位于郑州所辖的新郑北，线路基本沿岗坡123 m等高线绕过包嶂山，南起新郑梨园东南，于烈士陵园南过黄水河后向东经赵庄、崔黄庄北，过赵郭李南，渠线转向东北，沿白庙西北，抵中牟三官庙后，沿高庄陈绕过张庄镇，渠线基本为西北走向，经后吕坡西南，渠线逐渐拐向西至李家南后一直西行，经张庄北、大湖南直至郑州管城区的毕河，在毕河南过潮河后与隧洞线终点汇合，绕岗线线路全长约 47.8 km。沿线布置占水头的有梅河、丈八沟和潮河 3 座渠道倒虹吸，二次穿京广铁路暗渠 2 座，5 座建筑物总长 1.23 km，明渠段长约 46.57 km。明渠渠道设计底宽 15.5～25 m，内边坡系数 2～3.5，外边坡系数 1.5。纵比降分 3 段，分别为 1/28 000、1/24 000、1/26 000。设计水深 7.0 m，加大水深 7.631～7.683 m。渠线在第一次穿京广铁路前后长 4～5 km，地面最高处达 140 m，最大挖深为 24 m，是绕岗线明渠最大挖深段，其余渠段设计水位均在地面上下，属于浅挖方渠道。对于存在地震液化的沙质土渠道，采用挤密砂桩、强夯法进行处理，对于强渗漏、可能盐渍化和易冲刷渠段，采取增铺复合土工膜防渗等工程措施和种草植树等措施进行处理。全线共布置各类建筑物 63 座，其中河渠交叉建筑物 6 座，左岸排水建筑物 17 座，节制闸 2 座，分水口门 2 座，铁路交叉建筑物 2 座，公路桥 34 座。绕岗明渠方案工程静态总投资为 335 018.33 万元。

（2）切岗隧洞方案。

隧洞线线路位于潮河西侧约 4 km，该线路主要为隧洞，从起点梨园起直线向北，经河范、朱庄、贾庄至终点毕河，直线连接，以尽量缩短线路长度。隧洞线路全长约 22 km，线路前段的明渠长 2.125 km，隧洞段（含隧洞进出口建筑物）长 18.794 km，线路后段明渠长 1.022 km。整个线路中隧洞长度占 85.7%。隧洞共设 2 条，采用圆形无压隧洞，单洞洞径 12.0 m，隧洞中心距 25 m，隧洞纵比降为 1/8 423。隧洞采用盾构法施工，隧洞支护与衬砌采用预制装配式钢筋混凝土管片，管片厚度为 55 cm。切岗隧洞方案工程静态总投资为 382 616.61 万元。

（3）方案综合评价与结论。

绕岗明渠方案的优点是工程量小，投资省；施工简易，运行管理方便。缺点是线路长，永久占地多。切岗隧洞方案的主要优点是避开了流动沙丘及地表沙化地区，避免了渠道淤积、边坡稳定和渗漏问题；工程永久占地少。缺点是投资多，施工工期长，施工难度大。绕岗明渠方案和切岗隧洞方案，各有优缺点，在技术上都是可行的。从工程投资、施工工期等方面综合比较，推荐绕岗明渠方案。

**2）焦作市区段**

总干渠过黄河以后，有 8 km 的渠道位于焦作市区。焦作市区段原规划线路于 1994 年选定，并参照了焦作发展规划，当时原渠线所经位置大部分为耕地，地面附属物较少。焦作改设地级市后，城市化进程发展很快。按照河南省人民政府批准的焦作市区新的发展总体规划，在焦作老城区的南边开发建设了新城区和开发区。老城区主要位于焦枝铁路以北，新城区位于焦枝铁路南侧，开发区在新城区的南边。新老城区以焦枝铁路为界，焦枝铁路高出地面 2～4 m。原规划线路自西向东斜穿新城区，将新城区一分为二，给新城区的布局和今后的发展带来了很大困难。

经过几年的城市建设，焦作已在总干渠原规划线上建成多处住宅区和政府办公区，若渠线还从此处经过,将大量增加拆迁工程量,造成国家资金的大量浪费。当地政府从城市发展考虑,一再要求调整原规划线路位置。

2001年开始研究焦作市区线路方案,拟将规划渠线北移,2003年增加了沿新城区南边的南比较线、南绕城线和北绕城线3条比选线路,并在所选线路采用全明渠输水方案的基础上,增加了隧洞、渡槽、暗渠等输水形式的方案比较,2004年完成了5条线路7个方案的比选。

(1)线路方案。

5条线路比选的起点、终点在同一位置上,起点位于博爱新蒋沟交叉点上游的东良仕西侧,终点为焦作李河交叉点下游的白庄。比较线起点渠道设计水位为106.838 m,终点设计水位为104.498 m,该段渠道设计流量265~260 m³/s(指规模由南向北递减),设计水深7.0 m,总干渠设计底宽14~21 m,边坡坡度1:3.5~1:2。各线路位置见图9.2.2。

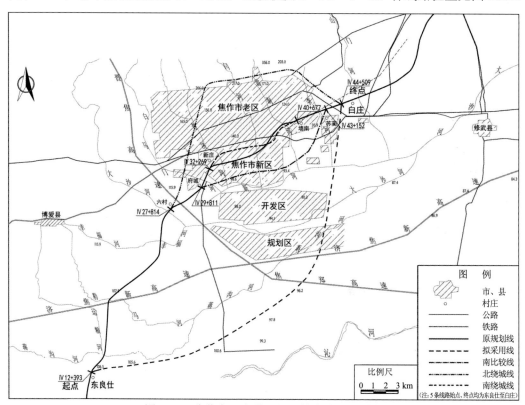

图9.2.2 焦作市区段总干渠比较线路位置示意图

原规划线:线路总长31.716 km。渠道为全线明渠方案(方案1)。20世纪90年代后期,中共焦作市委员会、焦作市政府已迁至新城区,占据了原规划时的渠线位置。若渠道仍走原线,已建的焦作市人大常委会办公楼、保险公司办公楼、丰泽花园小区等均须拆除。

拟采用线:线路总长32.116 km,位于焦枝铁路南侧约500 m处。拟采用线经过焦作都市村庄,民房密集,拆迁量大,但房屋标准较低。针对该渠线的比较方案有全线明渠（方案 2）和暗渠+明渠（方案 3），其中暗渠段长 10.02 km（暗渠长 8.745 km）。

南比较线：线路总长 31.844 km，位于焦作新城区。沿线拆迁的主要为新建的工矿企业等房屋。南比较线分全线明渠（方案 4）和旱渡槽+明渠（方案 5）两个方案，其中旱渡槽长 9.63 km。

北绕城线：线路总长 37.731 km，比原规划线路增加约 6 km，位于拟采用线以北 5.5 km。其涉及少部分都市村庄和住宅楼的拆迁。该线路采用隧洞+明渠方案（方案 6）。

南绕城线：线路总长 33.640 km，为绕开新老城区及开发区，在拟采用线南 12 km 布置了南绕城线，该线路自博爱东良仕北起，向东过朱村、小李后折向北，绕过城区至终点白庄西，与原规划线相接，南绕城线大部分位于农村，地面附属物少，房屋建筑标准低，但该线地势过低。该线路为旱渡槽+明渠方案（方案 7），其中旱渡槽长 20.84 km。

（2）各方案投资。

各方案计入主材价差后的静态投资见表 9.2.1。

表 9.2.1　焦作市区段各方案投资对比表

| 线路 | 方案 | 名称 | 估算投资/万元 |
| --- | --- | --- | --- |
| 原规划线 | 1 | 明渠 | 256 423 |
| 拟采用线 | 2 | 明渠 | 219 802 |
| | 3 | 暗渠 + 明渠 | 404 075 |
| 南比较线 | 4 | 明渠 | 244 917 |
| | 5 | 旱渡槽 + 明渠 | 280 619 |
| 北绕城线 | 6 | 隧洞 + 明渠 | 506 562 |
| 南绕城线 | 7 | 旱渡槽 + 明渠 | 394 764 |

（3）方案比较。

南比较线无论是明渠方案，还是旱渡槽+明渠方案，从渠道安全、工程投资、城区规划和未来发展等方面综合考虑均是不合适的。

南北两条绕城线，一条高线，一条低线，避开了焦作城区，利于总干渠水质保护，但受地形条件限制，北线做隧洞，长 13 km，占该比较线路的 34.4%；南线做渡槽，长 20.84 km，占该比较线路的 62%，工程投资均较大。

原规划线、拟采用线、南比较线三个全线明渠方案的投资均较其他方案低。南比较线局部填方高，对渠道和城市安全不利；原规划线将引起新城区新建楼群的大面积拆迁，对当地经济和社会影响较大；拟采用线投资最低，拆迁房屋多为近郊民房，拆迁任务相对简单，且该线路渠道以半挖半填居多，从经济和安全两方面考虑，推荐拟采用线明渠方案（方案 2）。

### 3）焦作煤矿区段

中线工程总干渠在河南焦作以东穿过焦作煤矿区，渠段长 31.769 km，起点位于焦作墙南北，距穿黄工程出口约 40 km，沿线共布置 42 座建筑物。在以往的规划中，采用的是预留煤柱的压煤方案。

随着社会经济的发展，煤矿区的开采情况发生了变化，规划线路下有新的开采矿井，且因机械化操作，难以预留煤柱，地表出现了较为严重的裂缝和塌陷。若输水线路仍维持原方案，则对总干渠和矿井的安全均不利，必须拟定新的线路。主要比选了两条线路3 个方案，两条线路的位置及走向示意图见图 9.2.3。

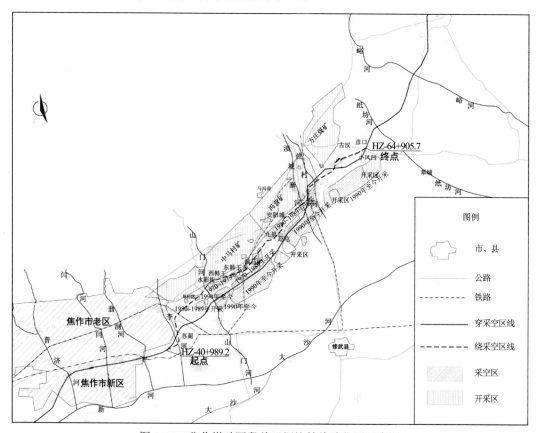

图 9.2.3　焦作煤矿区段总干渠比较线路位置示意图

比选线路的起点位于苏蔺西南角，设计桩号 HZ-40+989.2；比选线路终点为彦口，设计桩号 HZ-64+905.7。两条线路长度稍有不同，均为 23 km 左右。比较线路起点设计水位为 104.822 m，终点设计水位为 103.417 m。

（1）穿采空区线。

该段线路总长为 22.844 km，地面高程一般为 105～115 m。线路大部位于稳定或基本稳定的采空区，线路压恩村矿，主要经过韩王矿及演马庄矿老采空区、九里山矿无煤区或煤层不可利用区。

（2）绕采空区线。

绕采空区线长度为 23.917 km，地面高程一般为 104.5～120.6 m。线路基本避开煤矿采空区，但要穿过大量的农村房屋和居民小区。

（3）绕采空区线明渠+隧洞方案。

采用绕采空区线路，对其中地面高程为 120～138 m 的渠段布置 3 条隧洞，洞身总长 2 400 m，坡降 1/10 127。

（4）工程投资。

各方案投资估算见表 9.2.2。

表 9.2.2　焦作煤矿区段各方案投资估算表

| 序号 | 项目名称 | 投资/万元 | | |
|---|---|---|---|---|
| | | 穿采空区线 | 绕采空区线明渠方案 | 绕采空区线明渠+隧洞方案 |
| 一 | 工程部分 | 191 727.80 | 222 551.20 | 293 659.30 |
| 其中：1 | 建筑工程 | 86 851.72 | 145 619.08 | 191 031.08 |
| 2 | 机电设备及安装 | 2 338.49 | 2 338.49 | 2 062.33 |
| 3 | 金属结构设备及安装 | 2 564.88 | 1 839.44 | 2 035.83 |
| 4 | 临时工程 | 5 836.91 | 8 935.87 | 11 222.75 |
| 5 | 独立费用 | 27 056.89 | 39 973.51 | 55 843.79 |
| 6 | 预备费 | 14 957.88 | 23 844.77 | 31 463.49 |
| 7 | 采空区基础处理 | 52 121.00 | — | — |
| 二 | 移民工程 | 36 461.70 | 65 774.29 | 46 146.53 |
| | 合计 | 228 189.50 | 288 325.50 | 339 805.80 |

（5）方案比选。

穿采空区线的优点是地面高程较合适，工程量小，拆迁房屋量少，缺点是由于穿过老或新采空区，局部地表变形目前仍未稳定，基础处理措施存在一定的不确定性。

绕采空区线的优点是能避开煤矿采空区，不再受采空区安全隐患的制约，其缺点是局部线路地面高程高，挖深大，拆迁安置工作量大。

从工程安全、技术难度和工期要求方面考虑，推荐绕采空区线。绕采空区线的全明渠方案和明渠+隧洞方案比较，后者比前者总投资多 17.9%，因此，推荐绕采空区线的全明渠方案。

**4）石家庄市郊段**

石家庄段总干渠在选线过程中，遵循渠道设计水位与地面持平的选线原则，渠线最佳位置是石家庄市中心的中华大街位置，但考虑移民拆迁对市区影响太大，为避开市区，初步将渠线布置在西防洪堤以西，结合铁路部门对穿铁路建筑物的布置要求，总干渠石家庄市郊段比较了原、东、西三条线路方案。起止桩号均为 ZG-229+591～GB-4+854。各方案线路布置见图 9.2.4。

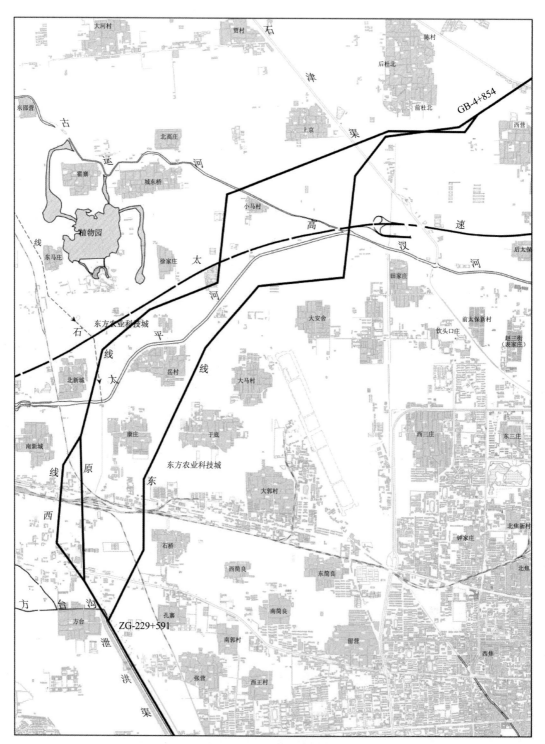

图 9.2.4　石家庄市郊段线路比较示意图

（1）线路方案。

原线方案即总体布置线路，线路长 13.475 km，渠线自方台东起，沿石家庄西防洪堤外北行，穿 307 国道、107 复线，于南新城南穿石太铁路编组站（17 条标轨），在北新城南穿太平河后沿石太高速公路向东北行，于徐家庄东穿越石太高速公路，在小马西穿越古运河，在上京南穿石岗路和石津渠，经杜北东到达该段线路的终点。此段渠道所处地形较高，多为深挖方段，一般挖深在 15～21 m，需穿越 2 处 220 kV 高压线。

西线方案线路长 13.813 km，其走向大体与总体布置线相同，仅在总体布置线桩号 ZG-230+225.5～ZG-232+825 段向西移约 460 m，以避开铁路编组站，其余段与原线相同。自方台东起，沿石家庄市西防洪堤外侧西北行，穿过 307 国道后拐向北偏东，而后依次穿越石太铁路（4 条标轨）、307 复线、石太铁路（1 条标轨），在北新城东南与原线相交后至比较线终点。所经地形在石太铁路附近较原线抬高了约 5 m，渠线较原线增长 338 m。

东线方案在与石太铁路交叉处较原线向东移 900 m，渠线由防洪堤外改为从防洪堤内经过。线路自方台东起，沿石家庄南防洪堤外北行 290 m 后折向东，穿过南防洪堤（107 复线）在堤内继续向北，穿 307 国道后两穿石太铁路（分别为 2 条和 5 条标轨），再穿 307 复线后经康庄、于底两村之间，沿防洪堤东北行，并在太平河与古运河汇流口下游，一次穿越 107 复线、古运河及石太高速公路，在田庄水电站处先后穿石岗路和石津渠，至杜北东与原线相接。该方案线路总长 12.119 km。

（2）方案比较。

各方案主要工程量及投资比较见表 9.2.3。

表 9.2.3　石家庄市郊段各方案主要工程量及投资比较表

| 分项 | | 单位 | 原线（总体布置线） | 东线 | 西线 |
|---|---|---|---|---|---|
| 主要指标 | 渠道长 | m | 11 963 | 10 839 | 12 311 |
| | 建筑物长 | m | 1 512 | 1 280 | 1 502 |
| | 合计 | m | 13 475 | 12 119 | 13 813 |
| 主要工程量 | 土方开挖 | 万 m³ | 1 549 | 1 079 | 1 715 |
| | 土方填筑 | 万 m³ | 146 | 73 | 149 |
| | 混凝土 | 万 m³ | 46 | 36 | 47 |
| | 钢材 | t | 22 168 | 16 247 | 21 312 |
| | 永久占地 | 亩 | 3 433 | 2 441 | 3 650 |
| | 临时占地 | 亩 | 8 370 | 5 869 | 9 340 |
| | 房屋拆迁 | m² | 9 554 | 3 590 | 13 080 |
| 投资 | | 万元 | 58 547 | 42 623 | 62 153 |

西线与原线方案相比，渠线增长 338 m，挖深在石太铁路附近增大了约 5 m，最大挖深达 25.6 m。增加土方开挖 166 万 $m^3$、永久占地 217 亩、房屋拆迁 3 526 $m^2$、混凝土 1 万 $m^3$，减少钢材 856 t，工程投资增加了 0.360 6 亿元。

东线与原线方案相比，渠线缩短 1 356 m，挖深减小 2~5 m，减少土方开挖 470 万 $m^3$、混凝土 10 万 $m^3$、钢材 5 291 t、永久占地 992 亩、房屋拆迁 5 964 $m^2$。避开了方台北、太平河、杜北东 220 kV 高压电线杆。穿越石太铁路工程条件较好，太平河、古运河、石太高速公路 3 次穿越工程合并为一次穿越，且设计规模减小，工程投资减少 1.592 4 亿元。

从工程布置、占地和经济等方面考虑，石家庄市郊段总干渠线路推荐东线方案。

**5）瀑河段**

瀑河线路比较线位于保定徐水西釜山西至裴山北，原线在西釜山西，沿北偏东向开凿 2 818 m 长隧洞穿过釜山，经东娄山东建 1 080 m 长渡槽跨越瀑河，经台坛和孝村西、尉都和东霍山东，至裴山北止。渠线全长 17.574 km，其中渠道长 13.676 km。

（1）线路方案。

原线在现状瀑河水库大坝上游 7.0 km 处以渡槽形式穿越瀑河。由于瀑河水库被列为南水北调中线总干渠在线调蓄水库，加固扩建后，瀑河水库正常蓄水位较总干渠设计水位低 0.6 m，瀑河渡槽槽身及其支承结构均浸入水中，其上下游约 1 500 m 长的高填方渠段受到库水影响，原线路方案不能保障工程安全和行洪安全。为此，另选择了 4 条线路方案进行比较，其中方案一、方案二、方案三为绕库方案，方案四为穿库方案。各线路方案布置见图 9.2.5。

方案一：渠线自西釜山西起向北远离原线，之间需布设 2 处隧洞，在瀑河水库上游吕村西以倒虹吸形式穿过瀑河，之后经潦水北、向阳南至裴山北与原线相接。线路全长 19.206 km，其中渠道长 13.059 km，建筑物长 6.147 km。

方案二：渠线自西釜山西至原釜山隧洞进口段 A57′点前与原线相同，按原线路方向行至 A57″点拐向西北，之间需穿越 1 处隧洞，在东娄山西北处与方案一相交，之后线路与方案一相同。渠线全长 19.267 km，其中渠道长 15.308 km，建筑物长 3.959 km。

方案三：渠线自西釜山西至原釜山隧洞进口段前（桩号 393+954）与原线相同，之后，将釜山隧洞洞线在原洞线的基础上向西微移，经东娄山、朔内西，在吕西（穿瀑河前）与方案一相接，之后线路与方案一相同。线路全长 19.537 km，其中渠道长 15.713 km，建筑物长 3.824 km。

方案四：自方案三线路的东娄山西向东北方向进入库区，线路与原线路平行，该线路利用库区内东娄山北和尉都两处正常蓄水位以上的高地修建总干渠，在两处高地之间建倒虹吸穿越瀑河，在尉都北与原线相接。渠线全长 17.548 km，其中渠道长 11.504 km，建筑物长 6.044 km（含 2.16 km 矩形槽）。

（2）方案比较。

各方案技术经济指标见表 9.2.4。

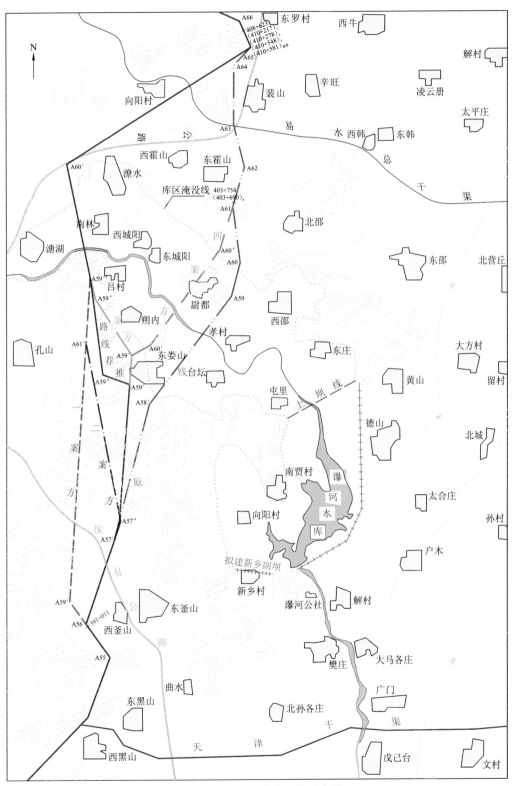

图 9.2.5 瀑河段线路比较示意图

**表 9.2.4　瀑河段各方案主要工程量及投资比较表**

| 分项 | 单位 | 原线 | 方案一 | 方案二 | 方案三 | 方案四 |
|---|---|---|---|---|---|---|
| 土方开挖 | 万 $m^3$ | 256.39 | 792.11 | 777.29 | 753.14 | 704.88 |
| 石方开挖 | 万 $m^3$ | 205.53 | 192.91 | 296.08 | 166.38 | 220.99 |
| 土方回填 | 万 $m^3$ | 334.88 | 157.7 | 223.61 | 237.14 | 282.88 |
| 混凝土 | $m^3$ | 162 348 | 305 430 | 264 591 | 206 407 | 282 594 |
| 钢筋 | t | 13 870 | 25 233 | 22 185 | 16 585 | 19 401 |
| 浆砌石 | $m^3$ | 18 687 | 15 145 | 21 974 | 21 082 | 15 761 |
| 永久占地 | 亩 | 3 041 | 2 814 | 4 408 | 3 467 | 3 283 |
| 临时占地 | 亩 | 263 | 3 993 | 3 906 | 3 683 | 3 294 |
| 投资 | 万元 | 69 875 | 99 222 | 98 807 | 77 954 | 77 801 |

四个方案与原线相比，三个绕库方案均避开了瀑河水库淹没区，但线路增长；穿库方案虽然没有避开淹没区，但建筑物形式做了相应调整，线路短而且顺畅。

方案一与方案二中的釜山隧洞出口处为一冲洪沟，雨季会给工程的安全运行带来一定影响。

方案三比方案一、二线路长度略长，但工程投资分别减少 21 268 万元和 20 853 万元。

方案三比方案四增加投资 153 万元，但方案四由于瀑河倒虹吸及矩形槽均处在瀑河库区，当瀑河水库正常蓄水时，工程运行及管理不便，而且在瀑河水库兴建前需提前搬迁尉都及东娄山两个村，拆迁安置任务大，方案四加上两个村的拆迁安置费，总投资将高于方案三。

经综合分析比较后，推荐方案三为采用的线路方案。

## 9.2.2　北京段管涵设计

### 1. 输水方式选择

根据北京段总干渠的地形、地质及沿线用水户等实际情况，并结合前期研究及设计成果，北京段进行了多种输水方式比较，其中具有代表性的有管涵加压方案、明渠自流方案、暗涵自流方案、局部管涵加压方案及管涵渠方案。5 个方案的综合比选见表 9.2.5。

经综合分析比选，管涵加压方案在水质保护、防止水量损失、运行调度灵活、减少工程永久占地、配套工程投资、总干渠工程投资及为远期扩大引水规模等多方面，都具有较明显的优势，故北京段总干渠推荐采用管涵加压输水方案。

表 9.2.5　北京段总干渠方案比选表

| 方案名称 | 方案简述 | 工程布置 | | | | 投资分析/亿元 | | 优、缺点比较 | | | |
|---|---|---|---|---|---|---|---|---|---|---|---|
| | | 总干渠主要建筑物名称 | 数量 | 长度/m | 过水断面结构特性 | 总投资估算 | 年抽水电费 | 投资及运行管理 | 水量损失 | 水质保护 | 对生态环境的影响 |
| 明渠自流方案 | 线路沿等高线布置，明渠占全长的37%。工程规模及部分控制点在1997年成果的基础上有所调整。运行方式：全线自流 | 明渠（含团城湖闸室段） | 14 段 | 29 565 | $B$=11, 12, 15（渠道底宽/m，下同） | 68.03 | 0 | 工程总投资较小，全线自流，无抽水电费，但管理、维修费用高 | 水量损失较大 | 有 29.6 km 明渠，不利于水质保护 | 增加 100 ha 水面，可改善环境 |
| | | 暗渠 | 6 座 | 13 501 | 2-5.5×5, 4-4.5×5.0, 2-4.5×4.3（孔数-宽×高/m，下同） | | | | | | |
| | | 渡槽 | 4 座 | 2 412 | 2-4.5×4.5 | | | | | | |
| | | 隧洞 | 3 座 | 3 752 | 2-5.4×5.4, 1-6.6×6.6 | | | | | | |
| | | 倒虹吸 | 9 座 | 18 225 | 3-4.1×4.1 | | | | | | |
| | | 西四环暗渠 | 1 段 | 12 755 | 2-D4.8（孔数-管径/m，下同） | | | | | | |
| | | 合计 | | 80 210 | | | | | | | |
| 暗涵自流方案 | 线路同上，沿等高线布置，不设明渠，将明渠改暗涵、渡槽加盖板。运行方式：全线自流 | 明渠（含团城湖闸室段） | 1 段 | 834 | $B$=12 | 87.5 | 0 | 全线自流，无抽水电费，但一次性工程投资最大 | 水量损失小 | 有利于水质保护 | 无 |
| | | 明渠改暗渠 | 13 段 | 28 731 | 4-4.5×5.0 | | | | | | |
| | | 暗渠 | 6 座 | 13 501 | 2-5.5×5, 4-4.5×5.0, 2-4.5×4.3 | | | | | | |
| | | 渡槽加盖板 | 4 座 | 2 412 | 2-4.7×4.7 | | | | | | |
| | | 隧洞 | 3 座 | 3 752 | 1-6.7×6.7 | | | | | | |
| | | 倒虹吸 | 9 座 | 18 225 | 4-4.2×4.2 | | | | | | |
| | | 西四环暗渠 | 1 段 | 12 755 | 2-D4.8 | | | | | | |
| | | 合计 | | 80 210 | | | | | | | |

续表

| 方案名称 | 方案简述 | 工程布置 | | | | 投资分析/亿元 | | 优、缺点比较 | | | 对生态环境的影响 |
|---|---|---|---|---|---|---|---|---|---|---|---|
| | | 总干渠主要建筑物名称 | 数量 | 长度/m | 结构特性/m | 总投资估算 | 年抽水电费 | 投资及运行管理 | 水量损失 | 水质保护 | |
| 管涵加压方案（推荐方案） | 局部线路调整。运行方式：Q≤20 m³/s 小流量全线自流，惠南庄泵站至大宁调压池管道加压（加压段长57.10 km）；大宁调压池以后低压自流输水 | 明渠（含团城湖闸室段） | 1段 | 885 | B=12 | 68.55 | 0.84 | 小流量全线自流，利全年抽水运行相比，节省部分年抽水电费；管理方便 | 水量损失小 | 有利于水质保护 | 无 |
| | | 暗渠 | 1座 | 1 686 | 2-5.6×5.0 | | | | | | |
| | | 隧洞 | 2座 | 2 180 | 2-D4.0 | | | | | | |
| | | 惠南庄泵站 | 1座 | 478 | 泵站装机 56 MW | | | | | | |
| | | PCCP | | 54 179 | 2-D4.0 | | | | | | |
| | | 大宁调压池 | | 120 | | | | | | | |
| | | 永定河倒虹吸 | 1座 | 2 519 | 4-3.8×3.8 | | | | | | |
| | | 卢沟桥倒虹吸 | 1座 | 5 269 | 2-3.8×3.8 | | | | | | |
| | | 西四环暗渠 | 1座 | 11 150 | 2-D4.0 | | | | | | |
| | | 合计 | | 78 466 | | | | | | | |
| 局管涵加压方案 | 局部线路调整。运行方式：Q≤20 m³/s 小流量，两头自流，大流量全线自流，局部管道加压（加压段长40 km）；泵站设在天开，大宁调压池以后低压自流输水 | 明渠（含团城湖闸室段） | 1段 | 834 | B=12 | 72.4 | 1.152 | 小流量全线自流，利全年抽水运行相比，节省年抽水电费；工程投资较大，管理复杂 | 水量损失小 | 有利于水质保护 | 无 |
| | | 暗渠 | 6座 | 18 502 | 2-5.9×5.0，2-5.0×5.0，2-4.5×4.5，2-3.7×3.7 | | | | | | |
| | | 渡槽 | 4座 | 2 071 | 2-4.5×5.0 | | | | | | |
| | | 隧洞 | 2座 | 3 089 | 1-5.6 | | | | | | |
| | | 天开泵站 | 1座 | 150 | 泵站装机 84 MW | | | | | | |
| | | PCCP | | 39 919 | 2-DN4.0（孔数-管径/m，下同） | | | | | | |
| | | 大宁调压池 | | 70 | | | | | | | |
| | | 倒虹吸 | 1座 | 2 589 | 4-3.7×3.7 | | | | | | |
| | | 西四环暗渠 | 1段 | 12 755 | 2-D4.0 | | | | | | |
| | | 合计 | | 80 139 | | | | | | | |

续表

| 方案名称 | 方案简述 | 工程布置 | | | | 投资分析/亿元 | | 投资及运行管理 | 优、缺点比较 | | |
| --- | --- | --- | --- | --- | --- | --- | --- | --- | --- | --- | --- |
| | | 总干渠主要建筑物名称 | 数量 | 长度/m | 结构特性/m | 总投资估算 | 年抽水电费 | | 水量损失 | 水质保护 | 对生态环境的影响 |
| 管涵渠方案 | 线路基本沿等高线布置。运行方式：贺照云以前工程布置 48.6 km 工程布置同明渠方案，Q≤60 m³/s 自流。贺照云至大宁泵站，贺照云以后采用管道输水，大宁以后低压自流输水 | 明渠（含团城湖闸室至段） | 14 段 | 29 465 | B=11, 12, 15 | 65.1 | 0.377 | 一次性投资最小，抽水电费较小。但管理复杂，维修费用高 | 水量损失较大 | 有 29.6 km 明渠，不利于水质保护 | 增加水面 100 ha，可改善环境 |
| | | 暗渠 | 5 座 | 11 616 | 4-4.7×4.7, 2-3.7×5.0, 2-4.5×4.3 | | | | | | |
| | | 渡槽 | 4 座 | 2 412 | 2-4.7×4.7 | | | | | | |
| | | 隧洞 | 3 座 | 3 752 | 1-6.7×6.7 | | | | | | |
| | | 倒虹吸 | 8 座 | 9 810 | 4-4.2×4.2, 4-3.7×3.7 | | | | | | |
| | | 贺照云泵站 | 1 座 | 100 | 泵站装机 26 MW | | | | | | |
| | | PCCP | | 10 300 | 2-DN4.0 | | | | | | |
| | | 西四环暗渠 | 1 段 | 12 755 | 2-D4.0 | | | | | | |
| | | 合计 | | 80 210 | | | | | | | |

注：表中各方案总干渠长度均未包括与河北的连接段 80 m。

## 2. 总体布置

管涵加压方案的特点是，除末端外，沿线不设明渠；小流量全线管涵自流（$Q \leqslant$ 20 m³/s）；大流量，从加压泵站至永定河西岸采用管道加压输水；在永定河西岸大宁水库副坝下设调压池，调压池以后采用低压输水方式，将水送入团城湖。全线总长 80 052 m（渠首节制闸至终点团城湖）。

渠首穿北拒马河中支和北支处布置暗渠一座，暗渠长 1 686 m（双孔方涵）；暗渠出口设一座加压泵站，长 478 m；为提高供水安全度，泵站后接 2 排 DN4 000 mm 的压力管道（初选 PCCP），压力管道长 54.179 km。穿过西甘池和崇青两处山地，经方案比较布置 2 段压力隧洞（双洞），西甘池隧洞长 1.8 km，崇青隧洞长 0.38 km。

大宁调压池至终点团城湖，长 21.314 km，采用低压暗涵及明渠输水方式。穿永定河处布置永定河倒虹吸（4 孔方涵），长 2 519 m。永定河以后基本为城区段，其中卢沟桥倒虹吸全长约 5 269 m，为 2 孔一联箱涵，每孔尺寸宽 3.8 m，高 3.8 m；西四环暗渠结构形式为由断面 2-3.8 m×3.8 m 钢筋混凝土方涵和 2-D4.0 m 钢筋混凝土圆涵组成的有压暗涵，总长约 12.755 km；西四环路以后设有 777.8 m 明渠段（即团城湖明渠），最后经团城湖进水闸（包括暗涵段，长 107.2 m）入终点团城湖。

总干渠上的主要控制工程包括节制闸、分水口门、退水闸等。

出于渠首枢纽及加压泵站运行管理、检修的要求，设置渠首节制闸和退水闸；惠南庄泵站前池设进水闸；永定河倒虹吸进口设进水闸及南干渠分水闸；西四环暗渠段设有新开渠和永引渠分水闸（代退水）；西四环暗涵出口设出口闸；终点设团城湖节制闸。

根据北京供水目标位置，共设置 7 个分水口门。

有压管道段因分水、检修等需要，在 4 处分水口（房山、燕化、良乡、长辛店）分别设分水阀及调流阀；在 19 处低洼处设置泄水管及排空井。

为保证管线任何一段发生事故时仍能通过 70% 的水量，共设 6 处连通设施，连通设施间距约 8 km，每处连通设施处设 4 个节制阀及 2 个连通阀，均为 DN3 600 mm 电动蝶阀。

## 3. 水力设计

### 1）水面线计算

水面线计算的基本原则：满足限定的界点水位及渠底高程的允许值；以小流量有压自流确定渠底高程。

区段划分：北京段总干渠以大宁调压池为界分为前后两大计算区段。

前区段：北京段总干渠渠首至大宁调压池，长约 56.479 km；$Q_{设计}=50$ m³/s，$Q_{加大}=60$ m³/s。

后区段：大宁调压池至终点团城湖，长约 21.31 km；$Q_{设计}=30$ m³/s，$Q_{加大}=35$ m³/s。

水面线计算起推断面是总干渠终点团城湖，起推水位确定为 49.0 m，起推渠底高程 47.0 m。小流量下，计算的明流段最大充满度为 85%。

建筑物及渠道纵横断面布置见表9.2.6。

**表 9.2.6　建筑物及渠道纵横断面布置表**

| 名称 | 纵坡 | 过水断面结构特性/m |
|---|---|---|
| 北拒马河中支暗渠 | 1/6 000 | 2-5.6×5.0 |
| 管道（PCCP） | — | 2-DN4.0 |
| 压力隧洞 | 1/7 000 | 2-D4.0（西甘池、崇青） |
| 永定河倒虹吸 | — | 4-3.8×3.8 |
| 卢沟桥倒虹吸 | — | 2-3.8×3.8 |
| 西四环倒虹吸 | — | 2-D4.0 |
| 团城湖明渠 | 1/4 094 | B（底宽）=12（土渠），边坡坡比 1∶2.0 |

计算方法为分段求和法，以建筑物的进出口桩号为界将总干渠分成若干大段，再细分为小段，利用能量方程由控制水深的一端逐段向另一端推算，最后将求得的各断面水深相连即得北京段总干渠水面线。计算结果见表9.2.7，终点河北和北京界水位满足要求。

**表 9.2.7　北京段主要控制点水位**

| 序号 | 建筑物名称 | 分段桩号 | 渠道水位/m | | 渠底高程/m |
|---|---|---|---|---|---|
| | | | 设计水位 | 加大水位 | |
| 1 | 冀京界 | BT-0-120 | 60.73 | 60.83 | 57.106 |
| 2 | 北拒马河中支暗渠进口 | BT-0+000 | 60.30 | 60.40 | 56.500 |
| 3 | 北拒马河中支暗渠出口 | BT-1+781 | 59.90 | 59.90 | 56.274 |
| | 惠南庄泵站进口 | | | | |
| 4 | 压力输水管 3 段出口 | BT-58+618 | | | 45.794 |
| 5 | 永定河节制闸 | BT-58+738 | 55.72 | 58.27 | 47.294 |
| | 永定河倒虹吸进口 | | | | |
| 6 | 永定河倒虹吸出口 | BT-61+257 | 55.00 | 57.29 | 47.084 |
| | 卢沟桥倒虹吸进口 | | | | |
| 7 | 卢沟桥倒虹吸出口 | BT-66+535 | 53.69 | 55.51 | 47.074 |
| | 城区倒虹吸进口 | | | | |
| 8 | 城区倒虹吸出口 | BT-79+166 | 48.75 | 48.79 | 46.714 |
| | 团城湖明渠进口 | | | | |

**2）水力过渡过程计算**

北京段输水工程水力系统由进水前池、水泵机组、管道、闸阀、排气阀、出水池等部分组成。水力瞬变主要与水泵的启动、停泵及泵出口控制阀门的启闭有关。管道水力瞬变采用特征线方法分析计算。水力过渡过程考虑下面两种最不利的工况。

（1）事故断电工况。

在事故断电，特别是泵站6台运行机组同时断电，蝶阀拒动条件下，可能因机组转速的迅速减小，引起流量的急剧下降，导致管道水压降低到蒸汽压力，引起液体汽化，形成液柱分离。根据管道截面的情况，这些气体和蒸汽的气穴可能在破裂时引起高压。

（2）机组的启动工况。

启动工况一：从自流变换到泵站6台机组启动运行，每台机组启动的间隔时间均为200 s。

启动工况二：在每台泵接通电源后的180 s内机组线性升速到额定转速，然后保持不变。

启动工况三：在0～200 s内自流旁路蝶阀线性全关闭。

启动工况四：在每台泵接通电源后的200 s内蝶阀线性全开。

计算结果表明，PCCP的最大水压发生在机组启动工况，在6台机组同时启动的工况下，最大水压达83.0 m水头；在6台机组顺序启动的工况下，最大水压为75.0 m水头。最小水压发生在泵站4台机组运行、同时事故断电且蝶阀关闭的工况，最小水压为-7.1 m水头。

## 4. 管道布置

**1）平面布置**

根据线路的地形特点，惠南庄—大宁段采用PCCP，两管中心距为6.1 m，管道沿低山、丘陵地带布置，管线穿越河、沟渠时均采用下置方式；在大宁水库副坝下游设大宁调压池，输水干管末端设控制蝶阀井，井后设2-DN3 600 mm钢管，与大宁调压池进口2-DN3 600 mm钢管对接，两钢管中心距6.1 m。

管线段需穿铁路4处，穿铁路处均改防护结构，防护结构内穿管道输水；穿现状主要等级公路17处，穿越方式7处为顶管施工，10处为明挖施工。

为保证管道正常运行，在管线纵坡起伏变化的最高处、变坡及其他可能产生负压的部位设置排气阀，排气阀间距500～800 m，共98处。此外，为便于检查、检修管道，在连通设施处设人孔，每处连通设施处设4个人孔，共计12个人孔检查井。

在管线的低洼处、主要沟、河处设置19处泄水管和排空阀井及相应的排水设施。

为确保95%的供水保证率及事故情况下通过70%的流量，沿线共设连通设施3处，每处连通设施处设6个蝶阀及5个蝶阀井。

管线转角大于10°的弯头设置镇墩，共45处，连通设施、隧洞进出口、分水口、排

空井处均设镇墩，管线段共设镇墩 118 处。镇墩设计结合钢管包封，不设单独的镇墩。

**2）纵向布置**

纵向布置主要原则如下。

（1）管线埋置于冻土线以下。

（2）满足抗浮要求，当管顶覆土深度不满足抗浮要求时，采取工程措施。

（3）满足复耕及城市各类现状地下管网的布置要求，并为将来城市的发展建设预留空间，为此确定耕地管线埋深 2.0～3.0 m，道路密集及城镇区，管顶覆土深度不小于 3.0 m。

（4）穿越河道的管线尽可能埋置在冲刷线以下，否则采取防冲刷措施。

（5）管顶覆土一般恢复至原地面，深挖方段考虑管道结构要求，根据不同工压，限制深挖方段覆土最大深度，如必须回填至原地面，则采取工程措施保护管道。

（6）满足有压输水最不利运行工况（$Q=20 \text{ m}^3/\text{s}$）的最小管顶水头不小于 2.0 m。

（7）与建筑物、铁路和其他管线的水平净距满足《室外给水设计标准》（GB 50013—2018）的要求，并满足工程施工净距的要求。

（8）为改善地基受力状况，竖向折角以小于 10° 为宜。

根据以上原则，为避免产生明、满流交替的不良流态，保证管线安全输水，最终确定工程设计采用 $Q \leqslant 20 \text{ m}^3/\text{s}$ 输水时全部为压力流的运行方式。由于受小流量水头线控制，局部段管线埋深较大，最深处在隧洞进出口，深达 20～30 m。根据管道结构设计，管顶最大覆土深度不大于 10.5 m。

多数深挖方地段地势虽然较高，但根据具体地段的现状地形条件，管道覆土可不恢复至现状地面高程。不回填至现状地面的管段总长约 8.379 km。

燕化分水口—丁家洼段、崇青隧洞进口段、崇青隧洞出口—崇青西干渠段等深挖方段，根据地形条件，管顶覆土深大于 10.5 m，这些地段的管道均采取混凝土包封的工程措施，深挖方段混凝土包封总长 2 350 m。

受沟、河底高程控制，在南泉水河、西甘池北河、北甘池北河、东周各庄南沟、马刨泉河、地震台沟、小清河等河谷处管道下置。根据冲刷及抗浮计算确定管顶距沟、河底的距离，一般管顶距沟、河底不小于 2.5 m。对一些流域面积小，纵坡很陡的小沟、小渠，管线未设专门的下置管道，管顶距河底不足 2.5 m 时，采取管身包封及在管顶设置浆砌石、干砌石等相应防冲、抗浮措施的方法穿越。

根据斜管抗滑稳定计算及镇墩计算，管线纵向布置的竖向折角均控制在 5° 以下，即纵坡不大于 0.0875。

**3）横向布置**

工程采用 2 排内径为 4.0 m 的 PCCP 输水，两排管道同槽埋设。根据管道安装、管基管侧土回填及施工排水的要求，两排管道中心距 6.1 m。两管间净距约为 1.5 m（因管芯厚度不同而略有差异），左右沟槽各 1.5 m，沟槽底宽 13.7 m。全线管道均铺设在未扰动的原状土地基上，管底铺设粗砂垫层，厚度 200 mm，管基支承角采用 90°。开挖边坡坡比一般石方段为 1∶1～1∶0.3，土方段为 1∶1。

槽底至管顶以上 0.5 m 范围内，回填土不得含有机物、冻土及大于 50 mm 的砖、石等硬块，沟槽回填土的压实系数取 0.90，管顶区回填土的压实系数取 0.85。

### 5. 管道设计主要参数

管径：DN=4 000 mm。

工作压力：0.8～0.4 MPa（指压力由南向北递减）。

设计压力：1.12～0.68 MPa。

覆土深度：一般为 3 m，最大 10.5 m。

地面荷载：汽-20 与 1 m 堆土取大值。

管芯厚度：260～380 mm。

钢筒厚度：2.0 mm。

保护层厚度：20 mm。

管节长：5 m。

管节参考重：约 60 t。

### 6. 管道设计

#### 1）管材选择

结合目前国内管材生产和工程运行的实际情况，选择钢管、球墨铸铁管、玻璃钢管、预应力钢筋混凝土管及 PCCP 共五种管材进行了比较。对其功能要求：封闭性能高、输送水质佳、水力条件好、设备控制灵、建设投资省。

结合北京段特点，综合比较，在超大口径（DN3 000 mm 以上）的压力管道中 PCCP 具有较明显的优越性。因此，北京段总干渠主管选用 PCCP。

#### 2）管径选择

对于长距离管道输水系统来说，水头损失是一个很重要的问题。当输水流量和管道直径已经确定时，水头损失大小的唯一影响因素就是管道粗糙系数。因此，粗糙系数的选用对输水管线的水力学计算及工程布置和工程安全都是至关重要的。

通过收集国内外资料、工程试验及计算，已收集到的国内大口径 PCCP 的，曼宁粗糙系数的设计取值多在 0.011 5～0.012 5，考虑到我国制管业的工艺水平与国际先进水平存在一定距离，并且管道接头较多，填缝砂浆经长期运行会有一定磨损，导致粗糙系数有所增加，经综合分析，北京段为长距离输水工程，且有小流量自流的运用要求，因此，设计粗糙系数取值为 0.012 0，既满足设计要求，又留有必要的富余。

管径的选用将决定工程设计、施工、投资等多方面，水泵和管道共同工作而又相互影响，是一个不可分割的完整系统。要从整个系统达到最佳状态的观点来推求，选择水泵和管道的最优参数（包括技术和经济方面）。受国内铁路运输限制，管径超过 DN3 000 mm，就无法采用铁路运输。若选用 DN4 000 mm 管材，必须在工程现场建厂生产，且将建厂费用摊入管材价格之内。通过多种方案的经济技术比较，2-DN4 000 mm 与 4-DN3 000 mm 方案均是可行的，两方案的主要工程投资估算见表 9.2.8。

**表 9.2.8 2-DN4000 mm 与 4-DN3000 mm 管道部分主要工程投资估算比较表**

| 项目 | | 建筑工程及设备安装 | | 工程投资差值/万元 |
| --- | --- | --- | --- | --- |
| | | 2-DN4000 | 4-DN3000 | |
| 土石方 | 石方开挖/m³ | 4 952 628 | 5 922 010 | 7 235 |
| | 土方开挖/m³ | 7 094 494 | 8 038 970 | 1 171 |
| | 石方填筑/m³ | 991 829 | 1 288 330 | 788 |
| | 土方填筑/m³ | 6 843 428 | 7 623 350 | 1 016 |
| | 中粗砂垫层/m³ | 248 686 | 380 730 | 2 683 |
| 管道 | 管道及管件/m | 55 000 | 55 000 | 37 501 |
| | 管道阀件/万元 | 9 933 | 13 573 | 4 604 |
| 泵站 | 泵站装机/kW | 60 000 | 68 000 | 10 120 |
| 占地 | 临时占地赔偿/亩 | 8 741 | 9 070 | 317 |
| 电费 | 年用电量/(万 kW·h) | 16 740 | 18 972 | 1 473 |
| | 20 年用电量/(万 kW·h) | 334 800 | 379 440 | 29 462 |
| 总计 | | | | 96 370 |

注：表中未计运行管理费及设备更新费。工程投资差值是指 4-DN3 000 mm 较 2-DN4 000 mm 增加的投资。

经分析，南水北调工程管道用量较大，在现场建厂经济可行。2-DN4 000 mm 方案与 4-DN3 000 mm 方案相比，管材价格相对较低，临时占地较少，管线布置简单，年运行费用较低。因此，推荐 2-DN4 000 mm 方案为设计方案。

**3）管道结构**

PCCP 分两种类型：内衬式管（LCP）与埋置式管（ECP）。LCP 的预应力钢丝直接缠绕在钢筒上，采用离心工艺成型，口径偏小（DN≤1 200 mm）；ECP 则缠绕在钢筒外的混凝土层上，采用立式振动工艺成型，口径偏大（DN>1 200 mm）。北京段采用接头为双胶圈的 ECP。

**4）管道防腐设计**

对管线埋置地区的地下水、土壤的腐蚀性进行了取样试验研究。研究表明：地下水对钢管具有弱腐蚀性；对混凝土全线均无腐蚀性；对混凝土内钢筋（PCCP 预应力钢丝）有弱腐蚀性的地段有周口店河—马刨泉段（桩号 HD21+850～HD25+200）、房山—丁家洼段（桩号 HD26+650～HD31+350）、哑叭河—小清河段（桩号 HD47+400～HD51+500），全长约 14 km，其他地段对混凝土内钢筋（PCCP 预应力钢丝）无腐蚀性。

受管道沿线地下水位较高及存在杂散电流的影响，管道全线除在 PCCP 成品管砂浆保护层外侧涂刷两道环氧煤沥青绝缘层外，还采取牺牲阳极的阴极保护措施。

对钢制管件进行内、外防腐，内防腐采用水泥砂浆涂层，厚度 20 mm；因管道覆土较厚，所有钢制管件外均需进行混凝土包封，故外防腐全部结合包封进行，包封前管件外表需涂防锈漆两道。

## 9.2.3　天津干线设计

### 1. 输水形式选择

天津干线全长约 155.53 km，其中，河北境内约 131.52 km，天津境内约 24.01 km。天津干线起点西黑山分水口处地面高程为 65.2 m，终点外环河处地面高程为 1.2 m，高差为 64 m，但这高差并非均匀分布。考虑充分利用水头，并解决输水与洪涝矛盾，减少永久占地，减少建筑物数量，方便管理，对全管涵和管渠结合输水形式进行了深入研究。

鉴于全管涵方案和管渠结合方案均涉及管涵形式，首先进行了管涵形式分析与选择。结合天津段的规模和特点，比选了铸铁管、钢管、预应力钢筋混凝土管、PCCP、玻璃钢管、现浇预应力钢筋混凝土圆涵和现浇普通钢筋混凝土箱涵，通过对各种管材的分析，相对其他管材而言，PCCP 和现浇普通钢筋混凝土箱涵均是适合于天津干线的经济、实用管材。

**1）全管涵输水方式**

对全管涵输水方案研究了不同管涵形式的全自流和加压两种输水方式。

（1）全管涵全自流输水方式。

结合 PCCP、现浇普通钢筋混凝土箱涵和现浇预应力钢筋混凝土圆涵各自的特点，考虑 65 m 水头的利用方式，天津干线的输水形式可分为以高压管涵（PCCP、现浇预应力钢筋混凝土圆涵）为主、全箱涵、高压管涵与箱涵结合三种输水形式。以高压管涵为主的输水形式充分利用高压管涵耐高压的特点，将集中在上段的水头集中起来充分利用，并在沿线均匀分配。高压管涵与箱涵结合形式，充分利用高压管涵耐高压、箱涵适应低水头并较经济的特点，在水头较高段采用高压管涵，在水头较低段采用箱涵。全箱涵形式，针对天津干线首部落差较大、中下段落差小和地势缓的特点，在下段最大限度地利用混凝土箱涵所能承受的最大经济压力水头，采取有压输水形式，发挥有压流的优势，将上游尽量多的经济水头传递给下游；而在上段利用较陡的地形，采用小断面尺寸的无压输水形式。

三个全自流方案的工程布置、主要工程量及投资（临时占地中未含料场占地，土地补偿标准按 10 倍计）见表 9.2.9。三个全自流方案的主要优缺点见表 9.2.10。

表 9.2.9　全管涵全自流输水方案比较表

| 项目 | 单位 | 以 PCCP 为主的全自流方案 | PCCP 与箱涵结合的全自流方案 | 全箱涵无压接有压的全自流方案 |
|---|---|---|---|---|
| 一、工程规模 | | | | |
| 1. 输水线路长度 | km | 155.53 | | |
| 2. 设计流量/加大流量 | | | | |
| 0+000～87+007 | | 50/60 | | |
| 87+007～122+611 | m³/s | 47/57 | | |
| 122+611～148+850 | | 45/55 | | |
| 148+850～155+531 | | 19.8/24 | | |
| 3. 设计水位 | | | | |
| 西黑山 | m | 65.27 | | |
| 外环河 | | 0.00 | | |
| 二、主要建筑物及设备 | | | | |
| 1. 西黑山进口闸 | 座 | 1 | 1 | 1 |
| 2. 矩形槽 | | | | |
| 桩号 | | XW-0+187.2～XW-0+990.01 | XW-0+187.2～XW-0+990.01 | XW-0+187.2～XW-0+360, XW-0+883～XW-1+533.01 |
| 总长度 | km | 802.81 | 802.81 | 822.81 |
| 3. 斜调节井 | | | | |
| 桩号 | | XW-0+990.01～XW-1+076.93 | XW-0+990.01～XW-1+076.93 | |
| 长度 | m | 86.92 | 86.92 | |
| 4. PCCP | | | | |
| 桩号 | | XW-1+076.93～XW-130+000 | XW-1+076.93～XW-50+800 | |
| 长度 | m | 128923.07 | 49723.07 | |
| 尺寸 | m | 2DN4.6 | 2DN4.0 | |
| 5. 现浇预应力钢筋混凝土圆涵 | | | | |
| 桩号 | | XW-130+000～XW-135+370 | | |
| 长度 | m | 5370 | | |
| 尺寸 | m | 2DN4.8 m | | |
| 6. 箱涵 | | | | |
| 总长度 | m | | | |
| 第一段桩号 | | XW-0+360～XW-0+883 | XW-0+360～XW-0+883 | XW-0+360～XW-0+883 |

| 项目 | 单位 | 以PCCP为主的全自流方案 | PCCP与箱涵结合的全自流方案 | 全箱涵无压接有压的全自流方案 |
|---|---|---|---|---|
| 长度 | m | 523 | 523 | 523 |
| 尺寸 | m | 1-5.0×4.4 | 1-5.0×4.4 | 1-5.0×4.4 |
| 第二段桩号 | | XW-135+370~XW-148+788 | XW-50+800~XW-70+000 | XW-1+533.01~XW-4+258 |
| 长度 | m | 13 418 | 19 200 | 2 724.99 |
| 尺寸 | m | 3-3.4×3.4 | 3-4.4×4.4 | 1-4.0×4.3 |
| 第三段桩号 | | XW-148+912~XW-155+331 | XW-70+000~XW-148+788 | XW-4+258~XW-11+985 |
| 长度 | m | 6 419 | 78 788 | 7 727 |
| 尺寸 | m | 2-2.9×2.9 | 3-4.3×4.3 | 3-3.3×3.3 |
| 第四段桩号 | | | XW-148+912~ | XW-12+037~XW-148+788 |
| 长度 | m | | 6 419 | 136 751 |
| 尺寸 | m | | 2-3.7×3.7 | 3-4.4×4.4 |
| 第五段桩号 | | | | XW-148+912~XW-155+331 |
| 长度 | m | | | 6 419 |
| 尺寸 | m | | | 2-3.7×3.7 |
| 7. 调压室/调节井/调节池 | 座 | 2×3+1 | 2×2+1 | 1 |
| 8. 分流井 | 座 | 1 | 1 | 1 |
| 9. 外环河出口闸 | 座 | 1 | 1 | 1 |
| 10. 连通 | 处 | 9 | 3 | 0 |
| 11. 检修蝶阀 | 处 | 17 | 4 | 0 |
| 12. 泄水阀 | 处 | 12 | 6 | 0 |
| 13. 检修闸井 | 座 | 2 | 8 | 14 |
| 14. 保水堰井 | | 2 | 4 | 8 |
| 15. 分水口 | 个 | 9 | 9 | 9 |
| 三、占地 | | | | |
| 1. 永久占地 | 亩 | 776.2 | 673 | 695 |
| 2. 临时占地 | 亩 | 38 203 | 36 959 | 37 003 |
| 四、主要工程量 | | | | |
| 1. 土石方开挖 | 万m³ | 4 022.21 | 4 333.44 | 4 777.49 |
| 2. 土方填筑 | 万m³ | 2 958.93 | 3 299.44 | 3 397.68 |
| 3. 混凝土和钢筋混凝土 | 万m³ | 54.91 | 304.74 | 432.4 |
| 4. 钢筋制安 | 万t | 6.02 | 24.37 | 35.36 |
| 5. PCCP管道（含异型管） | km | 2×130 | 2×49.81 | 0 |
| 五、静态总投资 | 亿元 | 95.13 | 90.23 | 87.06 |

表 9.2.10　全管涵全自流输水方案优缺点对照表

| 名称 | 以 PCCP 为主的全自流方案（方案 I） | PCCP 与箱涵结合的全自流方案（方案 II） | 全箱涵无压接有压的全自流方案（方案 III） |
|---|---|---|---|
| 一、自流能力 | 在任何流量情况下全线自流 | | |
| 二、溢流条件 | 三个调节塔分别溢流至中瀑河、大清河、堂澜干渠，溢流渠道分别长 500 m、3000 m、2500 m。分流井溢流至子牙河，溢流渠道长 643 m | 两个调节塔分别溢流至中瀑河、陈梁庄西排干，溢流渠道分别长 500 m、560 m。分流井溢流至子牙河，溢流渠道长 643 m | 分流井溢流至子牙河，溢流渠道长 643 m |
| 三、水力控制 | 仅通过西黑山进口闸控制流量。管道段通过调节井保水，箱涵段通过保水堰保水。小流量时，通过在调节井内产生较大的跌落消能 | 仅通过西黑山进口闸控制流量。管道段通过调节井保水，箱涵段通过保水堰保水。小流量时，通过在调节井内产生较大的跌落消能 | 仅通过西黑山进口闸控制流量。无压段不需要保水，有压段通过保水堰保水。由于有 12 km 的无压流段，不同流量时，利用无压流本身的特点和调节能力来适应，不需再采取调节措施 |
| 四、施工条件 | 方案 I 和方案 II 均有 PCCP，均需沿线设厂生产，管道运输、吊装难度较大，方案 III 基本上均为箱涵，施工简单。方案 I 和方案 II 中调节井高度较高，施工相对复杂、困难 | | |

综合运行控制、施工、投资、工程维护等多方面因素，全箱涵无压接有压的全自流方案运行控制最简单，更有利于与总干渠联合调度，施工最简单，投资最小，因此，在全自流输水方式中选择全箱涵无压接有压的全自流方案。

（2）全管涵加压输水方式。

根据事故流量的要求，考虑到天津干线具有一定的自然水头，本着大部分水量自流和泵站利用率不宜过低的原则，确定 45 m³/s 为起始加压流量，即 45 m³/s 以下自流输水，超过 45 m³/s 时，利用泵站加压输水。

加压输水方案的主要意图是：通过增设加压泵站，减小管涵断面尺寸，以使投资有所降低。对在全管涵全自流方案中分别筛选出的 2DN4.6 m PCCP 方案（方案 I）、3 孔 4.4 m×4.4 m 全箱涵方案（方案 II）、2DN4.0 m PCCP 与 3 孔箱涵结合方案（方案 III）分别进行加压输水方式的设计。经分析采用均匀、两级加压方式。

从运行控制角度看，三个加压方案中，以 PCCP 为主的加压方案（方案 I）的泵站扬程较高，且每座泵站前需设调节阀，所以该方案运行控制最复杂，PCCP 与箱涵结合加压方案（方案 III）次之，全箱涵无压接有压加压方案（方案 II）相对简单；从投资角度看，三个加压方案中箱涵内压均在 0.10 MPa 左右，经比较，加压输水方案中方案 II 投资最小。从运行控制、投资等方面进行比较，全管涵加压方案中方案 II 较优。

全管涵加压方案与自流方案的工程布置基本相同，加压方案的箱涵断面尺寸较自流方案小，但需设置 2 座泵站。加压方案一次性投资为 85.87 亿元，自流方案投资为 87.06 亿元，两者相差仅 1.4%，但加压方案中 2 座泵站年运行电费为 1323 万元，长远考虑，加压方案并不经济；另外，全箱涵加压方案存在自流与加压的切换及两级泵站间扬程的分配问题，运行控制复杂。因此，全管涵输水方案选择全箱涵无压接有压的全自流方案。

**2）管渠结合输水方式**

考虑到天津干线穿越大清河分滞洪区，为避免与当地的行洪、排涝产生矛盾，并且为减少对天津市区段土地及产业设施的占用，在穿越大清河分滞洪区和市区段采用管涵输水，其余段采用明渠输水。

通过大清河分滞洪区白沟河、南拒马河分洪洪水对天津干线输水的影响分析，分洪洪水波及的范围是西起京深高速（现称京港澳高速）公路，东至阿深高速公路附近。基于这个洪水分洪形势，为保障天津干线的输水安全，确定在此范围内敷设地埋式管道（PCCP）。管道的起点（西端）桩号为 XW-28+800，终点（东端）桩号为 XW-81+500，总长 52.7 km。

考虑到天津市区段运输大直径 PCCP 存在的实际困难及管道工作压力较小等条件，在市区段采用现浇钢筋混凝土箱涵。

天津干渠管渠结合方案按输水形式划分为五段：渠首、陡坡段（2.081 km），上段明渠（26.719 km），压力管道段（52.7 km），下段明渠（50.5 km），市区箱涵（23.563 km）。设置 2 座泵站，总装机 49.6 MW。

管渠结合输水方式工程永久占地 12 074 亩，静态总投资 78.55 亿元。

**3）输水方式比较**

（1）技术比较。

管渠结合方案全线自流能力小，仅为 20 $m^3/s$，自流水量仅为总水量的 4.41%，泵站全年运行时间长，运行费用相应较高；而全箱涵无压接有压的全自流方案在任何流量情况下都能全线自流，自流水量占总水量的 100%，没有泵站运行费。

管渠结合方案永久占地 12 074 亩，而全箱涵无压接有压的全自流方案永久占地仅为 765 亩，两者相差 11 309 亩；天津干线所经地区人均占有土地少，保护和节约耕地对沿线农业生产具有重要作用。

从施工、工程管理、水质保护等方面看，全箱涵无压接有压的全自流方案较管渠结合方案有明显优势。

管渠结合方案对当地灌排系统有一定影响，占用龙江渠，影响 35 万亩农田的灌溉，需采取相应的补偿措施；而全箱涵无压接有压的全自流方案对当地灌排系统几乎没有影响。

（2）经济比较。

管渠结合方案的工程投资为 78.55 亿元，全箱涵无压接有压的全自流方案的工程投资为 90.79 亿元，虽然后者比前者多 12.24 亿元，但全箱涵无压接有压全自流方案的总费用折现值（78.022 亿元）低于管渠结合方案（78.755 亿元）。

经上述各方面综合分析比较，虽然全箱涵无压接有压全自流方案较管渠结合方案一次性投资有所增加，但换来的是水质和水量能有效保证、运行管理方便等诸多优点，作为总干渠的末端，输水流量不大，采用全箱涵方案是可行的，天津干线推荐全箱涵无压接有压的全自流方案。

## 2. 总体布置

南水北调中线一期工程天津干线西起河北徐水西黑山，东至天津外环河西，全长

155.531 km，其中，河北境内 131.515 km（保定 76.107 km，廊坊 55.408 km），天津境内 24.016 km，途经河北徐水、容城、高碑店、雄县、固安、霸州、永清、安次和天津武清、西青、北辰共 11 个区县。

天津干线采用无压接有压的全自流方案，无压输水段（桩号 XW-0+000～XW-11+985）长 11.985 km，包括进口引水渠（118 m）、西黑山进口闸（69.2 m）、宽矩形槽（258.8 m）、无压箱涵（10975 m）、东黑山陡坡（564 m）。调节池段（桩号 XW-11+985～XW-12+037）长 52 m。

有压输水段（桩号 XW-12+037～XW-155+531）长 143.494 km，其中 3 孔有压箱涵段长 136.826 km，2 孔有压箱涵段长 6.668 km，其余为王庆坨水库连接井（80 m）、分流井（124 m）、外环河出口闸（88 m）。

天津干线共与 61 条河渠交叉，其中行洪排涝河渠 48 条，灌溉渠道 13 条，均采用立体交叉形式。除西黑山沟采用排水涵洞外，其余均采用倒虹吸形式。

天津干线自西向东横穿河北平原，路网较密。共穿越 4 条铁路干线，分别是：京广铁路、京九铁路、津霸铁路和津浦铁路。共穿越 100 多条乡级以上公路，其中，高速公路 2 条[京深高速（现称京港澳高速）公路和津保高速公路]，国省干道 7 条，县乡级公路 30 多条，级公路 50 多条，均采用暗涵形式。

天津干线无压接有压的全自流方案主要以现浇 C25 钢筋混凝土箱涵为主，占总长度的 99%。其他主要建筑物有：西黑山进口闸 1 座，陡坡 1 座，调节池 1 座，检修闸 14 座，保水堰井 8 座，连接井和分流井各 1 座，外环河出口闸 1 座，分水口 9 处，西黑山左岸排水涵洞 1 座，交叉河渠倒虹吸 60 座，铁路保护涵 4 座，永久巡视道路 2.7 km（天津干线渠首至渭保线），各类闸、井、分水口门管理站进出通道（共 11 km）。

## 3．水力设计

### 1）计算条件

（1）流量：桩号 XW-0+000～XW-87+007 段为 60 m³/s；桩号 XW-87+007～XW-122+611 段为 57 m³/s；桩号 XW-122+611～XW-148+850 段为 55 m³/s；桩号 XW-148+850～XW-155+531 段为 24 m³/s。

（2）粗糙系数：现浇混凝土箱涵粗糙系数 $n=0.0135$。

（3）计算水位：桩号 XW-0+000（起点）处为 65.27 m；桩号 XW-155+531（终点）处为 0.00 m。

（4）局部损失系数：根据测算，箱涵局部损失系数为沿程损失系数的 8%。

（5）内压：现浇箱涵（倒虹吸管除外）运行工作内压控制在 0.1 MPa 以内。

### 2）计算结果

对无压段、有压段分别利用明渠均匀流、明渠恒定渐变流、有压恒定流的能量方程进行计算，水力计算结果见表 9.2.11 和表 9.2.12。

表 9.2.11 无压接有压方案无压段的水力计算成果表

| 桩号 | XW-0+000 | XW-0+187.2 | XW-0+197.2 | XW-0+969.01 | XW-1+533.01 | XW-4+258 | XW-12+000 |
|---|---|---|---|---|---|---|---|
| 管涵形式 | | 进口闸 | 渐变段 | 底宽5m矩形槽 | 底宽5m矩形槽 | 1孔4.0m×4.3m无压箱涵 | 1孔3.3m×3.3m无压箱涵 |
| 加大流量 流量/(m³/s) | 60 | | | | | | |
| 加大流量 水位/m | 65.27 | 64.79 | 64.04 | 62.79 | 38.32 | 31.5 | 24.48 |
| 设计流量 流量/(m³/s) | 50 | | | | | | |
| 设计流量 水位/m | 65.27 | 64.34 | 63.65 | 61.87 | 37.84 | 30.88 | 23.28 |
| 地面高程/m | 66.2 | 62.51 | 62.19 | 62.6 | 45.68 | 36.19 | 25.91 |
| 槽（涵）内底高程/m | 60.97 | 60.97 | 60.97 | 59.72 | 34.88 | 28.58 | 21.81 |
| 均匀流流速/(m/s) | | | | 3.73 | 11.85 | 4.32 | 2.24 |
| 均匀流水深/m | | | | 3.07 | 0.97 | 3.43 | 2.65 |
| 渠底纵坡 | | | | 1/555 | 1/22 | 1/400 | 1/1100 |

表 9.2.12 无压接有压方案有压段的水力计算成果表

| 桩号 | XW-12+000 | XW-87+007 | XW-122+611 | XW-135+370 | XW-148+850 | XW-155+531 |
|---|---|---|---|---|---|---|
| | 调节池 | 霸州市二号渠西分水口 | 廊坊安次区得胜口分水口 | 王庆坨水库分流井 | 西河泵站分水口 | 外环河出口闸 |
| 拟定管涵形式尺寸 | | 3孔4.4m×4.4m箱涵 | | | 2孔3.7m×3.7m箱涵 | |
| 加大流量 流量/(m³/s) | 60 | | 57 | 55 | 24 | |
| 加大流量 水位/m | 24.41 | 11.19 | 5 | 3.64 | 0.82 | 0 |
| 设计流量 流量/(m³/s) | 50 | | 47 | 45 | 18.4 | |
| 设计流量 水位/m | 21.16 | 7.97 | 3.4 | 2.1 | 0.73 | 0 |
| 地面高程/m | 26 | 8.3 | 6 | 4.5 | 3.6 | 2 |
| 管（涵）内顶高程/m | 19 | 5 | -0.6 | -0.6 | -0.6/-1.3 | -1.3 |

### 4. 箱涵设计

#### 1）纵断面布置

天津干线采用无压接有压输水方式，无压段桩号 XW-1+533.01～XW-11+985，长约 10.452 km，无压段箱涵纵断布置为：桩号 XW-1+533.01～XW-4+258 段设计纵坡 $i=1/400$，箱涵顶板底高程（指涵内顶高程，下同）为 34.88～28.58 m（指沿桩号顺序逐渐降低）（倒虹吸除外，下同），桩号 XW-4+258～XW-11+985 段设计纵坡 $i=1/1100$，箱涵顶板底高程为 28.58 m ～21.81 m（指沿桩号顺序逐渐降低）。无压段箱涵与 3 条行洪排涝河渠交叉，分别为东黑山沟、曲水河和中瀑河，在箱涵与东黑山沟交叉处，对东黑山沟局部护砌，穿越建筑物为无压箱涵；在箱涵与曲水河和中瀑河交叉处，采取倒虹吸形式，穿越建筑物为有压箱涵。

有压段桩号 XW-12+037～XW-155+531，长 143.494 km，其中，3 孔 4.4 m×4.4 m 箱涵段长 136.826 km，2 孔 3.7 m×3.7 m 箱涵段长 6.668 km。根据地形地势特点，并满足压坡线要求，有压段箱涵纵断面布置见表 9.2.13。

**表 9.2.13　天津干线有压段箱涵纵断面布置**

| 起点桩号 | 终点桩号 | 箱涵顶板底或堰顶高程/m |
|---|---|---|
| XW-12+037 | XW-15+000 | 19.0 |
| 1#保水堰（桩号 XW-15+000） | | 19.5 |
| XW-15+000 | XW-26+000 | 17.0～14.5* |
| 2#保水堰（桩号 XW-26+000） | | 17.5 |
| XW-26+000 | XW-38+200 | 14.5～10.5* |
| 3#保水堰（桩号 XW-38+200） | | 15 |
| XW-38+200 | XW-44+400 | 9.5～8.5* |
| XW-44+400 | XW-62+100 | 8.5～9.0* |
| 4#保水堰（桩号 XW-62+100） | | 10 |
| XW-62+100 | XW-76+500 | 7 |
| 5#保水堰（桩号 XW-76+500） | | 7.5 |
| XW-76+500 | XW-91+300 | 5 |
| 6#保水堰（桩号 XW-91+300） | | 5.5 |
| XW-91+300 | XW-106+000 | 2.7 |
| 7#保水堰（桩号 XW-106+000） | | 3 |
| XW-10+600 | XW-118+400 | 0.6 |
| 8#保水堰（桩号 XW-118+400） | | 0.9 |
| XW-118+400 | XW-148+863 | -0.6 |
| 9#保水堰（桩号 XW-148+863） | | -0.22 |
| XW-148+863 | XW-155+531 | -1.3 |
| 10#保水堰（桩号 XW-155+531） | | -1 |

注：*指沿桩号顺序逐渐降低。

**2）结构计算**

（1）典型断面。

根据纵断面布置和箱涵内水流流态，将箱涵分为两大类，即无压箱涵和有压箱涵。结合各段的地质条件、埋深、孔径、运行工况及内水压力，选择典型断面如下。

无压段：1孔4.0 m×4.3 m箱涵，覆土4.5 m；3孔3.3 m×3.3 m箱涵，覆土6.0 m。

有压段：3孔4.4 m×4.4 m箱涵，覆土7.5 m，内水压力5 m；3孔4.4 m×4.4 m箱涵，覆土2.0 m，内水压力10 m；2孔3.7 m×3.7 m箱涵，覆土2.0 m，内水压力2 m。

（2）计算工况及荷载组合。

无压段箱涵结构计算工况及荷载组合见表9.2.14，有压段箱涵结构计算工况及荷载组合见表9.2.15。

表9.2.14　无压段箱涵结构计算工况及荷载组合表

| 荷载组合 | 计算工况 | 荷载 | | | | | | | 计算情况 |
| | | 结构自重 | 土压力 | 外水压力 | 内水压力 | 扬压力 | 活荷载 | 地震荷载 | |
|---|---|---|---|---|---|---|---|---|---|
| 基本组合 | 正常运行 | √ | √ | √ | √ | √ | √ | × | 一孔或三孔输水，计入地下水的作用 |
| | 完建期工 | √ | √ | × | × | × | √ | × | 一孔或三孔无内水，地下水未恢复 |
| 特殊组合 | 检修 | √ | √ | √ | × | √ | √ | × | 一孔或三孔无内水，计入地下水的作用 |
| | 正常运行+地震 | √ | √ | √ | √ | √ | √ | √ | 一孔或三孔输水，计入地下水及地震作用 |

表9.2.15　有压段箱涵结构计算工况及荷载组合表

| 荷载组合 | 计算工况 | 荷载 | | | | | | | 计算情况 |
| | | 结构自重 | 土压力 | 外水压力 | 内水压力 | 扬压力 | 活荷载 | 地震荷载 | |
|---|---|---|---|---|---|---|---|---|---|
| 基本组合 | 正常运行 | √ | √ | √ | √ | √ | √ | × | 三孔输水，有压，计入地下水作用 |
| | 完建期 | √ | √ | × | × | × | √ | × | 三孔均无水，地下水未恢复 |
| 特殊组合 | 单孔检修（1） | √ | √ | √ | √ | √ | √ | × | 一边孔检修，其余两孔输水 |
| | 单孔检修（2） | √ | √ | √ | √ | √ | √ | × | 一中孔检修，两边孔输水 |
| | 双孔检修（1） | √ | √ | √ | √ | √ | √ | × | 两边孔检修，中孔输水 |
| | 双孔检修（2） | √ | √ | √ | √ | √ | √ | × | 中孔及一边孔检修，一边孔输水 |
| | 三孔检修 | √ | √ | √ | √ | √ | √ | × | 三孔均无水，计入地下水作用 |
| | 正常运行+7度地震 | √ | √ | √ | √ | √ | √ | √ | 三孔输水，有压，计入地下水作用 |

（3）内力计算。

根据选定的箱涵断面进行结构内力计算。计算时取单位箱涵长度，应用杆件系统有限单元法，箱涵底板地基反力近似按直线分布进行计算。采用《微机结构分析通用程序SAP84》（版本 6.0）有限元框架单元进行各种工况条件下的内力计算，并用结构力学的迭代法及《水利水电工程微机通用程序集 PC1500》中的"多孔涵洞内力及配筋程序"对部分工况进行了验证，结果相近。

（4）计算结果。

对天津干线无压箱涵和有压箱涵的不同工况的内力计算结果进行分析，按基本组合和特殊组合对箱涵顶板、底板、侧墙及中墙分别进行强度计算，按基本组合对各部位进行裂缝宽度验算，以确定断面尺寸及每延米含钢量。

1 孔 4.0 m×4.3 m 无压箱涵：底板厚 0.4～0.55 m，顶板厚 0.4～0.5 m，边墙厚 0.4～0.5 m，含钢量 65～72 kg/m$^3$。3 孔 3.3 m×3.3 m 箱涵无压箱涵：底板厚 0.4～0.55 m，顶板厚 0.35～0.5 m，边墙厚 0.35～0.5 m，中墙厚 0.35 m，含钢量 65～70 kg/m$^3$。

3 孔 4.4 m×4.4 m 有压箱涵：底板厚 0.45～0.70 m，顶板厚 0.45～0.6 m，边墙厚 0.45～0.55 m，中墙厚 0.45～0.55 m，含钢量 70～97.4 kg/m$^3$。2 孔 3.7 m×3.7 m 有压箱涵：底板厚 0.50 m，顶板、边墙、中墙厚均为 0.45 m，含钢量 89.4 kg/m$^3$。

**3）稳定计算**

箱涵为地下工程，不需进行抗滑稳定计算。箱涵稳定计算包括箱涵抗浮稳定和基底地基压应力计算。

根据不同断面尺寸、地质条件及地下水埋深，无压箱涵段选取两个典型断面进行计算，有压箱涵段选取九个典型断面进行计算。经计算，箱涵底板持力层的地基承载力标准值为 120～180kPa，经修正后，地基承载力设计值均满足要求。抗浮稳定安全系数最小值出现在检修工况，均满足规范要求。

**4）细部设计**

为适应地基不均匀沉陷，一般地段箱涵每隔 15 m 设一道沉降缝，地质条件较差、地层分布不均处，箱涵分段间距可根据实际情况适当减小。沉降缝内设两道止水，即在衬砌的中部设橡胶止水带，在迎水面设 40 mm×30 mm 嵌缝密封材料双组分聚硫密封胶一道，缝内填缝材料为聚乙烯闭孔泡沫塑料板。

**5）基础设计**

位于砖窑取土坑附近的 2 段箱涵（桩号 XW-32+820～XW-32+920 和桩号 XW-39+200～XW-39+280），因其坑底高程低于箱涵设计底板高程 3 m，设计采用碎石土回填，碎石与土的比例为 6∶4，回填范围为箱涵结构外边线以外各 5 m，两侧边坡坡度为 1∶3。

桩号 XW-86+350～XW-91+850 段箱涵底板下为液化粉砂层，长 5.5 km。考虑到箱涵结构整体性好，可通过减小结构缝分缝间距提高其适应不均匀沉陷的能力，故仅对底板下砂层较厚段，桩号 XW-87+007～XW-89+007 处的砂土进行处理，采用振冲密实法，桩长 6 m，桩径 0.35 m，桩距 1.2 m，梅花形布置，总进尺 24.02 万 m。

### 6）土方填筑设计

地表复耕层厚 0.3～0.5 m，利用原耕作土回填，压实度不做专门要求。箱涵土方回填采用的土料为开挖土的混合料，土质为壤土、粉质壤土，黏粒含量为 15%～30%，塑性指数为 10～20，回填土的压实度不小于 0.92。

### 7）防腐设计

根据地质报告，牤牛河以东 $SO_4^{2-}$ 浓度逐渐增高，对普通硅酸盐水泥具有结晶类弱～强腐蚀性，在箱涵外壁涂聚合物涂料进行防腐。

## 9.3　总干渠水头优化配置

### 9.3.1　总干渠水头分配早期研究概况

#### 1. 研究过程

总干渠水头分配是南水北调中线工程规划的重要内容，经过长期的研究，在先后完成的《南水北调中线引汉规划报告（初稿）》《南水北调中线规划报告（1987 年）》《南水北调中线工程规划报告（1991 年 9 月修订）》《南水北调中线工程可行性研究报告（1993年）》《南水北调中线工程论证报告（1996 年）》《南水北调中线工程规划（2001 年修订）》等报告中，都对总干渠线路和水头分配[2,3]进行了反复研究。

在 1986 年编制的《南水北调中线引汉规划报告（初稿）》中，提出了总干渠控制点的水位、设计水面线及水头分配。陶岔渠首设计水位 146.38 m，终点北京莲花池的水位 44.2 m。穿黄工程比较了桃花峪、邙山头、牛口峪 3 条线路，选用牛口峪穿黄，线路较为顺直，穿黄建筑物结构形式为渡槽，进口水位 118.50 m，出口水位 117.74 m。两岸滩地高程一般为 99.4～102.5 m。为避免黄河北岸过大的高填方渠道，渡槽出口设跌水17.74 m。黄河以北总干渠渠首设计水位为 100 m。总干渠全线总水头 102.18 m，其中，黄河以南总干渠 27.88 m，穿黄渡槽 0.76 m，跌水水电站 17.74 m，黄河以北总干渠 55.8 m。

1987 年编制的《南水北调中线规划报告（1987 年）》中，陶岔渠首设计水位为146.38 m，终点北京玉渊潭的水位 49.2 m。穿黄工程形式为渡槽，进口水位 118.35 m，出口水位 117.60 m，接跌水 15.6 m，黄河以北总干渠渠首设计水位提高为 102.0 m，较1985 年规划提高了 2.0 m。总干渠全线总水头 97.18 m，其中，黄河以南总干渠 28.03 m，穿黄渡槽 0.75 m，跌水水电站 15.6 m，黄河以北总干渠 52.8 m。

1991 年编制的《南水北调中线工程初步可行性研究报告（1991 年）》中，陶岔渠首总干渠水位由 146.38 m 提高到 147.38 m，终点北京玉渊潭水位为 49.5 m。黄河南岸水位仍为 118.35 m，黄河以北总干渠渠首设计水位由 102.0 m 调整为 103.0 m，提高了 1 m。

1993 年编制的《南水北调中线工程可行性研究报告（1993 年）》中，穿黄工程形式仍然为渡槽，但对穿黄工程两岸的水位又进行了调整。考虑到黄河以北总干渠对水头的需求，同时结合黄河两岸的地形，将黄河以北总干渠渠首设计水位在初步可行性研究的基础上提高了 3 m，达到 106.0 m。由于黄河北岸总干渠设计水位的提高，为减少填方工程量，黄河北岸总干渠线路也相应向西北方向做了调整。

1996 年编制的《南水北调中线工程论证报告》中，确定黄河南设计水位 118.5 m，并再次提高黄河以北总干渠渠首设计水位至 107.0 m。穿黄工程形式为隧洞，为避开沁南滞洪区，黄河北岸总干渠线路再次向西移动。

### 2. 基本方案

#### 1）1997 年总干渠总体布置方案

1997 年编制的《南水北调中线工程总干渠总体布置（1997 年修订）》对规划论证阶段确定的总干渠设计水面线进行了复核，复核结论是黄河两岸总干渠水位仍然采用规划论证的成果。此后，中线工程以此成果为水头分配基本方案，见表 9.3.1。

表 9.3.1　总干渠水头分配基本方案

| 控制点 | 设计水位/m | 渠段长/km | | | 分配水头/m | | |
| --- | --- | --- | --- | --- | --- | --- | --- |
| | | 总长 | 明渠长 | 建筑物长 | 总水头 | 明渠水头 | 建筑物水头 |
| 陶岔渠首 | 147.38 | 476.90 | 454.456 | 22.444 | 28.88 | 18.17 | 10.71 |
| 黄河南岸 | 118.50 | | | | | | |
| 穿黄段 | — | 9.87 | — | — | 11.50 | — | — |
| 黄河北岸 | 107.00 | 704.925 | 655.321 | 49.604 | 46.70 | 24.99 | 21.71 |
| 北拒马河南岸 | 60.30 | | | | | | |
| 合计 | | 1191.695 | | | 87.08 | | |

#### 2）2001 年规划修订初拟方案

2001 年规划修订推荐的陶岔渠首—北拒马河中支段总干渠水头分配方案为，在总干渠水头分配基本方案（表 9.3.1）的基础上，将北拒马河南岸总干渠设计水位由 60.3 m 降为 55.3 m，北京段泵站扬程增加 5 m。该方案总水头 92.08 m，黄河以南分配水头 28.88 m，黄河以北分配水头 51.7 m，穿黄工程分配水头 11.5 m（以下将此方案称为规划修订水头分配初拟方案），见表 9.3.2。

表 9.3.2  规划修订水头分配初拟方案

| 控制点 | 设计水位/m | 渠段长/km | | | 分配水头/m | | |
|---|---|---|---|---|---|---|---|
| | | 总长 | 明渠长 | 建筑物长 | 总水头 | 明渠水头 | 建筑物水头 |
| 陶岔渠首 | 147.38 | 476.90 | 454.456 | 22.444 | 28.88 | 18.17 | 10.71 |
| 黄河南岸 | 118.50 | | | | | | |
| 穿黄段 | — | 9.87 | — | — | 11.50 | — | — |
| 黄河北岸 | 107.00 | 704.925 | 655.321 | 49.604 | 51.70 | 28.99 | 22.71 |
| 北拒马河南岸 | 55.30 | | | | | | |
| 合计 | | 1 191.695 | | | 92.08 | | |

## 9.3.2  穿黄工程水头论证

根据水利部办公厅《关于南水北调中线穿黄工程工作安排的通知》（办函〔2002〕82 号）精神，长江勘测规划设计研究院（现为长江设计集团有限公司）完成了《南水北调中线工程总干渠水头分配优化研究》。该报告以表 9.3.2 中规划修订水头分配初拟方案为基础，对总干渠水头分配进行优化。分别研究了减少穿黄工程水头、增加总干渠其他段水头，穿黄工程水头不变、降低末端水位、增加总干渠水头的方案，并结合动线、不动线，组成大量的方案，进行了综合比较。

1. 优化思路

总的思路是设法增加总干渠水头，以减少总干渠投资。思路一，在规划修订水头分配初拟方案的基础上，将明渠末端北拒马河处总干渠设计水位降低 5 m，利用北京段泵站增加 5 m 扬程（穿黄工程水头不变），以达到增加总干渠水头的目的。思路二，依据水利部调水局"调水项〔2001〕57 号"文，在规划修订水头分配初拟方案的基础上，将穿黄工程水头减少到 6.9 m，从穿黄工程中拿出 5 m 水头，以达到增加总干渠水头的目的。思路三，调整穿黄工程水头，适当增加总干渠水头。

2. 水头分配优化方案

按照上述三种思路，拟定了三类水头分配优化方案。

**1）Ⅰ类方案**

穿黄工程水头 11.9 m，利用北京段泵站增加 5 m 扬程的方式，使总干渠增加 5 m 水头。Ⅰ类方案北拒马河处总干渠水位降低 5 m，总干渠增加的 5 m 水头，按如下四种方式分配在黄河两岸的总干渠上。

（1）方案 Ⅰ-1：黄河以南 0，黄河以北 5 m，即黄河南岸、北岸总干渠水位不变。

（2）方案 Ⅰ-2：黄河以南 2 m，黄河以北 3 m，即黄河南岸、北岸总干渠水位均降低 2 m。

（3）方案 I-3：黄河以南 4 m，黄河以北 1 m，即黄河南岸、北岸总干渠水位均降低 4 m。

（4）方案 I-4：黄河以南 5 m，黄河以北 0，即黄河南岸、北岸总干渠水位均降低 5 m。

**2）II 类方案**

将穿黄工程水头由 11.9 m 减少为 6.9 m，使总干渠增加 5 m 水头，北拒马河处总干渠水位不变。II 类方案中总干渠增加的 5 m 水头，按如下四种方式分配在黄河两岸的总干渠上。

（1）方案 II-1：黄河以南 0，黄河以北 5 m，即黄河南岸总干渠水位不变，黄河北岸总干渠水位提高 5 m。

（2）方案 II-2：黄河以南 2 m，黄河以北 3 m，即黄河南岸总干渠水位降低 2 m，黄河北岸总干渠水位提高 3 m。

（3）方案 II-3：黄河以南 4 m，黄河以北 1 m，即黄河南岸总干渠水位降低 4 m，黄河北岸总干渠水位提高 1 m。

（4）方案 II-4：黄河以南 5 m，黄河以北 0，即黄河南岸总干渠水位降低 5 m，黄河北岸总干渠水位不变。

**3）III 类方案**

在 6.9 m 和 11.9 m 之间调整穿黄工程水头，适当增加总干渠水头，包括如下方案。

（1）方案 III-1：穿黄工程水头 8.9 m，总干渠增加 3 m 水头，即黄河南岸总干渠水位不变，黄河北岸总干渠水位提高 3 m。

（2）方案 III-2：穿黄工程水头 10.9 m，总干渠增加 1 m 水头，即黄河南岸总干渠水位不变，黄河北岸总干渠水位提高 1 m。

各类方案主要特性见表 9.3.3。

表 9.3.3 水头优化方案表

| 方案类 | 编号 | 穿黄工程水头 /m | 控制点水位/m | | | | 线路 | | 增加水头 | | 北京段增加扬程/m |
|---|---|---|---|---|---|---|---|---|---|---|---|
| | | | 黄河南 | 黄河北 | 漳河北 | 北拒马河 | 黄河南 | 黄河北 | 黄河南 | 黄河北 | |
| 规划修订水头分配初拟方案 | | 11.5 | 118.50 | 107.00 | 91.30 | 55.30 | 不变 | 不变 | 0 | 0 | 5 |
| I | I-1 | 11.9 | 118.15 | 106.25 | 89.00 | 49.75 | 不变 | 末端向东移动 | 0 | 5 | 10 |
| | I-2 | | 116.15 | 104.25 | 87.70 | 49.75 | 不变 | 末端向东移动 | 2 | 3 | |
| | I-3 | | 114.15 | 102.25 | 86.40 | 49.75 | 不变 | 末端向东移动 | 4 | 1 | |
| | I-4 | | 113.15 | 101.25 | 85.75 | 49.75 | 不变 | 末端向东移动 | 5 | 0 | |

| 方案类 | 编号 | 穿黄工程水头/m | 控制点水位/m | | | | 线路 | | 增加水头 | | 北京段增加扬程/m |
|---|---|---|---|---|---|---|---|---|---|---|---|
| | | | 黄河南 | 黄河北 | 漳河北 | 北拒马河 | 黄河南 | 黄河北 | 黄河南 | 黄河北 | |
| II | II-1 | 6.9 | 118.15 | 111.25 | 94.00 | 54.75 | 不变 | 始端向西移动 | 0 | 5 | 5 |
| | II-2 | | 116.15 | 109.25 | 92.70 | 54.75 | 不变 | 不变 | 2 | 3 | |
| | II-3 | | 114.15 | 107.25 | 91.40 | 54.75 | 不变 | 不变 | 4 | 1 | |
| | II-4 | | 113.15 | 106.25 | 90.75 | 54.75 | 不变 | 不变 | 5 | 0 | |
| III | III-1 | 8.9 | 118.15 | 109.25 | 92.70 | 54.75 | 不变 | 不变 | 0 | 3 | 5 |
| | III-2 | 10.9 | 118.15 | 107.25 | 91.40 | 54.75 | 不变 | 不变 | 0 | 1 | |

### 3. 方案综合比较

方案综合比较考虑的主要因素有投资、线路、穿黄水头、总干渠工程难度及前期工作基础等。将方案 I-1 作为 I 类方案的代表，将方案 II-1 作为 II 类方案的代表，与 III 类方案一起比较。各类代表方案的主要特性列于表 9.3.4 中。

**表 9.3.4　总干渠水头研究主要方案比较表**

| 方案编号 | 穿黄水头/m | 线路 | | 北京段增加扬程/m | 年抽水耗电量/（亿 kW·h） | 投资/亿元 |
|---|---|---|---|---|---|---|
| | | 黄河南 | 黄河北 | | | |
| 规划修订水头分配初拟方案 | 11.5 | 不变 | 不变 | 5 | 3.86 | 296.2 |
| I-1 | 11.9 | 不变 | 末端向东移动 | 10 | 4.37 | 290.1 |
| II-1 | 6.9 | 不变 | 始端向西移动 | 5 | 3.86 | 292.1 |
| III-1 | 8.9 | 不变 | 不变 | 5 | 3.86 | 292.6 |
| III-2 | 10.9 | 不变 | 不变 | 5 | 3.86 | 292.3 |

方案 I-1 的优点是投资最省，并且能给穿黄工程分配 11.9 m 水头。缺点是北京段要增加 5 m 扬程，运行费较高；黄河以北约 258 km 的线路需做调整，增加挖压拆迁量和前期工作费。

方案 II-1 的优点是投资较省，较规划修订水头分配初拟方案省 4.1 亿元投资；北京段不需增加扬程。缺点是只能给穿黄工程分配水头 6.9 m；黄河北岸渠道线路必须调整，增加挖压拆迁量和前期工作费；而且由于黄河北岸总干渠水位的提高，黄河北岸必须布置近 10 km 长的高填方渠道，填高较规划修订水头分配初拟方案增加 5 m，对当地行洪排涝有不利影响。另外，大量建筑物布置在填方渠道上，对建筑物运行安全不利。

方案 III-1 的穿黄工程水头为 8.9 m。优点是投资较省，与规划修订水头分配初拟方案相比，可省投资 3.6 亿元；不需调整线路；北京段不需增加扬程。缺点是该方案黄河北岸总干渠水位 109.25 m，根据黄河北岸的地形，此水位是在线路不动的条件下黄河北

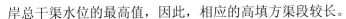

岸总干渠水位的最高值，因此，相应的高填方渠段较长。

方案 III-2 的优点是穿黄工程分配水头较多，穿黄工程水头为 10.9 m；不需调整线路；北京段不需增加扬程；黄河北岸总干渠水位 107.25 m，较方案 III-1 水位低了 2 m，高填方渠段比方案 III-1 大幅度减少，有利于工程安全运行，对当地行洪、排涝影响很小。方案 III-2 的投资与方案 III-1 接近。

从以上分析可以看出，III 类方案要优于 I 类和 II 类方案。而 III 类方案中，方案 III-1 和方案 III-2 的投资相近，从穿黄水头、总干渠安全运行、对当地行洪和排涝的影响等方面综合比较，推荐方案 III-2 作为水头分配优化方案。

### 4. 报告结论

黄河南岸水位降低超过 1 m 已不能节省工程投资；黄河北岸在不调整线路的前提下，水位提高 1～2 m，工程布置较为合理，并可节省投资，北岸水位提高超过 3 m，则必须调整线路。据此，报告推荐黄河南岸 $A$ 点总干渠设计水位为 118.15 m（在规划修订初拟方案的基础上降低 0.48 m），黄河北岸 $S$ 点总干渠水位为 107.25 m（在规划修订水头分配初拟方案的基础上提高 0.46 m），穿黄水头为 10.9 m 的水头分配方案。

## 9.3.3　规划修订水头分配初拟方案调整

2002 年 11 月 18、19 日，水利部水利水电规划设计总院（以下简称水规总院）和水利部调水局（以下简称调水局）在北京主持召开南水北调中线穿黄工程预审会，对《南水北调中线工程总干渠水头分配优化研究》和《南水北调中线工程总干渠水头分配优化研究补充材料》进行了审查，认为，上述两个报告提出的水头分配方案原则上是合理的。长江勘测规划设计研究院据此开展了穿黄工程的方案比较研究。与此同时，《南水北调工程总体规划》在征求有关省（直辖市）的意见时，北京、河北均表示不同意改变唐河以北总干渠线路及北拒马河处总干渠水位，要求恢复到 1997 年总干渠总体布置时的水位和线路。水利部有关领导要求水规总院再组织有关专家对穿黄工程水头与总干渠的线路进行复核。

2003 年 2 月 8 日～13 日，由水规总院和调水局主持，河南、河北、北京三省（直辖市）设计院和水利部天津水利水电勘测设计研究院、长江勘测规划设计研究院参加，在北京对中线总干渠线路和水头分配进行了研究，提出了《南水北调中线工程总干渠线路及水头优化研究报告》。

该报告在充分论证、各方协商的基础上，认为唐河以北总干渠线路及北拒马河处总干渠水位不宜变动，应采用 1997 年总干渠布置方案。水头分配优化研究应在 1997 年总干渠布置方案（表 9.3.1）的基础上进行。该报告主要结论为：1997 年总干渠布置方案的总干渠线路经多方案技术、经济比较，基本合理，不宜有大的变动；黄河以南总干渠不宜再增加过多水头，以 0.5 m 左右为宜；黄河北岸总干渠水位尚有一定的调整空间，但调整幅度宜控制在 1～3 m。

　　根据该报告的主要结论，长江勘测规划设计研究院（现为长江设计集团有限公司）对总干渠水头和线路再次进行了研究，认为黄河北岸水位抬高 1～3 m，工程投资都相差不大，但抬高过多，会进一步增加黄河以北高填方渠堤高度，增加防洪风险，不利于当地行洪、排涝。在与各省市充分协商后，将黄河南岸 *A* 点总干渠设计水位调至 118.0 m（在 1997 年总体布置方案的基础上降低 0.63 m），将黄河北岸 *S* 点总干渠设计水位调升至 108.0 m（在 1997 年总体布置方案的基础上提高 1.21 m），穿黄工程水头为 10 m（较 1997 年总体布置减小约 1.9 m），河北和北京分界点北拒马河处总干渠设计水位恢复为 60.3 m。唐河以北总干渠线路恢复到 1997 年总体布置的线路。2003 年报送的《南水北调中线一期工程项目建议书》采用了此方案。

## 9.3.4　总干渠全线水头分配方案

### 1. 水头优化分配的目的

　　南水北调中线总干渠全长 1 431.75 km，其中，陶岔渠首—北拒马河（河北和北京界）段长 1 196.167 km，采用明渠输水；北京段、天津段采用管涵输水，分别长 80.052 km 和 155.531 km。水头是指建筑物进出口水位差。在明渠段，水头对建筑物的规模和工程量影响十分显著。进行总干渠水头优化分配对于节省投资、合理地进行总干渠工程布置有着重要的意义。

　　水头优化分配主要针对明渠段进行。中线总干渠明渠段长 1 196.167 km，陶岔渠首设计水位 147.38 m，北拒马河总干渠设计水位 60.30 m，明渠段总水头 87.08 m。水头主要用于明渠渠道和部分建筑物。明渠渠道长 1 103.477 km，需占用水头的建筑物共计 151 座，累计长 92.69 km。一般而言，水头越大，渠道和建筑物的工程量越小。但是由于中线总干渠渠道线路长，建筑物数量、类型多，水头分配方案必须系统考虑。对于渠道来说，不同的地形、不同的断面形式，对水头的要求不同。对于建筑物来说，不同的规模、长度及不同的形式，对水头的敏感程度也不同。水头优化分配的目的就是如何将给定的水头优化分配到明渠和建筑物上，使得总干渠的总投资最省。

### 2. 总干渠水头分配原则

　　水头分配的原则是，以陶岔渠首和北拒马河总干渠设计水位为控制，将总水头在各渠段的明渠和建筑物上分配。考虑的主要因素包括总干渠沿线地面高程、建筑物形式、建筑物长度及对水头增减的敏感性等，目标是总干渠的总投资最省。

### 3. 水头优化分配方法

　　总干渠水头优化分配的基本方法是：根据渠首和渠段末端的设计水位确定总水头；根据地形等边界条件分段；适当概化后，通过优化计算，分配出各渠段的总水头；将各渠段分别作为一个系统，采用动态规划的方法确定段内分段渠道和各个建筑物的水头分配值；采用敏感性分析方法，复核最后的结果。

**1）控制点水位**

中线总干渠陶岔渠首的设计水位根据丹江口水库水位和陶岔渠首闸的过水能力确定，综合考虑后，定为 147.38 m。北拒马河总干渠设计水位根据北京段管涵加压泵站前池的水位反推而得，定为 60.30 m。

**2）确定分段**

总干渠黄河南北两岸的地形特点不同，黄河南岸较高，黄河北岸较低。穿黄建筑物附近地形南北高差更是显著，两岸地形呈台阶状。因此，水头分配分为三个渠段进行，即黄河以南段、穿黄工程段、黄河以北段。

**3）需分配水头的建筑物**

中线总干渠需分配水头的建筑物包括明渠渠道和各类建筑物。分配给渠道的水头主要用于沿程损失，以纵坡的形式体现。分配给建筑物的水头用于局部损失和沿程损失，以建筑物进出口水位差的形式体现。需分配水头的建筑物包括渡槽、倒虹吸、暗渠、隧洞、单独设置的节制闸等。

**4）渠段之间的水头分配**

以渠首和明渠末端总干渠设计水位为控制条件，将总干渠明渠段总水头 87.08 m 分配到黄河以南、穿黄工程、黄河以北三个渠段上，以确定黄河南北两岸总干渠的设计水位。黄河以南段总水头的确定方法是固定陶岔渠首设计水位，调整黄河南岸总干渠水位，通过计算，寻求最优结果。黄河以北段总水头的确定方法是固定北拒马河总干渠设计水位，调整黄河北岸总干渠水位，通过计算，寻求最优结果。为计算方便，在分配过程中，各分段内渠道和建筑物所分配的水头按一定比例相对固定。穿黄工程段的总水头由上述两段的计算结果确定。

根据优化计算结果，黄河南岸总干渠设计水位为 118.00 m，黄河北岸总干渠设计水位为 108.00 m。三个渠段所分配的水头分别为：黄河以南段 29.38 m；穿黄工程段 10.00 m；黄河以北段 47.70 m。详见表 9.3.5。

表 9.3.5　大段水头分配主要成果

| 控制点 | 设计水位/m | 渠段长/km | | | 分配水头/m | | |
| --- | --- | --- | --- | --- | --- | --- | --- |
| | | 总长 | 明渠长 | 建筑物长 | 总水头 | 明渠水头 | 建筑物水头 |
| 陶岔渠首 | 147.38 | | | | | | |
| | | 473.833 | 444.479 | 29.354 | 29.38 | 17.594 | 11.786 |
| 黄河南岸 | 118.00 | | | | | | |
| | | 19.305 | 14.597 | 4.708 | 10.00 | 2.10 | 7.90 |
| 黄河北岸 | 108.00 | | | | | | |
| | | 703.029 | 644.401 | 58.628 | 47.70 | 25.343 | 22.357 |
| 北拒马河中支南岸 | 60.30 | | | | | | |
| 合计 | | 1 196.167 | 1 103.477 | 92.69 | 87.08 | 45.037 | 42.043 |

### 5）渠段内水头分配

渠段内的水头分配主要是确定渠道和建筑物之间的水头分配比例，具体是确定各分段渠道的纵坡、各个建筑物的水头分配值。渠段内总干渠总水头一定，渠段工程量与分配的水头、水面线和地面线的关系有关。将渠段内明渠渠道和建筑物串成一个系统，采用动态规划（dynamic programming，DP）的方法，进行水头优化分配，力求总投资最省。

（1）主要计算参数。

为了进行总干渠的水头优化分配，首先对有关计算参数进行了试验、分析、研究。确定了如下主要计算参数。

粗糙系数 $n$。总干渠渠道全线采用混凝土衬砌，取 $n=0.015$，考虑到总干渠全线规模不同、水力半径变化较大，其粗糙系数变化可达 0.001，在计算中曾用有关试验公式对 $n$ 进行了复核计算，并对国内外已建工程的观测值进行了分析，结果表明，取 $n=0.015$ 是合理的。

建筑物局部水头损失。总干渠上建筑物种类繁多，其中占用水头损失的建筑物主要有渡槽、倒虹吸、暗渠和隧洞等。建筑物的渐变段采用圆弧扭曲面或直线扭曲面。

建筑物水头与工程量的关系。在形式一定的条件下，建筑物的工程量可以看作所分配水头的函数。为了寻求建筑物工程量与水头之间的关系，对每种类型的建筑物在允许范围内，给定最大水头值、最小水头值、中间水头值，分别计算出相应的工程量。通过分析，绘制出建筑物水头-工程量关系曲线。

明渠工程量。影响明渠工程量的因素有渠线位置、边坡系数、纵坡、底宽及粗糙系数。渠线位置由规划确定，边坡系数主要取决于沿线地质条件，粗糙系数可预先确定。因此，在进行渠道优化计算时，决策变量为底宽和纵坡，为二维动态规划问题。

（2）计算方法。

一，明渠梯形横断面。渠道横断面设计采用曼宁公式，可采用试算法，也可采用形参法。

二，明渠工程量计算模型。横断面类型：地面线全段高于堤顶线，工程量为全挖方；地面线全段低于渠底线，工程量为全填方；其他情况，工程量为半挖半填。工程量类型：一般挖方；深挖方（挖深大于 12 m）；一般填方；利用料回填方；高填方（填高大于 8 m）；衬砌混凝土。

三，优化动态规划模型。阶段变量：每一边坡系数、建筑物、流量改变处，都可划分为一个阶段，阶段内依测量纵断面划分成若干小段。

状态变量：以各阶段起始水位为状态变量。

决策变量：以各阶段坡降、底宽为决策变量。

系统方程：根据水位、坡降及水头损失的关系构造系统方程。

目标函数：总投资最小。

约束条件：包括渠道坡降约束、建筑物水头约束、流速约束。

边界条件：渠首和渠末端的设计水位。

递推方程：逆序计算。

四，优化计算。采用离散微分动态规划法计算。

（3）渠段内水头分配结果。

按照上述方法，求得各渠段内渠道的分段纵坡和各个建筑物的水头分配值。黄河南岸渠段渠道纵坡为 1/28 000～1/23 000，单个建筑物的水头分配值为 0.06～0.66 m；穿黄工程段渠道纵坡为 1/10 000～1/8 000；建筑物水头分配值为 7.40 m；黄河北岸渠段的渠道纵坡为 1/30 000～1/16 000，单个建筑物的水头分配值为 0.07～0.87 m。从分配结果上看，除穿黄工程段外，渠道的纵坡差别不大，一般都在 1/30 000～1/16 000，取值大小与渠段的位置、地形有关。一般来说，挖方渠道，若水面线与地面线配合较好（水面与地面大致齐平），则水头越多，工程量越省；深挖方渠道，水头过多，将增加工程量；填方渠道，水头越多，工程量越省。建筑物水头分配的大小与建筑物的规模、形式、长度有关。一般来说，长建筑物比短建筑物水头多；有压建筑物比无压建筑物水头多；规模大的建筑物比规模小的建筑物水头多。

### 4. 水头分配结果分析

从表 9.3.5 可以看出，黄河以南渠段的平均坡降为 1/25 263，黄河以北渠段的平均坡降为 1/25 427，相差不大，而穿黄工程段的平均坡降达 1/6 950，大大高出黄河以南、黄河以北渠段。对此，曾做过专题研究复核。复核的思路是减少穿黄工程段的水头，增加黄河以南、黄河以北两渠段的水头。复核结果显示，若减少穿黄工程段水头 1～2 m，用于增加黄河以南渠段的水头，黄河以南渠段的工程量和投资不仅不能减少，反而将有较大的增加。这是因为黄河以南渠段渠首的设计水位已定，要增加水头，只能降低末端的水位，而黄河以南渠段大部分为挖方渠道，特别是末端，更是深挖方渠道。增加水头虽然减少了过水断面，却增加了开挖断面。若减少穿黄工程段水头 1～2 m，用于增加黄河以北渠段的水头，黄河以北渠段的工程量和投资变化不大。这是因为黄河北岸附近大部分为填方渠道，增加水头，必须增加总干渠水面线的高度，导致过水断面减少，填方高度增加。而过高的填方对当地行洪、排涝、总干渠运行均不利。复核说明渠段之间的水头分配是较优的。

对各个渠段内的水头分配结果也进行了复核。复核的思路是：①固定建筑物水头，调整渠道水头；②固定渠道水头，调整建筑物水头；③调整渠道与建筑物之间的水头分配。复核结果显示，在较小范围内进行上述调整，工程量和投资变化不大，变化幅度小 0.2%；调整范围过大，则工程量和投资增加。复核说明大段内的水头分配结果在优化的范围内。

### 5. 结论

中线总干渠水头分配对总干渠的工程量和投资影响显著，将渠道和建筑物作为一个系统综合考虑，进行水头优化分配，可以节省总干渠投资。中线总干渠水头分配方案通过优化计算得出，经过多方面复核，是一个较优的分配方案。

## 9.4 穿越黄河建筑物形式研究

穿黄工程是南水北调中线穿/跨越黄河的关键交叉建筑物之一。穿黄工程规模大、技术条件复杂，其建筑物选型不仅直接关系到穿黄工程自身的设计方案，还关系到交叉部位黄河河道规划、黄河上游水利枢纽工程建设，也制约着两岸渠道布置。本节重点对隧洞方案和渡槽方案进行了研究。

### 9.4.1 穿黄隧洞方案研究

1. 常规隧洞方案与盾构隧洞方案比较

对于隧洞方案，曾研究过深埋于基岩中的常规隧洞方案和埋于河床覆盖层中的盾构隧洞方案，它们均为双线隧洞方案。

**1）常规隧洞方案**

穿黄工程选定线路的河床下伏新近系基岩，为河湖相沉积的黏土岩、粉砂岩、砂岩、砂砾岩，地层近水平。为充分利用围岩进行承载、防渗，穿黄隧洞在基岩中穿过，洞顶以上基岩厚度不少于 20 m，按常规隧洞设计。由于埋藏较深，采用竖井进、竖井出的进出口形式。按基岩南高北低分布，隧洞竖向也为南高北低，长度 3 500 m；为确切了解隧洞围岩性态，2002 年 5 月专门为此补充了 5 个深孔，累计进尺 400 m。补充的钻孔资料表明，隧洞所穿越的新近系黏土岩、粉砂岩岩性软弱，特别是与覆盖层相接触的顶部岩层比较破碎，未能达到预期的防渗条件，部分隧洞的开挖过程仍要解决防水问题。

据布置，隧洞直径 7.0 m，单层衬砌厚度 80 cm，由于埋藏深，内压水头达 100 m，围岩对内水压力分担较小，衬砌必须按预应力结构设计。该方案的优点是地震影响轻微，并且完全避开了砂土地震液化和河床冲淤影响，竖井进出口也有利于隧洞检修排水设施布置；但因隧洞埋置较深，竖井进出口及洞身工程量大，而且因岩层比较破碎，部分洞段施工中仍需考虑施工支护和防水问题。该方案过黄河建筑物布置示意图详见图 9.4.1 和图 9.4.2。

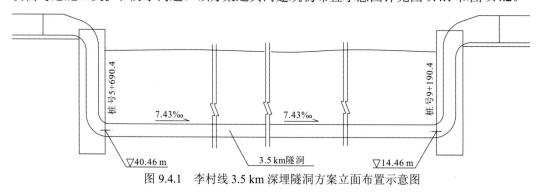

图 9.4.1 李村线 3.5 km 深埋隧洞方案立面布置示意图

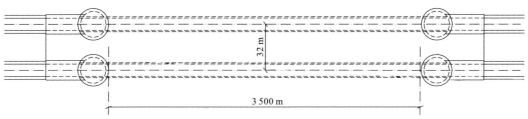

图 9.4.2　李村线 3.5 km 深埋隧洞方案平面布置示意图

### 2）盾构隧洞方案

盾构隧洞方案是将隧洞布置在河床覆盖层中，采用泥水平衡式盾构机施工的一类方案的总称。此类方案因在泥水平衡式盾构机保护下施工，开挖防护和防水有保证。隧洞最小埋藏深度定为 23 m，低于河床最低冲刷线（最大冲刷深度 20 m），并在河床砂土振动液化界限（河床下方深度 16 m）以下，无冲刷和砂土振动液化问题；按此布置，隧洞自南向北，大部分洞段穿过中更新统 $Q_2$ 粉质壤土，北段部分穿过全新统 $Q_4^1$ 中、细砂层；隧洞内压水头约 50 m，为深埋常规隧洞方案的一半，有利于衬砌设计；采用双层衬砌，内衬和外衬分别承担内部与外部荷载，受力明确，技术可行，安全度高。

此类方案过黄河建筑物布置示意图详见图 9.4.3 和图 9.4.4。

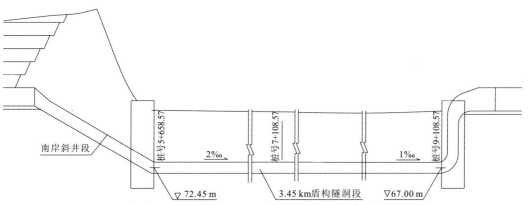

图 9.4.3　李村线 3.45 km 盾构隧洞方案平面布置示意图

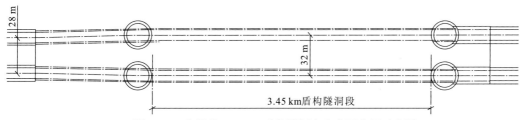

图 9.4.4　李村线 3.45 km 盾构隧洞方案立面布置示意图

**3）方案比较**

由于常规隧洞方案围岩破碎，整体性差，未能达到预期的分担荷载和防渗要求；相反由于埋深大，内水压力较大，需采用现浇预应力衬砌；无论是采用常规矿山法还是采用隧道掘进机（tunnel boring machine，TBM）法施工，部分洞段均需考虑降水措施。与盾构隧洞方案比较表明，常规深埋隧洞方案在工程安全和投资方面均不如盾构隧洞方案，故推荐盾构隧洞方案。

**2. 盾构隧洞总体布置方案比较**

在确定采用盾构隧洞方案后，曾对此类方案的总体布置进行了多方案的研究。根据选定的李村线地形、地质、工程规划、工程运用和检修条件，总体布置主要研究了如下三个方案。

（1）方案一：过河隧洞南岸斜井进、北岸竖井出，退水设施在南岸，退水经退水洞入黄河。

（2）方案二：过河隧洞布置同方案一，退水设施在北岸，退水经新蟒河入黄河。

（3）方案三：过河隧洞南岸竖井进、北岸斜井出，退水设施在南岸，退水经退水洞入黄河。

上述三个方案中，技术上均属可行，而以方案三技术复杂，投资也最大，故首先放弃；方案一、方案二过河隧洞布置相同，投资以方案二较少，但因退水闸设于北岸，一旦隧洞进口关闭，便无法为南岸渠道退水，运行条件不如方案一。因此，最终选用方案一。该方案即为图 9.4.3 和图 9.4.4 所示的李村线 3.45 km 盾构隧洞方案。

**3. 单洞方案与双洞方案比较**

对过河建筑物布置研究了单洞方案和双洞方案。研究认为，无论是双洞方案还是单洞方案，均能满足总干渠的运用要求，均是技术可靠、施工可行的方案。在投资上，单洞方案可省约 3.86 亿元，但考虑到双洞方案隧洞规模较小，施工技术难度较低、施工风险较小，按期完建更有保证；投入运用后，运用灵活，自身输水保证率高。为了确保中线工程按时通水，并考虑到穿黄工程是中线工程中的关键性工程，应有更高的运用灵活性，故推荐采用双洞方案。

**4. 衬砌形式比较**

在隧洞衬砌结构形式上，曾研究过单层衬砌、双层衬砌联合受力和双层衬砌单独受力三个方案。三个方案技术上均属可行，施工难度相当，造价以双层衬砌单独受力较大，但该方案受力明确，防水性能较优，结构安全余地较大，故以其为代表方案。

**5. 隧洞代表方案布置**

归纳以上研究，以南斜北竖、南岸退水，双洞过黄河、双层衬砌单独受力为隧洞代

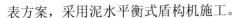

表方案，采用泥水平衡式盾构机施工。

主要建筑物自南向北包括：南岸连接明渠、进口建筑物、穿黄隧洞段、出口建筑物、北岸河滩明渠和北岸连接明渠六部分，全长 19.3 km，此外还有控导工程。

**1）南岸连接明渠**

南岸连接明渠位于邙山黄土丘陵区，为挖方渠道，底纵坡为 1/8 000，采用混凝土衬砌和土工膜防渗，长 4 628.57 m；渠道为梯形断面，底宽 12.5 m，两侧渠坡为 1∶2.25，以上为黄土边坡，综合坡比为 1∶2.6。

**2）进口建筑物**

进口建筑物包括截石坑、进口分流段、进口闸室段和斜井段，分布长度 1 030 m，另外还有退水建筑物。其中，斜井段又称邙山隧洞段，水平长度 800 m，洞径 7.0 m，按双线布置；退水建筑物中，退水隧洞为无压洞，断面为城门洞形，宽×高＝4.2 m×5.8 m，退水泄入黄河。

**3）穿黄隧洞段**

北岸和南岸施工竖井之间的穿黄隧洞段长 3 450 m（南岸施工竖井于施工后期拆除，行洪口门宽度仍保持 3 500 m），双线隧洞方案洞径 7.0 m，外层为装配式普通钢筋混凝土管片结构，厚 40 cm，内层为现浇预应力钢筋混凝土结构，厚 45 cm，内、外层衬砌由弹性防水垫层相隔。

**4）出口建筑物**

出口建筑物由出口竖井、闸室段（含侧堰段）、消力池段及出口合流段等组成，水平长度 227.9 m。出口竖井由施工竖井改造而成，出口闸室按节制闸设计，通过对闸门开度的调节，以满足总干渠对 $A$ 点衔接水位的要求。

**5）北岸河滩明渠**

北岸河滩明渠为填方渠道，底宽 8 m，内坡 1∶2.25，纵坡 1/10 000，其间有新蟒河渠道倒虹吸和老蟒河渠道倒虹吸等交叉建筑物。分布长度 6 127.5 m。渠道地基采用挤密砂桩进行处理。

**6）北岸连接明渠**

北岸连接明渠位于黄河以北阶地，为半挖半填渠道，长度 3 835.74 m，断面与北岸河滩明渠相同。地基为 $Q_3$ 黄土状粉质壤土，无砂土振动液化问题。

## 9.4.2 穿黄渡槽方案研究

1. 渡槽结构形式研究

曾对穿黄渡槽方案的槽孔跨度、上部结构形式、下部结构形式及施工方案进行了深入的研究。

**1）渡槽跨度**

参照穿黄河段上下游已建桥梁经验，主河槽段桥孔跨度一般都在 50 m 以上。根据对黄河下游多座桥梁建桥前后的河势观测，以及黄河水利科学研究院就部分桥梁对黄河河势影响进行的物理模型试验结果，桥梁跨度越小，桥墩对水流的分散作用越强，对黄河行洪的影响也越大，槽墩附近的局部冲刷深度及其影响的范围均会加大。因此，在黄河主河槽段一般要求桥孔跨度不小于 50 m。根据渡槽结构形式，经过对 40 m、50 m、75 m和 100 m 多种跨度的技术、经济比较，结合黄河行洪要求，确定渡槽槽孔跨度为 50 m。

**2）渡槽上部结构形式**

渡槽就是过水的桥梁，根据国内外桥梁、渡槽工程实践，结合穿黄渡槽的特点，渡槽上部结构形式先后对梁式、拱式和桁架式等十余种结构形式进行了技术可行性及经济合理性的分析，筛选出中承式拱渡槽、简支拱组合梁渡槽、钢桁架渡槽、连续箱梁渡槽、连续刚构渡槽、U 形渡槽、矩形薄腹梁渡槽、箱形渡槽、工字梁渡槽 9 种渡槽形式。

结合穿黄河段实际情况、两岸水位衔接和槽下净空等要求，从减小水头损失、结构简单、受力明确、适应变形能力强、抗震性能较好等方面考虑，选择简支结构的槽梁合一结构形式。在此基础上，从有利于黄河行洪、施工技术和设备成熟、保证工程质量及工程投资较省等方面考虑，选择 U 形渡槽、箱形渡槽和矩形薄腹梁渡槽做进一步比较。

**3）渡槽下部结构形式**

结合渡槽上部结构形式，槽墩进行了重力式槽墩、空心槽墩、圆柱式槽墩等形式的比较，最后将圆柱式槽墩和圆端形板墩作为代表墩型。

根据黄河上已建桥梁结构的基础形式，结合穿黄渡槽工程特点，对钻孔灌注桩基础和沉井两种形式进行比较，从结构受力、工程技术、施工技术及造价等方面考虑，穿黄渡槽推荐采用混凝土钻孔灌注桩基础。

2. 主要渡槽方案

根据南水北调中线一期穿黄工程输水规模和运用要求，各渡槽方案均采用双线平行布置。

**1）U 形渡槽方案**

渡槽一线一槽，整体式基础，槽净间距架桥机法施工 1 m，造桥机法施工 3 m。单槽净宽 8 m，过水断面呈 U 形，单槽重约 1 590 t。槽体为三向预应力结构。支座选用 JQGZ-II10000 型减震球形钢支座。

根据不同施工方法的要求，相应下部结构形式有所区别。架桥机法施工槽墩两侧采用 2 个直径为 2.8 m 的圆柱墩，中间采用圆端形实体墩；造桥机法施工槽墩采用 4 个直径为 2.8 m 的圆柱形槽墩。基础均采用 2 排共 8 根直径为 2.2 m 的钻孔灌注桩。

**2）箱形渡槽方案**

渡槽一线一槽，分离式基础，槽间净距 4 m。断面净宽 8 m，净高 5.15 m。上部单槽重约 2 100 t。槽体采用纵、横、竖三向预应力结构。支座选用 JQGZ-II12500 型减震球形钢支座。下部槽墩采用厚 2.6 m 的圆端形板式墩，单槽基础采用 2 排共 6 根直径为 2.0 m 的钻孔灌注桩。

因槽体重量超过 2 000 t，架槽机施工难度大，渡槽施工采用造桥机法。

**3）矩形薄腹梁渡槽方案**

渡槽一线一槽，整体式基础，槽间净距 4 m。断面净宽 8 m，净高 5.5 m。单槽重约 2 250 t。槽体采用纵、横、竖三向预应力结构。支座选用 JQGZ-II12500 型减振球形钢支座。槽墩采用 4 个直径 2.8 m 的圆柱墩，基础采用 2 排共 10 根直径为 2.2 m 的钻孔灌注桩。

因槽体重量超过 2 000 t，架槽机施工难度大，渡槽施工采用造桥机法。

**3. 渡槽方案比较**

对上述三种渡槽结构分别进行了结构分析计算、工程量计算及投资估算。

依据技术可靠、施工方便、投资省、结构抗震性能好及造型美观的原则，对各渡槽方案分析比较如下。

**1）U 形渡槽方案**

该方案槽身为 U 形结构，水流条件好，结构简单轻巧，受力明确；因槽身结构较轻，地震时下部结构响应较小，对下部结构抗震较为有利；工程量及投资较其他方案少；曲线体形、施工技术要求较其他方案高；若采用预制吊装架桥机法施工，混凝土质量较造桥机法施工更有保证。

**2）箱形渡槽方案**

该方案为简支预应力箱形结构，结构整体性好，刚度大，受力明确；槽内通风条件较差，顶板温度应力较大；工程量及投资较 U 形渡槽方案大，槽身重，造桥机规模大。

**3）矩形薄腹梁渡槽方案**

该方案结构布置简单，整体刚度较大，受力明确；工程量及投资较 U 形渡槽方案大，槽身最重，造桥机规模最大。

以上三种方案各具特点，技术上均是可行的，综合分析，以双线、架桥机法施工的 U 形渡槽为代表方案。

## 4. 穿黄渡槽主要建筑物

穿黄渡槽方案从南至北主要建筑物有南岸连接明渠、进口建筑物、退水建筑物、穿黄渡槽、出口建筑物、北岸河滩明渠（包括新蟒河、老蟒河交叉建筑物）、北岸连接明渠、南岸槽台防护和北岸导流堤等。

**1）南岸连接明渠**

南岸连接明渠起自穿黄工程段起点 A 点，末端与渡槽进口渐变段相连，长 5 378.56 m，为挖方渠段。渠道采用窄深式梯形过水断面，底宽为 12.5 m，坡比 1∶2.25，渠底纵坡 1/25 000，采用 10 cm 厚的混凝土衬砌，土工膜防渗。渠道两侧为黄土开挖边坡，坡高 10～60 m，综合坡比为 1∶2.5～1∶2.6。

**2）进口建筑物**

进口建筑物紧接于南岸连接明渠末端，长度 230 m，主要包括渐变段、闸前连接段、进口节制闸和闸后连接段。

节制闸室采用底板与闸墩浇筑在一起的整体式钢筋混凝土结构，长度 22 m，共设两孔，单孔宽度 8 m，总宽为 21 m。闸底板高程 111.72 m，闸墩顶高程 120 m，闸墩顶部布置启闭机室。闸室内设弧形工作闸门和叠梁检修门，弧形工作闸门用于控制流量和闸前水位，使 A 点水位变幅在允许范围内，同时为渡槽正常运行和检修创造条件。闸后设消力池，长度 30 m，水流经消能后平稳进入渡槽。

**3）槽台防护**

渡槽南岸槽台位于邙山坡脚，槽台防护结合孤柏咀护湾工程，采用桩径较大的透水桩加强保护，保护范围 600 m。同时，临河边坡采用砌石护坡，抛石护脚。

**4）退水建筑物**

退水建筑物布置于渡槽轴线右侧，其轴线与渠道轴线的交角为 50°，交点位于穿黄工程段桩号 5+488.56。退水建筑物设计流量 132.5 $m^3$/s，为穿黄工程设计流量的一半。退水建筑物包括闸前段、退水闸、泄槽、消力池、海漫，轴线全长共 293 m。其中，退水闸室宽 5 m，设有一扇检修门和一扇弧形工作门，采用平底板开敞式钢筋混凝土结构，长度 23 m，底板高程 110.10 m，墩顶高程 120 m，闸墩上部设交通桥及启闭机操作室。

### 5）临河高边坡

渡槽进口建筑物及退水建筑物布置后，形成临河高边坡，沿河分布约 600 m，高出黄河水面约 80 m。采用多级大平台坡形，综合坡比 1∶2.7。

### 6）穿黄渡槽

穿黄渡槽长度 3 500 m，单跨 50 m，共计 70 跨，采用 U 形渡槽方案。渡槽为双线平行布置，一线一槽，槽间净距 1.0 m。单槽设计流量 132.5 m³/s，加大流量 160 m³/s。渡槽前部 2 000 m 纵坡为 1/1 112.96，后部 1 500 m 为 1/1 400，渡槽底板高程 108.85～111.72 m。槽身断面呈 U 形，净宽 8 m，槽内设计水深 5.13 m，加大水深 5.82 m。槽体为三向预应力混凝土结构，单槽重约 1 590 t。为提高渡槽抗震性能，支座选用 JQGZ-II10000 型弹性减震球形钢支座。

渡槽下部结构两侧采用 2 个直径为 2.8 m 的圆柱墩，中间采用 1 个圆端形实体墩，墩头半径为 1.4 m，基础采用 2 排共 8 根直径为 2.2 m 的钻孔灌注桩。墩顶处槽间预留变形缝，采用可拆卸、更换的内表面复合止水装置连接。

### 7）出口建筑物

出口建筑物位于黄河北岸河滩，上接穿黄渡槽，下连北岸河滩明渠，长约 198.20 m，布置有连接段、检修闸室、过渡消能段和渐变段等，沿北岸槽台顺黄河上下游方向布置导流堤。检修闸室长度 15 m，单孔宽 8 m，矩形断面，两孔中心间距 10 m，采用整体式钢筋混凝土结构，底板高程 108.85 m，采用叠梁钢闸门。建筑物地基采用振冲碎石桩加固处理。

### 8）北岸其他建筑物

北岸河滩明渠（包括新蟒河交叉建筑物和老蟒河交叉建筑物）、北岸连接明渠等建筑物的布置与隧洞方案相同。

## 9.4.3　方案评述及推荐方案

隧洞代表方案和渡槽代表方案均能满足总干渠输水规模和运用要求，在技术上总体可行。

隧洞方案：不影响桃花峪水库规划，主洞位于河床下 $Q_2$ 粉质壤土和 $Q_{3+4}$ 砂层中，基本不存在由高含沙水流冲刷可能引起的砂层位移影响隧洞安全问题，工程布置和结构设计基本合理，洞身的双层衬砌分别承受内外水压力，分缝、防水结构措施可以保证隧洞安全运用，结构抗震性能较好；盾构技术日渐成熟，能够满足质量和工期要求；具备维护、检修条件，对河道生态与环境影响较小。

渡槽方案：需与规划中的桃花峪水库特征水位进行协调，工程布置和结构设计基本合理，槽身结构简单，受力条件较明确，混凝土灌注桩加固基础属常规基础处理措施，有成功经验，结构设计采取抗震措施后，可以满足抗震设计要求；工程正常维护、检修较为方便。由于渡槽槽身较重，按设计要求需要有跨度为 50 m、重为 1 600 t 的渡槽槽身的混凝土浇筑或架设设备，该设备从研制到投入生产需要一个过程，对施工质量和工期存在不确定因素。

对两方案从技术、经济等因素进行综合比较，隧洞方案对黄河冲淤、河势、生态与环境变化影响较小、施工及运行风险较小，且为该河段开发留有较大余地等方面考虑，推荐穿黄工程采用隧洞方案。

## 9.5　渠道运行控制方式研究

南水北调中线一期工程主干渠 1 276 km，若不采用节制闸加以适当控制，引丹水以自然状态从丹江口水库流到北京需要 10 多天时间，若用户的需水发生改变，水流难以很快适应需水的变化，造成供水不足或水流漫溢，无法满足输水要求。因此，需要根据中线工程特性，选择适当的渠道运行方式和节制闸控制方式。

### 9.5.1　渠道运行方式概述

渠道输水可以采用不同的运行方式，不同运行方式下有不同的渠道水流稳定特性，即流量变化之后渠道恢复到新的恒定流状态的时间和方式。根据渠段中水位不动点的位置，可分为闸前常水位、闸后常水位、等容量、控制容量四种运行方式。

1. 闸前常水位运行方式

水位不动点位于渠段下游端，保持闸前水位不变，如图 9.5.1 所示。在渠道正常输水情况下，渠道内水深不会超过设计流量下的正常水深。大流量时，渠段水面坡降陡，反之，水面坡降缓。无论渠段内流量如何变化，通过节制闸控制系统，调整闸门开度，保持渠段下游端水位基本恒定。不同流量条件下，该控制方式的渠段蓄水容量变化较大，水流响应时间稍长。但该控制方式要求的堤顶超高最小，工程量省。

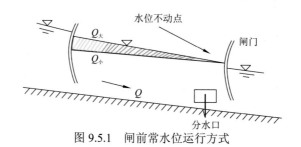

图 9.5.1　闸前常水位运行方式

### 2. 闸后常水位运行方式

渠段上游端水位保持不变的运行方式称为闸后常水位方式，见图 9.5.2。通常情况下，渠道流量小于设计流量。为了保持上游端水深不变，渠段水面线位于设计水位之上，这就需要加高渠堤和衬砌，零流量时需要渠堤水平。此种方式大大增加了工程量，这是该方式的主要缺点。

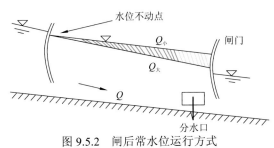

图 9.5.2　闸后常水位运行方式

### 3. 等容量运行方式

每一渠段在任何时候均维持相对稳定的蓄水量，当流量变化时水面线绕渠段中点附近旋转，保持渠段中点水位不变，见图 9.5.3。等容量方式需要上下游闸门同时启闭来调节渠段进出水量。

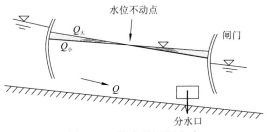

图 9.5.3　等容量运行方式

### 4. 控制容量运行方式

通过对渠道系统中每个渠段的蓄水量进行控制来实现渠道的输水调度，见图 9.5.4。根据各用水户的需水及其变化，在严格限制水位波动不超过允许值的前提下，改变渠段的蓄水量以满足用户的需要。

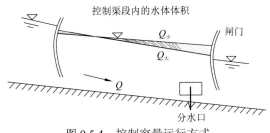

图 9.5.4　控制容量运行方式

以上四种常用的渠道运行方式各有优缺点，需要根据输水工程的具体条件、输水要求、经济合理性进行取舍。等容量运行方式能够迅速改变整个渠系的水流条件；而闸前常水位运行方式和闸后常水位运行方式，当流量变化时需要较长时间增加或减少整个渠系的水量。与闸前常水位运行方式相比，等容量运行方式需要增加下游端渠堤超高和衬砌高度，但增加的工程量比闸后常水位运行方式少。等容量运行方式和控制容量运行方式需要使用自动控制系统实现，其中控制容量运行方式的灵活性最高，对自动控制系统要求也最高，必须通过全线渠道集中监控、计算机辅助控制才能实现。

## 9.5.2　渠道运行方式选择

上述四种渠道运行方式中，闸后常水位运行方式显然不适合中线工程的情况，其他三种运行方式中线工程均有条件采用。控制容量运行方式对渠道系统的软硬件要求太高，加之中线工程除北京段有惠南庄泵站外，其余渠段全部为自流输水，因此没有必要采用控制容量运行方式输水。等容量运行方式响应速度快，但要求渠段下游渠堤有额外超高和全线的集中控制系统；闸前常水位运行方式不需要额外超高，工程量省，但渠道对流量变化的响应速度慢。考虑到中线工程渠道长，增加渠堤超高会大量增加工程量，闸前常水位能够满足供水的要求，因此选用闸前常水位运行方式作为中线工程总干渠的运行控制方式，将各渠段节制闸闸前水位控制在设计水位附近。

采用全线节制闸同时控制的渠道运行技术，可以在较短时间内响应任何分水口的取水流量变化。正常输水过程中并不使用渠道中的蓄水，只有少部分蓄水在渠段流量发生变化时临时起调整作用。但渠道输水出现事故时或其他紧急情况下也可以使用渠段的蓄水。

在南水北调中线一期工程通水运行后，发现闸前常水位运行方式的响应速度较慢，调度不灵活，难以快速满足用户需水调整的要求，以及运行水位调整等多种工况的需要。同时，由于工程实际运行过程中，面临着临时检修、暴雨风浪等多种扰动，闸前常水位容易导致节制闸超调、欠调，进而导致输水系统稳定性不佳。经输水实践总结，实际调度中采用闸前区间水位运行方式，即控制节制闸闸前水位在一定的目标区间内，同时闸前目标水位根据调度任务灵活调整，而不是一个固定值，以适应中线初期运行时分水流量与计划不完全一致的特点，减少节制闸操作频次，提高渠道运行稳定性，在保证渠道运行安全的同时，最大程度地满足分水要求。

出于渠道运行安全性和稳定性考虑，目标水位区间设置为：总干渠全线除特殊水位控制要求渠段，目标水位区间下限为目标水位以下 0.10 m，且满足低限水位要求；目标水位区间上限为目标水位以上 0.15 m，且不超过加大水位。特殊渠段根据其特点及要求，经分析研究，制订恰当的目标水位。

当输水调度没有目标调整要求时，若渠道水位稳定维持在目标水位区间内，闸门可不进行调整操作；当输水调度有目标调整要求时，目标水位区间使输水调度具备一定的

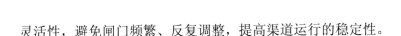

灵活性，避免闸门频繁、反复调整，提高渠道运行的稳定性。

## 9.5.3　闸门调度基本规则

### 1. 节制闸调度基本规则

中线工程受水区需水量发生改变时，需要通过节制闸的启闭来完成输水流量的改变。节制闸开启不当会引起渠道水位的大幅波动，危及渠道安全，影响分水口的取水，因此节制闸开度调整必须按一定的规则进行。

中线工程总干渠全线衬砌，渠道水位的波动容易引起衬砌破坏，因此在实际运行过程中，闸门控制时必须限制渠道水位波动速率在一定范围内。根据初步研究，渠道衬砌要求的水位下降速率为不超过 0.15 m/h，且不超过 0.30 m/d。

根据调度要求，初步研究，确定中线节制闸启闭规则。

（1）调度过程中保持节制闸闸前水位在目标区间内。

（2）当输水流量发生改变时，调整节制闸开度以适应新的输水流量。根据各节制闸新的过闸流量计算闸门开度调整值。按多级开启（或关闭）的操作方式将闸门开启（或关闭）到最终开度。

### 2. 分水闸调度基本规则

经分析计算，当分水口门流量变化小于 5 m$^3$/s 时，对总干渠的水位波动影响有限。此时，可以根据其分水要求开启（或关闭）分水闸。

当分水口门的分水流量变化大于 5 m$^3$/s 时，分水流量必须分级调整，按多级开启（或关闭）的操作方式将分水闸开启（或关闭）到最终开度。

### 3. 退水闸调度基本规则

根据初步设计阶段要求，退水闸的主要任务是事故退水，在发生突发事故情况下使用。

## 9.5.4　运行调度分类及操作流程

中线工程运行调度分为正常调度和非常调度两类。正常调度按计划执行日常供水调度，非常调度为紧急情况或事故情况下的调度。

### 1. 正常调度

正常调度分两个步骤进行：①确定供水计划，即各分水口门的分水量或分水过程；②执行供水计划，按总干渠的输水调度规则，调整各节制闸和分水闸的开度，使分水口收到当时段内分配的供水量。

### 1）确定供水计划

受水区用户根据当地水源情况拟定未来的需水计划，上报调度中心。调度中心根据收集的用户计划、丹江口水库的蓄水及预报来水，审核、确定各分水口门的供水计划。

### 2）按输水调度规则执行供水计划

根据各分水口门的供水计划，确定各渠段的输水流量，计算各节制闸的开度。

根据节制闸的调度规则和目标流量、开度，拟定节制闸的启闭过程，将指令发送到各节制闸现地控制室执行。

## 2. 非常调度

中线工程的非常调度情况主要有三个方面：①渠道局部检修；②计划停水检修；③突发事故。

### 1）渠道局部检修

当渠道局部段损坏或衬砌破坏时，可以采用水下施工的办法或其他措施进行检修，总干渠不停水，但输水能力会受到一定影响。

### 2）计划停水检修

检修前制订详细的检修计划，并加大总干渠供水量，让用户提前储存足够的水量；然后总干渠停水，快速完成检修。

### 3）突发事故

发生重大事故后，应关闭事故段前后节制闸，对总干渠其他段按应急预案处理。

渠道发生事故后，关闭事故渠段前后的节制闸，同时快速打开本渠段的退水闸，尽快将渠段内的水退出；若本渠段内未设置退水闸，开启上游邻近渠段退水闸，避免渠道内发生漫溢。

# 参 考 文 献

[1] 国家发展计划委员会, 水利部. 南水北调工程总体规划[R]. 北京: 国家发展计划委员会, 水利部, 2002.

[2] 长江水利委员会. 南水北调中线工程规划报告(2001 年修订)[R]. 武汉: 长江水利委员会, 2001.

[3] 长江水利委员会长江勘测规划设计研究院. 南水北调中线一期工程总干渠总体设计[R]. 武汉: 长江水利委员会长江勘测规划设计研究院, 2003.

[4] 长江水利委员会长江勘测规划设计研究院. 南水北调中线总干渠工程水头分配优化研究[R]. 武汉: 长江水利委员会长江勘测规划设计研究院, 2002.

[5] 长江水利委员会长江勘测规划设计研究院. 南水北调中线一期工程总体设计总干渠总体设计[R]. 武汉: 长江水利委员会长江勘测规划设计研究院, 2003.

[6] 长江水利委员会长江勘测规划设计研究院. 南水北调中线一期工程可行性研究总报告[R]. 武汉: 长江水利委员会长江勘测规划设计研究院, 2005.